"十二五"普通高等教育本科国家级规划教材

# 模具制造工艺

## （第 2 版）

宋满仓　编著

U0216776

電子工業出版社

**Publishing House of Electronics Industry**

北京 · BEIJING

## 内 容 简 介

本书较为系统、全面地论述了模具制造工艺,包括模具制造工艺规程、模具的常规加工方法、模具的数控加工与编程、模具的特种加工、快速制模、模具表面加工与处理、模具常用零件制造工艺、注塑模具制造工艺、冲压模具制造工艺、压铸模具制造工艺、模具修复工艺和模具材料及热处理等内容。本书在编写上力图适应教学改革和课程建设的发展,体现科学性、系统性和新颖性。

本书可作为高等院校机械类、材料工程类专业本科生及专科生的教材,也可作为模具行业入门的自学、培训教材,还可供从事模具设计、制造的工程技术人员、工人和管理人员使用。

未经许可,不得以任何方式复制或抄袭本书之部分或全部内容。
版权所有,侵权必究。

**图书在版编目(CIP)数据**

模具制造工艺 / 宋满仓编著. — 2 版. — 北京:电子工业出版社,2015.1
"十二五"普通高等教育本科国家级规划教材
ISBN 978-7-121-25051-4

Ⅰ. ①模… Ⅱ. ①宋… Ⅲ. ①模具-制造-生产工艺-高等学校-教材 Ⅳ. ①TG760.6

中国版本图书馆 CIP 数据核字(2014)第 286310 号

策划编辑:凌　毅
责任编辑:凌　毅
印　　刷:北京盛通商印快线网络科技有限公司
装　　订:北京盛通商印快线网络科技有限公司
出版发行:电子工业出版社
　　　　　北京市海淀区万寿路 173 信箱　邮编 100036
开　　本:787×1092　1/16　印张:16.75　字数:429 千字
版　　次:2010 年 1 月第 1 版
　　　　　2015 年 1 月第 2 版
印　　次:2021 年 6 月第 8 次印刷
定　　价:38.00 元

凡所购买电子工业出版社图书有缺损问题,请向购买书店调换。若书店售缺,请与本社发行部联系,联系及邮购电话:(010)88254888,88258888。

质量投诉请发邮件至 zlts@phei.com.cn,盗版侵权举报请发邮件至 dbqq@phei.com.cn。

本书咨询联系方式:(010)88254528,lingyi@phei.com.cn。

# 第 2 版前言

《模具制造工艺》作为"普通高等教育'十一五'国家级规划教材",于 2010 年 1 月出版,已印刷 3 次,被国内很多高校选作教材,使用情况及效果良好。2014 年,该书又入选**"'十二五'普通高等教育本科国家级规划教材"**。根据编者自身的教学实践以及使用本教材老师和学生的反馈意见,结合目前科学技术的发展,此次再版对书中的内容进行了调整与充实,以更符合目前教学的实际需要。

在本书第 1 版重印过程中,编者对发现的一些编写错误进行了及时修订。此次再版主要是针对部分国家标准的废除、更新,对书中相关内容做了较大的修改,以符合新标准的表述方法。为对制造过程做一完整的阐述,补充了有关注塑、冲压和压铸试模方法等内容。依照目前模具制造技术的发展对教学内容的需求,对书稿内容进一步加以推敲、修订;对数控车、电刷镀等内容进行了精简压缩;对一些现今不常用的加工手段(如有关刨削加工)的介绍进行了删除,对相关的工艺规程进行了更新。由于机床制造水平和加工能力的提升日新月异,因此删除了一些对加工水平数字表征的描述。对一些图样进行了修订,使表达更为合理。

为适应教学改革和课程建设的发展,本书在编写内容上充分吸纳了部分模具企业的意见,注重理论与实践的有机结合,介绍了传统与现代的模具制造技术,尤其侧重于后者,使读者通过学习本书,基本掌握模具制造技术。

为兼顾不同层次教学、自学和查阅相关资料的需求,在某些方面本书的内容可能有些过于全面,请教师和读者根据自身需要加以取舍。

本书源自编者主编的"模具设计与制造系列教材"(《模具制造工艺》、《注塑模具设计》、《冲压模具设计》和《压铸模具设计》)。该系列教材是在大连市原市长魏富海同志的具体指导下,由大连市教育局、大连市模具工业园办公室、大连市模具协会组织在连高校的部分教师编写并于 2010 年 1 月出版。

为了方便教师使用和读者学习,**本书提供配套的免费电子课件**,请登录华信教育资源网(http://www.hxedu.com.cn)注册下载。

本书在编写和再版工作中得到了大连市经济技术开发区管理委员会、大连市教育局、大连市模具协会,在连高校、模具企业等单位的大力支持,尤其是大连市原市长魏富海同志始终关心并指导教材的编写,在此深表感谢!

另外,哈志新、李文明、于文强、张朋、李文朴参与了修订工作;本书编写过程中引用了一些同类图书的插图、实例和表述,以及网络上的资料(有些资料在原贴上未注明原始出处,所以在参考文献中未列入,见谅),在此深表感谢!并在编者的认知水平上,对个别内容进行了修改或补充。编者试图给读者奉献一本完美的书,但由于水平有限,虽勉力为之,疏漏和不妥之处在所难免,请各位读者和同仁海涵并不吝赐教。

编者
2014 年 12 月

# 目　　录

第 1 章　绪论 ················································································· 1

　1.1　模具制造的基本要求 ······························································ 1

　1.2　模具制造的发展趋势 ······························································ 1

　　1.2.1　模具制造技术与工艺的发展 ············································· 2

　　1.2.2　制造模式的改变——信息流驱动的模具制造 ····················· 2

　1.3　本书的主要内容 ···································································· 3

第 2 章　模具制造工艺规程 ································································· 5

　2.1　基本概念 ············································································· 5

　　2.1.1　生产过程和工艺过程 ······················································· 5

　　2.1.2　机械加工工艺过程 ·························································· 6

　　2.1.3　生产纲领与生产类型 ······················································· 7

　　2.1.4　制订工艺规程的原则和步骤 ············································· 8

　2.2　工件的安装和基准选择 ·························································· 10

　　2.2.1　基准的概念 ·································································· 10

　　2.2.2　工件的安装方式 ·························································· 11

　　2.2.3　定位基准的选择 ·························································· 13

　2.3　工艺路线的拟订 ·································································· 14

　　2.3.1　表面加工方法的选择 ······················································· 14

　　2.3.2　加工阶段的划分 ·························································· 19

　　2.3.3　加工顺序的安排 ·························································· 20

　　2.3.4　工序的集中与分散 ·························································· 22

　2.4　工序设计 ············································································· 23

　　2.4.1　机床与工艺设备的选择 ···················································· 23

　　2.4.2　加工余量与工序尺寸 ······················································· 24

　2.5　加工精度与表面质量 ······························································ 27

　　2.5.1　加工精度 ·································································· 27

　　2.5.2　表面质量 ·································································· 28

　复习思考题 ················································································· 30

第 3 章　模具的常规加工方法 ······························································ 31

　3.1　车削加工 ············································································· 31

　　3.1.1　车削运动及车削用量 ······················································· 31

　　3.1.2　常用刀具材料 ····························································· 33

　　3.1.3　车削精度 ·································································· 37

　　3.1.4　车削加工 ·································································· 38

　3.2　铣削加工 ············································································· 40

    3.2.1　铣削运动及铣削用量 ·········································· 40

    3.2.2　常用铣床附件 ················································ 41

    3.2.3　铣削加工 ···················································· 42

  3.3　钻削加工 ························································· 44

    3.3.1　钻、扩、锪和铰孔 ············································ 44

    3.3.2　深孔加工 ···················································· 46

  3.4　镗削加工 ························································· 47

    3.4.1　镗削加工 ···················································· 47

    3.4.2　坐标镗削 ···················································· 48

  3.5　磨削加工 ························································· 50

    3.5.1　砂轮的特性及选用 ············································ 52

    3.5.2　磨削运动与磨削用量 ·········································· 54

    3.5.3　平面与外圆磨削 ·············································· 55

    3.5.4　成形磨削 ···················································· 56

    3.5.5　坐标磨削 ···················································· 61

  复习思考题 ··························································· 63

第 4 章　模具的数控加工与编程 ··········································· 64

  4.1　数控机床概述 ····················································· 64

    4.1.1　数控机床的基本概念 ·········································· 64

    4.1.2　数控机床的组成 ·············································· 64

  4.2　数控机床编程基础 ················································· 67

    4.2.1　数控机床的坐标系统 ·········································· 67

    4.2.2　数控程序的格式与编制 ········································ 69

  4.3　数控车削 ························································· 77

    4.3.1　数控车床加工概述 ············································ 77

    4.3.2　数控车削编程 ················································ 78

  4.4　数控铣削 ························································· 84

    4.4.1　数控铣床加工概述 ············································ 84

    4.4.2　数控铣削编程 ················································ 86

  4.5　加工中心 ························································· 91

    4.5.1　加工中心概述 ················································ 91

    4.5.2　加工中心自动换刀 ············································ 94

    4.5.3　加工中心编程 ················································ 96

  4.6　高速加工技术 ····················································· 98

    4.6.1　高速加工的概念及特点 ········································ 98

    4.6.2　高速加工设备与 CAM 系统 ···································· 101

    4.6.3　高速加工应用 ··············································· 103

  复习思考题 ·························································· 104

第 5 章　模具的特种加工 ················································· 105

  5.1　电火花成形加工 ·················································· 105

5.1.1 电火花成形机床概述 ································· 105

5.1.2 电火花成形加工的工艺规律 ············· 108

5.1.3 电火花加工用电极材料 ··················· 110

5.1.4 电极的设计与制造 ························· 111

5.1.5 工件和电极的装夹与定位 ··············· 114

5.2 电火花线切割加工 ································· 116

5.2.1 电火花线切割工作原理与特点 ·········· 116

5.2.2 电火花线切割加工规准的选择 ·········· 117

5.2.3 电火花线切割加工的工艺特性 ·········· 118

5.2.4 数控电火花线切割加工编程 ············· 120

5.3 激光加工 ··········································· 122

5.3.1 激光加工设备 ······························· 123

5.3.2 激光加工工艺规律 ························· 123

5.3.3 激光加工的应用 ···························· 124

复习思考题 ·············································· 126

第6章 快速制模 ········································ 127

6.1 快速成形 ··········································· 127

6.1.1 快速成形技术的基本原理与特点 ········ 127

6.1.2 快速成形技术的典型方法 ··············· 128

6.2 基于 RP 的快速制模技术 ······················ 132

6.2.1 直接快速模具制造 ························· 132

6.2.2 间接快速模具制造 ························· 133

6.3 熔模铸造 ··········································· 134

6.4 硅橡胶模具 ········································ 136

6.4.1 硅橡胶模具材料的类型与特点 ·········· 136

6.4.2 硅橡胶模具制作方法 ····················· 138

6.4.3 硅橡胶模具的特点 ························· 139

6.5 电铸模具 ··········································· 140

6.5.1 电铸成形的原理和特点 ·················· 140

6.5.2 电铸成形的工艺过程 ····················· 141

复习思考题 ·············································· 144

第7章 模具表面加工与处理 ························· 145

7.1 模具表面光整加工 ······························· 145

7.1.1 光整加工的特点与分类 ·················· 145

7.1.2 研磨加工 ···································· 146

7.1.3 抛光加工 ···································· 151

7.1.4 其他光整加工方法 ························· 153

7.2 模具表面纹饰加工 ······························· 154

7.2.1 模具表面纹饰加工的种类 ··············· 154

7.2.2 光化学表面蚀刻技术 ····················· 156

      7.2.3 化学表面蚀刻技术 ·········································· 157

      7.2.4 亚光形面加工技术 ·········································· 158

  7.3 模具表面覆层和改性处理 ··········································· 159

      7.3.1 模具表面覆层和改性处理种类 ···················· 159

      7.3.2 电镀与化学镀技术 ·········································· 160

      7.3.3 热扩渗技术 ···················································· 165

  复习思考题 ································································· 168

**第8章 模具常用零件制造工艺** ····································· 169

  8.1 导向机构零件的制造 ················································· 169

  8.2 侧抽机构零件的加工 ················································· 172

  8.3 模板类零件的加工 ····················································· 174

      8.3.1 模板类零件的基本要求 ································· 175

      8.3.2 冲模模板的加工 ············································ 175

      8.3.3 注塑模具模板的加工 ····································· 177

  复习思考题 ································································· 182

**第9章 注塑模具制造工艺** ··········································· 183

  9.1 注塑模具零件的加工 ················································· 183

      9.1.1 注塑模具成形零件的加工要求 ···················· 183

      9.1.2 注塑模具成形零件工艺设计 ························· 184

      9.1.3 注塑模具结构件类零件工艺设计 ················· 187

  9.2 注塑模具的装配 ························································· 189

      9.2.1 注塑模具的装配内容与技术要求 ················· 190

      9.2.2 模具装配工艺过程与方法 ···························· 192

      9.2.3 注塑模具的装配特点 ····································· 194

  9.3 注塑模具的试模 ························································· 196

      9.3.1 试模前的检验与准备 ····································· 196

      9.3.2 试模过程与注意事项 ····································· 197

  复习思考题 ································································· 198

**第10章 冲压模具制造工艺** ········································· 199

  10.1 冲压模具制造工艺要点 ············································· 199

      10.1.1 冲裁模制造工艺要点 ··································· 199

      10.1.2 弯曲模制造工艺要点 ··································· 200

      10.1.3 拉深模制造工艺要点 ··································· 201

  10.2 冲压模具成形零件的加工 ········································· 204

  10.3 冲压模具的装配 ······················································· 207

      10.3.1 冲压模具装配的技术要求 ··························· 207

      10.3.2 冲压模具装配的特点 ··································· 208

  10.4 冲压模具的试模 ······················································· 210

      10.4.1 冲模试冲与调整的目的 ······························ 210

      10.4.2 冲裁模的调整要点 ······································ 211

10.4.3  弯曲模的调整与试冲 ···················································· 212
10.4.4  拉深模的调整与试冲 ···················································· 212
复习思考题 ······································································· 214

**第 11 章  压铸模具制造工艺** ··············································· 215
11.1  压铸模具零件的加工 ······················································ 215
11.1.1  压铸模具制造工艺要点 ················································ 215
11.1.2  压铸模具成形零件的加工 ·············································· 216
11.2  压铸模具的装配 ·························································· 219
11.2.1  压铸模零件的公差与配合 ·············································· 219
11.2.2  压铸模零件的形位公差 ················································ 221
11.2.3  压铸模具外形和安装部位的技术要求 ···································· 222
11.2.4  模具总体装配精度的技术要求 ·········································· 223
11.3  压铸模具的试模 ·························································· 224
复习思考题 ······································································· 225

**第 12 章  模具修复工艺** ··················································· 226
12.1  模具修复手段 ···························································· 226
12.1.1  堆焊与电阻焊 ························································ 226
12.1.2  电刷镀 ·····························································  227
12.1.3  加工修复 ··························································· 228
12.2  模具修复方法 ···························································· 230
12.2.1  注塑模具修复方法 ··················································· 230
12.2.2  冲压模具修复方法 ··················································· 233
12.2.3  压铸模具修复方法 ··················································· 236
复习思考题 ······································································· 237

**第 13 章  模具材料及热处理** ··············································· 238
13.1  热处理的基本概念 ························································ 238
13.1.1  普通热处理 ························································· 239
13.1.2  表面热处理 ························································· 242
13.1.3  特殊热处理 ························································· 243
13.2  模具材料的基本性能要求 ·················································· 243
13.3  模具常用钢材及性能 ······················································ 245
13.3.1  模具常用钢材种类 ··················································· 245
13.3.2  模具常用钢材性能 ··················································· 247
13.4  模具常用钢材化学成分及热处理 ············································ 249
复习思考题 ······································································· 253

**参考文献** ···································································· 254

# 第1章 绪 论

## 1.1 模具制造的基本要求

在现代生产中,模具已成为大批量生产各种工业产品和日用生活品的重要工艺装备。应用模具的目的在于保证产品的质量,提高生产效率和降低制造成本。因此,不但要有合理、正确的模具设计,还必须有高效、高质量的模具制造技术作为保证。制造模具时,一般应满足以下几个基本要求。

(1)制造精度高

为了生产合格的产品和发挥模具的效能,模具的设计与制造必须具有较高的精度。模具的精度要求取决于模具成形的制品精度要求和模具的结构设计要求。为了保证制品的精度和质量,模具与制品成形有关的零件的精度要求通常要比制品精度高 2～4 级。模具的结构要保证模具开合模动作准确、抽芯动作准确,定动模对正等技术要求,因此要求组成模具的零件都必须有足够的制造精度。

(2)使用寿命长

模具是比较昂贵的工艺装备,目前模具制造费用占产品成本的 10%～30%,其使用寿命的长短直接影响产品成本的高低。模具使用寿命长,则经模具生产出的制品多,每个制品均摊的模具制造费用相应降低。因此,除了小批量生产和新产品试制等特殊情况外,一般都要求模具具有较长的使用寿命,在大批量生产的情况下,模具的使用寿命更加重要。

(3)制造周期短

为了满足生产的需要和提高产品的竞争力,必须在保证质量的前提下尽量缩短模具制造周期。模具制造周期的长短主要取决于模具企业制造技术和生产管理水平的高低。

(4)制造成本低

模具成本与模具结构的复杂程度、模具材料、制造精度要求、加工手段及加工方法有关。模具技术人员必须根据制品要求合理设计模具和制订其加工工艺,努力降低模具制造成本。

上述 4 项要求是相互关联、相互影响的,片面追求模具的高精度和长的使用寿命必然会导致制造成本的增加。当然,只顾降低成本和缩短制造周期而忽视模具精度和使用寿命的做法也是不可取的。在设计与制造模具时,应根据实际情况全面考虑,即在保证制品质量的前提下,选择与制品生产量相适应的模具结构和制造方法,使模具成本降到最低限度。

## 1.2 模具制造的发展趋势

先进制造技术的发展改变了制造业的产品结构和生产过程,对模具行业也是如此。质量、成本(价格)和时间(工期)已成为现代工程设计和产品开发的核心因素,现代企业大都以高质量、低价格、短周期为宗旨来参与市场竞争。模具行业必须在设计技术、制造工艺和生产模式等方面加以调整以适应这种要求。模具制造现代化已成为国内外模具业发展的一种趋势。

### 1.2.1　模具制造技术与工艺的发展

#### 1. 模具的快速制造

（1）基于并行工程的模具快速制造

近些年来，为缩短制造周期，模具企业大都在自觉与不自觉中应用"并行"的概念来组织生产、销售工作，并行工程的明确提出是对现有模具制造生产模式的总结与提高。并行工程、网络化制造系统为模具快速制造提供了有效的实施平台。

并行工程的基础是模具的标准化设计。标准化设计有 3 方面要素：统一数据库和文件传输格式是基础；实现信息集成和数据资源共享是关键；高速加工等先进制造工艺是必备的条件。

（2）应用快速成形技术制造快速模具（RP＋RT）

快速模具（Rapid Tooling，RT）是快速成形（Rapid Prototyping，RP）即 3D 打印技术主要的应用领域之一。快速成形不仅能够迅速制造出原型供设计评估、装配校检、功能实验，而且还可以通过形状复制，快速经济地制造出产品模具，从而避免了传统模具制造的费时和高成本的数控加工，可大幅提高产品开发的一次成功率，有效地缩短开发时间和降低成本。这就是 RP＋RT 技术产生的根本原因，也是其赖以发展的动因。

（3）高速切削技术的应用

高速切削（High Speed Machining，HSM）在模具领域的应用主要是加工复杂曲面。其中，高速铣削（也称为硬铣削，Hard Milling，HM）可以把复杂形面加工得非常光滑，几乎不再需要光整加工，从而大大节约了电火花（EDM）加工和抛光时间及有关材料的消耗，极大地提高了生产效率，并且形面的精度不会遭到破坏。

#### 2. 模具的精密制造

目前，在精度方面，塑件的尺寸精度可达 IT7～IT6，形面的表面粗糙度可达到 $R_a 0.05$～$0.025\mu m$，注塑模具使用寿命达 100 万次以上。多工位级进模和多功能模具是我国重点发展的精密模具品种。目前，国内生产的电机定转子双回转叠片硬质合金级进模的步距精度可达 $2\mu m$，寿命达到 1 亿次以上。而随着磨削和电加工技术的发展，制造精度已不是问题。

磨削加工由于精度高、表面质量好、表面粗糙度低等特点，在精密模具加工中得到广泛的应用。特别是成形磨削，随着夹具和砂轮修整器结构与形式的不断完善，几乎各种形状的型芯都可以用成形磨削作为终加工或精加工，并具有较高的成形精度（$\pm 3.0\mu m$）。

电加工的尺寸精度与表面质量越来越高。目前，慢走丝线切割和电火花放电的加工精度可达到 $\pm 1\mu m$，加工表面粗糙度可达到 $R_a 0.2$～$0.1\mu m$。

数控雕刻机的日见普及也使模具零件的形面加工提高了一个档次。数控雕刻机的加工可看做是一种常态的高速铣削，而又因其刀具的多样性，使其花纹加工质量比加工中心要好得多。

#### 3. 模具新材料

模具新材料已成为提升模具质量的一个重要的因素。镜面钢材的诞生使得模具的表面质量更容易保证；易切削的预硬钢、少变形的淬火钢使模具的加工更为容易、快捷，而模具精度与使用寿命又可得以充分保证。

### 1.2.2　制造模式的改变——信息流驱动的模具制造

模具行业是一个高技术密集的行业，模具产品同其他机械产品相比，一个主要特点就是技术含量比较高、材料消耗少、净产值比重大,为此国家相关部门还制订了模具产品增值税返还优惠政策,针对这种情况予以补偿。先进制造生产模式对模具工业的影响主要体现在信息的流动。与制造活动有关的信息包括产品信息和制造信息,现代制造过程可以看做是原材料或毛坯所含信息量的增值过程,信息流驱动将成为制造业的主流。目前面向模具开发的 CAD/CAPP/CAM/CAE, DNC, PDM 和网络集成等均是围绕如何实现信息的提取、传输与物化,即使信息流得以畅通为宗旨。

### 1. 企业内部的信息流

企业内部的信息流是在销售、设计、生产、管理等部门间的信息交换,信息主要包括模具报价与签订合同、人员安排、制品原始数据、模具设计、加工工艺、质量检测、试模修模、模具交付等内容。企业各项活动的宗旨就是要保证以模具制造为核心的信息流动的畅通。

企业内部的信息流动是一个系统工程,需要统筹考虑,主要根据企业的实际情况而定。但在某些局部环节也有一些共性的东西,如工艺制订过程。工艺制订过程的信息流动可以归纳为以下几个基本环节:

① 工艺部门接受工艺设计任务,并制订工艺设计计划,分配工艺设计任务;

② 根据设计部门提供的模具零件信息,工艺部门首先进行工艺审查和工艺性分析,并向设计部门提出工艺修改意见信息;

③ 工艺人员获得零件的几何和工艺信息,确定工艺路线和工艺操作内容;

④ 工艺规程制订完成后,工艺部门把所设计的工艺规程提交给生产部门,并接受生产部门的信息反馈。

### 2. 企业外部的信息流

企业外部的信息流是指企业与客户、外协企业间的信息交换,由此产生了电子商务、动态联盟和网络化制造等概念。目前电子商务系统并不十分完善,但通过互联网的数据交换等信息流动已很普遍。客户提供的制品原始数据、企业制订的模具设计方案或加工工艺过程等,都可以通过网上相互沟通,拉近了客户和企业间的距离,使相关问题的解决更加快捷、方便。

目前模具企业的专业化越来越强,因而企业间的相互合作日显重要。由于模具制造一般是单件小批生产,因而模具企业间的合作是松散的、动态的,只是由于一个特定的项目相互组织在一起。动态联盟充分利用现代网络技术,把在地理上分布于不同地区的模具制造企业组织在一起,形成一种有时限的相互依赖、信任和合作的组织。各盟员企业借助自身的特点,优势互补,共享资源和技术,分担投入和风险,以最快的速度形成具有优势的敏捷生产体系,从而快速地响应市场机遇,解决生产过程中出现的各种问题,达到快速、优质、低成本地生产出模具产品的目的。

并行工程、网络化制造系统均为模具快速制造提供了有效的实施平台,高速加工等先进制造工艺提供了必备的实施条件;计算机辅助技术已成为模具行业的主导技术,信息流的畅通是模具制造得以顺利进行的首要条件。

## 1.3　本书的主要内容

全书共分 13 章。

第 1 章介绍模具制造的基本要求,论述了模具制造的发展趋势。

第 2 章介绍模具制造工艺规程的主要内容,包括基本概念、工件的安装和基准选择、工艺路线的拟订、工序设计、加工精度与表面质量等内容。

第3章介绍模具的常规加工方法,包括车削、铣削、钻削、镗削、磨削加工等技术。由于成形磨削、坐标磨削和数控磨削关系紧密,因而将数控磨削部分分别安排在成形磨削、坐标磨削中加以介绍。

第4章介绍模具的数控加工与编程。在数控机床概述和编程基础的论述之后,介绍了数控车削、数控铣削和加工中心的编程方法和加工方法,以及高速加工技术。

第5章介绍了模具的特种加工,在对电火花成形加工、电火花线切割加工和激光加工的介绍中,包括各自的工作原理和电火花加工用电极的设计与制造、线切割加工的工艺特性等内容。

第6章围绕快速制模技术,介绍几种快速成形技术的典型方法和基于RP的快速制模技术的基本概念。重点介绍了熔模铸造、硅橡胶模具、电铸模具等。

第7章对模具表面加工与处理技术进行了介绍,内容包括模具表面光整加工、模具表面纹饰加工、模具表面覆层和改性处理。

第8章选取几种模具常用零件,对其制造技术加以讨论,包括导向机构零件的制造、侧抽机构零件的加工和模板类零件的加工等内容。

第9章是注塑模具制造工艺,包括注塑模具零件的加工、注塑模具的装配和试模等内容。

第10章是冲压模具制造工艺,包括冲压模具成形零件的加工、冲压模具制造工艺要点、冲压模具的装配和试模等内容。

第11章是压铸模具制造工艺,包括压铸模具的加工、装配和试模等内容。

从第8章到第11章,在介绍各种模具制造技术时,均配有一些模具零件的加工工艺过程实例。

第12章对注塑模具、冲压模具和压铸模具等模具修复手段和方法进行了介绍。

第13章介绍热处理的基本概念、模具材料的基本性能要求、模具常用钢材及性能、模具常用钢材化学成分及热处理等内容。

# 第2章　模具制造工艺规程

## 2.1　基本概念

### 2.1.1　生产过程和工艺过程

#### 1. 生产过程

制造模具时,将原材料转变为成品的全过程称为生产过程。具体地讲,模具制造是在一定的工艺条件下,改变模具材料的形状、尺寸和性质,使之成为符合设计要求的模具零件,再经装配、试模和修整而得到整副模具产品的过程。广义的模具制造过程包括生产技术准备、零件成形加工和模具装配等阶段。

（1）生产技术准备

生产技术准备阶段的主要任务是分析模具图样,制订工艺规程;编制数控加工程序;设计和制造工装夹具;制订生产计划,制订并实施工具、材料、标准件等外购和零件外协加工计划。

（2）零件成形加工

在模具加工中,加工的工艺分类方法非常多,按切削方式基本可以概括为两种。

① 切削加工,如车、钳、刨、铣、磨等。

② 非切削加工,如各种特种加工方法、冷挤压、铸造等。

按控制方式可分为数控加工和非数控加工两种。

零件成形加工按加工对象可以分为以下两种。

① 非成形零件加工,即模板类、结构件类等零件加工。这些零件大多具有国家或行业标准,部分实现了标准化批量生产。在模具工艺规划中,根据设计的实际要求和企业的平衡生产选择外购或由本企业加工。

② 成形零件加工,即凸模、凹模、型腔类零件的加工。例如,注塑模具的成形零件一般结构比较复杂,精度要求高,有些模具型腔表面要求有纹饰图案。其加工过程主要由成形加工、热处理和表面加工等环节构成。特种加工、数控加工在模具成形零件加工中应用非常普遍。

（3）模具装配

模具装配是根据模具装配图样要求的质量和精度,将加工好的零件组合在一起构成一副完整模具的过程。除此之外,装配阶段的任务还有清洗、修配模具零件,试模及修整等。

#### 2. 工艺过程

在模具制造过程中,直接改变工件形状、尺寸、物理性质和装配等称为工艺过程。按照完成零件制造过程中采用的不同工艺方法,工艺过程可以分为铸造、锻造、冲压、焊接、热处理、机械加工、表面处理和装配等。以机械加工方法（主要是切削加工方法）直接改变毛坯的形状、尺寸和表面质量,使其成为合格零件的过程,称为机械加工工艺过程。将合理的机械加工工艺过程确定后,以文字形式作为加工的技术文件,即为模具机械加工工艺规程。

### 2.1.2 机械加工工艺过程

机械加工工艺过程是比较复杂的。在这个过程中,根据被加工零件的结构特点和技术要求,常需采用各种不同的加工方法和设备,并通过这一系列加工步骤,才能将毛坯变成所需的零件。为了科学地研究工艺过程,必须深入分析工艺过程的组成。机械加工工艺过程是由一个或若干个工序组成的,而工序又分为安装、工位、工步和走刀。

**1. 工序**

一个或一组工人在同一个工作地点,对一个或同时几个工件所连续完成的那一部分工艺过程称为工序。

工序不仅是组成工艺过程的基本单元,也是组织生产、核算成本和进行检验的基本单元。工序的划分基本依据是加工对象或加工地点是否变更,加工内容是否连续。工序的划分与生产批量、加工条件和零件结构特点有关。例如,如图 2-1 所示的注塑模具型腔嵌件,采用预硬模具钢,其工序的划分见表 2-1。

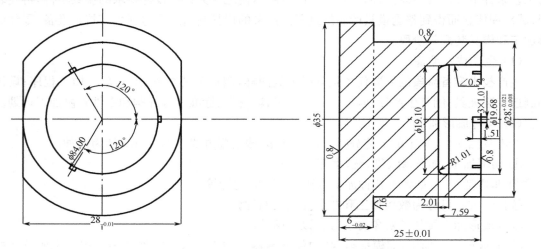

图 2-1 注塑模具型腔嵌件图

表 2-1 注塑模具型腔嵌件工艺过程

| 序　号 | 工　序 | 工 艺 要 求 |
|:---:|:---:|---|
| 1 | 下料 | 直径大于 $\phi35$ 的棒料 |
| 2 | 车 | 夹持棒料,车端面见平,粗车外圆 $\phi35$ 至尺寸要求;粗、精车 $\phi28$ 至尺寸要求<br>端面留量 0.2mm,使用样板刀,粗车型腔 $\phi19.68$ 处,侧壁、底面留电火花加工余量 0.3mm<br>在长度方向 26 处截断;掉头,用铜爪夹持 $\phi28$ 处,车 $\phi35$ 端面见平,$25_{\pm0.01}$ 至 25.4,$6_{-0.02}$ 至 6.2 |
| 3 | 铣 | 分度头夹持 $\phi28$ 处,铣 $28_{-0.01}$ 至尺寸要求 |
| 4 | 钳 | 将嵌件镶入模板中 |
| 5 | 磨 | 与模板同磨,上下面见平,且至尺寸要求 |
| 6 | 电 | 加工型腔 $\phi19.68$ 及 $3\times1.01$ 处 |
| 7 | 钳 | 抛光型腔 |

## 2. 安装

确定工件在机床或夹具上占有一个正确位置的过程,称为定位。工件定位后将其固定,使之在加工过程中保持定位位置不变,即夹紧。工件的定位和夹紧过程称为装夹。在某一工序中,有时需要对工件进行多次装夹加工,工件经一次装夹后所完成的那部分工序称为安装。

如表 2-1 工序 2 中,先装夹工件一端,车端面至长度 26mm 等,称为装夹 1;再掉头用铜爪装夹工件,称为装夹 2。加工过程中,应尽量减少安装次数,以减少安装误差和辅助时间。

## 3. 工位

为了完成一定的工序内容,一次装夹工件后,工件与夹具或设备的可动部分一起相对于刀具和设备的固定部分所占据的每一个位置,称为工位。

利用回转工作台对模板上圆周分布的孔系的加工,即是多工位加工。

## 4. 工步

对工序进一步划分即为工步。一道工序(一次安装或一个工位)中,可能需要加工若干个表面只用一把刀具,也可能只加工一个表面,但却要用若干把不同刀具。在加工表面和加工工具不变的情况下,所连续完成的那一部分工序,称为一个工步。

如果上述两项中有一项改变,就成为另一工步。如表 2-1 工序 2 中,包括车外圆、车型腔等几个工步。

为了提高加工效率和加工质量,用几把刀具同时加工几个表面的工步称为复合工步,在工艺文件上可看做一个工步。

## 5. 走刀(行程)

有些工步,由于余量较大或其他原因,需要用同一刀具,对同一表面进行多次切削,则刀具对工件每进行一次切削就是一次走刀(行程)。走刀是工步的一部分,一个工步可包括一次或几次走刀。

## 2.1.3 生产纲领与生产类型

### 1. 生产纲领

机械产品在计划期内应当生产的产品产量和进度计划称为该产品的生产纲领。机械产品中某零件的生产纲领除了该产品在计划期内的产量以外,还需包括一定的备品率和平均废品率。零件的生产纲领可按下式计算:

$$N_0 = N \cdot n(1 + \alpha + \beta)$$

式中　$N_0$——机械零件的生产纲领(件);

　　　$N$ ——机械产品在计划期内的产量(件);

　　　$n$ ——每台机械产品中该零件的数量(件);

　　　$\alpha$ ——该零件的备品率(%);

　　　$\beta$ ——该零件的废品率(%)。

### 2. 生产类型

根据产品的生产纲领,模具制造业的生产类型主要可分为两种类型:单件生产和批量生产。

(1)单件生产

生产的产品品种较多,每种产品的产量很少,同一个工作地点的加工对象经常改变,且很少重复生产,这种生产称为单件生产。如新产品试制用的各种模具和大型模具等都属于单件生产。

（2）成批生产

产品的品种不是很多，但每一种产品均有一定的数量，同一个工作地点的加工对象周期性地更换，这种生产称为成批生产。如模具的标准模架、模座、导柱、导套等多属于成批生产。

生产类型不同，则无论是在生产组织、生产管理、车间机床布置，还是在选用毛坯制造方法、机床种类、工具、加工或装配方法及工人技术要求等方面均有所不同。为此，制订模具零件的机械加工工艺过程和模具的装配工艺过程时，都必须考虑不同生产类型的特点，以取得最大的经济效益。

## 2.1.4　制订工艺规程的原则和步骤

### 1. 机械加工工艺规程的作用

机械加工工艺规程是规定产品或零部件制造工艺过程和操作方法等的工艺文件。

合理的机械加工工艺规程是在总结长期的生产实践和科学实验的基础上，依据科学理论和必要的工艺试验而制订的，并通过生产过程的实践不断得到改进和完善。机械加工工艺规程的作用主要有以下 3 个方面。

（1）工艺规程是指导生产的技术文件

工艺规程是在实际生产经验和先进技术的基础上，依照科学的理论来制订的，对于保证产品质量和提高生产效率是不可缺少的。

（2）工艺规程是生产组织和管理的依据

工艺规程中规定了毛坯的设计、设备和工艺装备的占用、工人安排和工时定额等，所以，企业的生产组织和管理者依据工艺规程来安排生产准备和生产规划。

（3）工艺规程是加工检验的依据

工艺规程中规定了模具制造过程中具体的加工方法，指导各生产环节按工艺规程指定的顺序和确定的工序尺寸及加工精度、加工余量和切削用量等对模具零件进行加工和检验。

### 2. 制订机械加工工艺规程的原则

模具加工的生产类型一般为单件小批生产，制订机械加工工艺规程的基本原则就是要保证以最低的生产成本和最高的生产效率，可靠地加工出符合设计图样所要求的模具产品。

因此，工艺设计者制订工艺规程时必须在本单位的生产加工条件（如拥有的设备、工人技术水平、各种规章制度等）下，根据待生产模具的生产纲领、模具的装配图样、零件图样、交货期限等来具体确定工艺规程。工艺设计的目标应当是在保证模具质量的前提下，追求加工的高效率和低成本。优良的工艺设计具有生产上的经济性、技术上的先进性和工艺上的合理性等特点。因此，工艺规程是模具制造最主要的技术文件之一。一个合理的机械加工工艺规程要满足以下几点基本要求。

（1）模具质量的可靠性

工艺规程首先要充分考虑和采取一切确保模具质量的必要措施，保证能全面、可靠和稳定地达到设计图样上所要求的尺寸精度、形位公差和表面质量等技术要求。

（2）加工工艺的先进性

在采用本企业成熟的工艺方法的基础上，应尽可能学习和吸收适合本企业情况的国内外同行的先进工艺技术，适时改进工艺装备，以提高工艺技术水平。

（3）加工成本的经济性

在一定的生产条件下，要采用劳动量、物资和能源消耗最少的工艺方案。在保证模具质量的前提下，使加工成本最低，从而使企业获得较好的经济效益。

（4）工作条件的合理性

工艺规程应保证操作者的人身安全和较为良好的工作条件。尽可能采用机械化或自动化设备来保证加工质量，以减轻某些繁重的体力劳动和人为因素对质量的影响。

**3. 制订机械加工工艺规程的步骤**

制订机械加工工艺规程的原始资料主要是产品图样、生产纲领、现场加工设备及生产条件等，有了这些原始资料并由生产纲领确定了生产类型和生产组织形式之后，即可着手机械加工工艺规程的制订，其内容和顺序如下。

① 零件图的研究与工艺分析：分析该零件所属的模具装配图，了解其在模具中的位置和功用，由此明确该零件关键的技术要求，对模具零件图进行工艺性分析，必要时对图样提出修改意见或建议。

② 确定毛坯的种类。

③ 设计工艺过程：划分工艺过程的组成、选择定位基准、选择零件表面的加工方法、拟订零件的加工工艺路线。

④ 工序设计：选择机床和工艺装备、确定加工余量、确定工序尺寸及其公差、确定切削用量及工时定额等。

⑤ 填写工艺文件。

**4. 工艺文件的格式及应用**

工艺规程内容主要包括零件加工的工艺路线、各道工序的具体加工内容、切削用量、工时定额、所选用的设备与工艺装备及毛坯设计等。编制工艺规程时，应根据生产类型的不同来决定需要把工艺过程分析到什么程度。对于模具制造这种单件小批量生产一般只要定到工序就可以。

工艺规程确定后，用表格的形式制成工艺文件，作为生产准备和加工的依据和技术指导文件。常见的有以下几种。

（1）机械加工工艺过程卡片

用于单件小批生产，它的主要作用是概略地说明机械加工的工艺路线。实际生产中，工艺过程卡片内容的简繁程度也不一样，最简单的只列出各工序的名称和顺序，较详细的则附有主要工序的加工简图等。表 2-1 即为一简单的工艺过程卡片。实际生产中，有时也将工艺过程直接写在图样上，以方便灵活地指导生产。

（2）机械加工工序卡片

大批量生产中，要求工艺文件更加完整和详细，每个零件的各加工工序都要有工序卡片。它是针对某一工序编制的，要画出该工序的工序图，以表示本工序完成后工件的形状、尺寸及其技术要求，还要表示出工件的装夹方式、刀具的形状及其位置等。工序卡片的格式和填写要求可参阅原机械工业部指导性技术文件"工艺规程格式及填写规则"（JB/Z187.3—1998）。生产管理部门可以按零件将工序卡片汇装成册，以便随时查阅。

（3）机械加工工艺（综合）卡片

主要用于成批生产，它比工艺过程卡片详细，比工序卡片简单且较灵活，是介于两者之间的一种格式。工艺卡片既要说明工艺路线，又要说明各工序的主要内容。原机械工业部指导性技术文件未规定工艺卡片格式，仅规定了幅面格式，各单位可根据需要参考文件要求自定。

## 2.2　工件的安装和基准选择

在制订零件加工工艺规程时,正确地选择工件的定位基准有着十分重要的意义。定位基准选择的好坏,不仅影响零件加工的位置精度,而且对零件各表面的加工顺序也有很大的影响。本节先介绍一些有关基准和定位的概念,然后再着重讨论定位基准选择的原则。

### 2.2.1　基准的概念

基准是用来确定生产对象上几何要素间的几何关系所依据的那些点、线、面。在模具零件的设计和加工过程中,按不同要求选择哪些点、线、面作为基准,是直接影响零件加工工艺性和各表面间尺寸、位置精度的主要因素之一。

基准按其作用不同,可分为设计基准和工艺基准两大类。

#### 1. 设计基准

零件设计图样上所采用的基准,称为设计基准。这是设计人员从零件的工作条件、性能要求出发,适当考虑加工工艺性而选定的。

一个模具零件,在零件图样上可以有一个也可以有多个设计基准。图 2-2 中各外圆表面和内孔的设计基准是中心线,而轴向尺寸的设计基准是 $\phi40\mathrm{mm}$ 的端面。

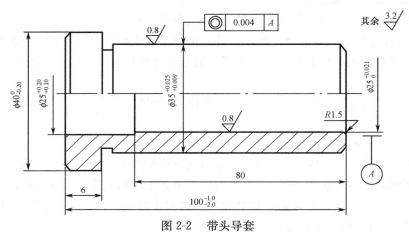

图 2-2　带头导套

#### 2. 工艺基准

零件在工艺过程中所采用的基准,称为工艺基准,包括工序基准、定位基准、测量基准和装配基准等。

（1）工序基准

在工序图上,用来确定本工序所加工表面加工后的尺寸、位置的基准,称为工序基准。如图 2-2 所示,在零件套在芯棒上磨削 $\phi35\mathrm{mm}$ 外圆表面时,内孔即为该道工序的工序基准。

（2）定位基准

加工时使工件在机床或夹具中占据一正确位置所用的基准,称为定位基准。如图 2-2 所示,在零件套在芯棒上磨削 $\phi35\mathrm{mm}$ 外圆表面时,内孔即为该道工序的定位基准。

（3）测量基准

零件检验时,用以测量已加工表面尺寸及位置的基准,称为测量基准。如图 2-2 所示,当以内孔为基准(套在检验芯棒上)检验 $\phi35\mathrm{mm}$ 外圆与内孔的同轴度时,内孔即为测量基准。

（4）装配基准

装配时用以确定零件在部件或产品中位置的基准,称为装配基准。如图 2-2 所示,零件 $\phi$35mm 外圆表面即为装配基准。

工艺基准的选择对于保证加工精度,尤其是保证零件之间的位置精度至关重要。模具零件工艺基准的选择应注意以下几个原则。

① 基准重合原则。即工艺基准和设计基准尽量重合,避免基准的不重合引起基准不重合误差。

② 基准统一原则。即同一零件上多个表面的加工选用统一的基准,如模板上孔的坐标一般以模板的右下角为基准。

③ 基准对应原则。有装配关系或相互运动关系的零件基准的选取方式应一致。如同一套模具中,各模板的基准均以模板的右下角为基准。不要有的用右下角,有的用导柱孔中心。

④ 基准传递与转换原则。坐标镗床镗孔时首先是以模板的右下角为基准,在镗第二个孔时则以第一个孔中心为基准,基准实际上做了传递与转换。同理,模板在粗加工时以中线为基准四周均匀去除,而精加工时则要以模板的右下角为基准。

## 2.2.2 工件的安装方式

工件安装的好坏,是模具加工中的一个重要问题,它不仅直接影响加工精度、工件安装的快慢,还影响生产率的高低。为了保证加工表面与其设计基准间的相对位置精度,工件在安装时应使加工表面的设计基准相对机床占据一正确的位置。如图 2-2 所示,为了保证加工表面 $\phi$35mm 同轴度的要求,工件安装时必须使其设计标准(零件中心线)与机床主轴的轴心线重合。

在各种不同的机床上加工零件时,有各种不同的装夹方法,可以归纳为 3 种:直接装夹、找正装夹和夹具装夹。

### 1. 直接装夹

这种装夹方法是利用机床上的装夹面来对工件直接定位的,工件的定位基准面只要靠紧在机床的装夹面上并密切贴合,不需找正即可完成定位。此后,夹紧工件,使其在整个加工过程中不脱离这一位置,就能得到工件相对刀具及成形运动的正确位置。如图 2-3 所示是这种装夹方法的示例。

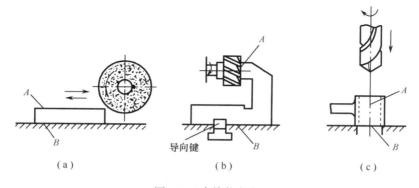

图 2-3　直接装夹方法

在图 2-3(a)中,工件的加工表面 $A$ 要求与工件的底面 $B$ 平行,装夹时将工件的定位基准面 $B$ 靠紧并吸牢在电磁工作台上即可。

**2. 找正装夹**

这种装夹方法利用可调垫块、千斤顶、四爪卡盘等工具,先将工件夹持在机床上,将划针或百分表安置在机床的相关部件上,然后使机床做慢速运动。这时划针或百分表在工件上划过的轨迹即代表着切削成形运动的位置。以目测法校正工件的正确位置,一边校验,一边找正,直至使工件处于要求的位置。

例如,在车床上加工一个与外圆表面具有一个偏心量为 $e$ 的内孔,可采用四爪卡盘和百分表调整工件的位置,使其外圆表面轴线与主轴回转轴线恰好相距一个偏心量 $e$,然后再夹紧工件加工。

对于形状复杂,尺寸、重量均较大的汽车覆盖件模具的铸、锻件毛坯,在粗加工时若其精度较低不能按其表面找正,则可预先在毛坯上将待加工面的轮廓线划出,然后再按所划的线找正其位置,亦属于找正装夹。

**3. 夹具装夹**

夹具是根据工件某一工序的具体加工要求设计的,其上备有专用的定位元件和夹紧装置,被加工工件可以迅速而准确地装夹在夹具中。采用夹具装夹,是在机床上先安装好夹具,使夹具上的安装面与机床上的装夹面靠紧并固定,然后在夹具中装夹工件,使工件的定位基准面与夹具上定位元件的定位面靠紧并固定(如图 2-4 所示)。由于夹具上定位元件的定位面相对夹具的安装面有一定的位置精度要求,故利用夹具装夹就能保证工件相对刀具及成形运动的正确位置关系。

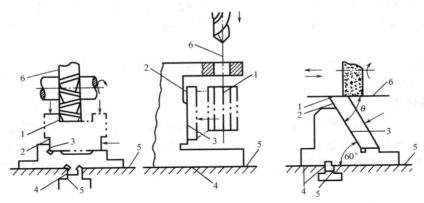

1—工件的加工面; 2—工件的定位基准面; 3—夹具上定位元件的定位面;
4—夹具的安装面; 5—机床的装夹面; 6—刀具的切削成形面

图 2-4　工件、夹具和机床之间的位置关系

(1) 夹具的分类

根据夹具的应用范围,大致可分为 4 类。

① 通用夹具:指已标准化的、可用于加工同一类型、不同尺寸工件的夹具,如三爪或四爪卡盘、平口钳、回转工作台、万能分度头、电磁吸盘、电火花机床主轴夹具等。通常这类夹具作为机床附件,由专门工厂制造供应。

② 专用夹具:指专为某一工件的某道工序而设计制造的夹具。当产品变换或工序内容变动后,这类夹具往往就无法再使用。因此,专用夹具适用于产品固定、工艺相对稳定、批量又大的加工过程。

③ 可调夹具：指当加工完一种工件后，经过调整或更换个别元件，即可加工另外一种工件的夹具。这类夹具主要用于加工形状相似、尺寸相近的工件。

④ 组合夹具：在夹具零件、部件完全标准化的基础上，根据积木的原理，针对不同的工件对象和加工要求，拼装组合而成的夹具。这类夹具使用完毕，可拆散成各种元件，使用时重新组合，可不断重复使用。

(2) 夹具的作用

① 保证加工精度。零件的加工精度包括尺寸精度、形状精度和位置精度 3 种。夹具的最大功用是保证零件加工表面的位置精度。例如，在摇臂钻床上使用钻夹具加工孔系时，可保证达到 0.1～0.2mm 的中心距位置精度。而按划线找正法加工时，仅能保证 0.4～1mm 的中心距位置精度，而且受到操作技术的影响，同批零件的质量也不稳定。

② 提高劳动生产率和降低加工成本。使用夹具后，免除了每件加工时都要找正、对刀等工作；加速工件的装卸，从而大大减少了有关工件安装的辅助时间。特别对那些机动时间较短而辅助时间长的中、小件加工意义更大。此外，用夹具安装还容易实现多件加工、多工位加工，可进一步缩短辅助时间，提高劳动生产率，如在电加工中夹具的应用。

③ 扩大机床工艺范围。使用夹具还可改变或扩大原机床的功能，实现"一机多用"。例如，在车床上使用镗孔夹具，就可以代替镗床进行镗孔工作，解决了缺乏设备的困难。

### 2.2.3 定位基准的选择

设计基准已由零件图给定，而定位基准可以有多种不同的方案。正确地选择定位基准是设计工艺过程的一项重要内容。

在最初的工序中只能选择未经加工的毛坯表面（即铸造、锻造或轧制等表面）作为定位基准，这种表面称为粗基准。用加工过的表面作为定位基准称为精基准。另外，为了满足工艺需要在工件上专门设计的定位面，称为辅助基准。

#### 1. 粗基准的选择

粗基准的选择影响各加工面的余量分配及不需加工表面与加工表面之间的位置精度。这两方面的要求常常是相互矛盾的，因此在选择粗基准时，必须先明确哪一方面是主要的。

如果必须首先保证工件上加工表面与不加工表面之间的相对位置要求，一般应选择不加工表面为粗基准。如果在工件上有很多不需加工的表面，则应以其中与加工表面的位置精度要求较高的表面作为粗基准。

如果必须首先保证工件某重要表面的余量均匀，应选择该表面作为粗基准。如图 2-5 所示为大型冲压模座粗基准的选择。此时应以下平面为粗基准，然后以下平面为定位基准，加工上表面与模座其他部位，这样可减少毛坯误差，使上、下平面主面基本平行，最后再以上平面为精基准加工下表面，这时下平面的加工余量就比较均匀且比较小。

粗基准的表面应尽量平整，没有浇口、冒口或飞边等其他表面缺陷，以便使工件定位可靠，夹紧方便。

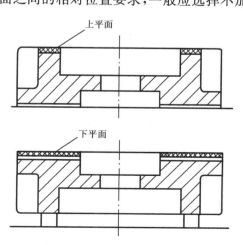

图 2-5 大型冲压模座粗基准的选择

粗基准一般只能使用一次，即不能重复使用，以免产生较大的位置误差。

### 2. 精基准的选择

选择精基准应考虑如何保证加工精度和装夹准确方便，一般应遵循如下原则。

① 应尽可能选用加工表面的设计基准作为精基准，避免基准不重合造成的定位误差。这一原则就是"基准重合"原则。如图 2-2 所示的导套，当精磨外圆时，从基准重合原则出发，应选择内孔表面（设计基准）为定位基准。

② 当工件以某一组精基准定位，可以比较方便地加工其他各表面时，应尽可能在多数工序中采用同一组精基准定位，这就是"基准统一"原则。例如，导柱、复位杆、拉杆等轴类零件的大多数工序都采用顶尖孔为定位基准。

③ 当精加工和光整加工工序要求余量尽量小且均匀时，应选择加工表面本身作为精基准，而该加工表面与其他表面之间的位置精度则要求由先行工序保证，即遵循"自为基准"原则。

④ 为了获得均匀的加工余量或较高的位置精度，在选择精基准时，可遵循"互为基准"的原则。

⑤ 精基准的选择应使定位准确，夹紧可靠。为此，精基准的面积与被加工表面相比，应有较大的长度和宽度，以提高其位置精度。

# 2.3　工艺路线的拟订

模具加工工艺规程的制订，在具体工作中应该在充分调查研究的基础上，提出多种方案进行分析比较。因工艺路线不但影响加工的质量和生产效率，而且影响工人的劳动强度、设备投资、车间面积和生产成本等。

工艺路线的拟订是制订工艺规程的总体布局。其主要任务是选择各个加工表面的加工方法和加工方案，确定各个表面的加工顺序及整个工艺过程中工序的多少等。

关于工艺路线的拟订，目前还没有一套普遍而完整的方法。但经过多年来的生产实践，已总结出一些综合性原则。在应用这些原则时，要结合生产实际，分析具体条件，避免生搬硬套。

除定位基准的合理选择外，拟订工艺路线还要考虑以下 4 个方面。

## 2.3.1　表面加工方法的选择

零件表面的加工方法，首先取决于加工表面的技术要求。但应注意，这些技术要求不一定就是零件图样所规定的要求，有时还可能由于工艺上的原因而在某些方面高于零件图上的要求。

当明确了各加工表面的技术要求后，即可据此选择能保证该要求的最终加工方法，并确定需要几个工步和各工步的加工方法。所选择的加工方法，应满足零件的质量、加工经济性和生产效率的要求。为此，选择加工方法时应考虑下列因素。

① 首先要保证加工表面的加工精度和表面粗糙度的要求。由于获得同一精度及表面粗糙度的加工方法往往有若干种，实际选择时还要结合零件的结构形状、尺寸大小，以及材料和热处理的要求全面考虑。例如，对于 IT7 精度的孔，一般不宜选择拉削和磨孔，而常选择镗孔或铰孔，孔径大时选择镗孔，孔径小时选择铰孔。

② 工件材料的性质，对加工方法的选择也有影响。例如，淬火钢应采用磨削加工；有色金属零件，为避免磨削时堵塞砂轮，一般都采用高速镗或高速精密车削进行精加工。

③ 工件的结构形状和尺寸大小的影响。例如,回转工件可以用车削或磨削等方法加工孔,而模板上的孔,一般就不宜采用车削或磨削,而通常采用镗削或铰削加工。

④ 表面加工方法的选择,除了首先保证质量要求外,还应考虑生产效率和经济性的要求。大批量生产时,应尽量采用高效率的先进工艺方法,如内孔和平面可采用拉削加工取代普通的铣、刨和镗孔方法。

⑤ 为了能够正确地选择加工方法,还要考虑本厂、本车间现有设备情况及技术条件。应该充分利用现有设备,挖掘企业潜力,发挥工人及技术人员的积极性和创造性。同时也应考虑不断改进现有的方法和设备,推广新技术,提高工艺水平。

零件上比较精确的表面,是通过粗加工、半精加工和精加工逐步达到的。对这些表面仅仅根据质量要求,选择相应的最终加工方法是不够的,还应正确地确定从毛坯到最终成形的加工路线(即加工方案)。表 2-2、表 2-3、表 2-4 为常见的外圆、孔和平面的加工方案,表 2-5 是轴线平行孔的加工方法及孔距精度等级,表 2-6 为外圆和内孔的几何形状精度,表 2-7 为平面的几何形状和相互位置精度,表 2-8 是各种加工方法的经济粗糙度,制订工艺时可作为参考。

表 2-2 外圆表面加工方案

| 序 号 | 加 工 方 案 | 经济精度级 | 表面粗糙度 $R_a(\mu m)$ | 适 用 范 围 |
|---|---|---|---|---|
| 1 | 粗车 | IT11 以下 | 50～12.5 | 适用于淬火钢以外的各种金属 |
| 2 | 粗车—半精车 | IT10～IT8 | 6.3～3.2 | |
| 3 | 粗车—半精车—精车 | IT8 | 1.6～0.8 | |
| 4 | 粗车—半精车—精车—滚压(或抛光) | IT8 | 0.2～0.025 | |
| 5 | 粗车—半精车—磨削 | IT8～IT7 | 0.8～0.4 | 主要用于淬火钢,也可用于未淬火钢,但不宜加工有色金属 |
| 6 | 粗车—半精车—粗磨—精磨 | IT7～IT6 | 0.4～0.1 | |
| 7 | 粗车—半精车—粗磨—精磨—超精加工 | IT5 | 0.1 | |
| 8 | 粗车—半精车—精车—金刚石车 | IT7～IT6 | 0.4～0.025 | 主要用于有色金属加工 |
| 9 | 粗车—半精车—粗磨—精磨—研磨 | IT6～IT5 | 0.16～0.08 | 极高精度的外圆加工 |
| 10 | 粗车—半精车—粗磨—精磨—超精磨或镜面磨 | IT5 以上 | <0.025 ($R_z 0.05\mu m$) | |

表 2-3 孔加工方案

| 序 号 | 加 工 方 案 | 经济精度级 | 表面粗糙度 $R_a(\mu m)$ | 适 用 范 围 |
|---|---|---|---|---|
| 1 | 钻 | IT12～IT11 | 12.5 | 加工未淬火钢及铸铁,也可用于加工有色金属 |
| 2 | 钻—铰 | IT9 | 3.2～1.6 | |
| 3 | 钻—铰—精铰 | IT8～IT7 | 1.6～0.8 | |
| 4 | 钻—扩 | IT11～IT10 | 12.5～6.3 | 同上,孔径可大于 15～20mm |
| 5 | 钻—扩—铰 | IT9～IT8 | 3.2～1.6 | |
| 6 | 钻—扩—粗铰—精铰 | IT7 | 1.6～0.8 | |
| 7 | 钻—扩—机铰—手铰 | IT7～IT6 | 0.4～0.1 | |

| 序号 | 加工方案 | 经济精度级 | 表面粗糙度 $R_a(\mu m)$ | 适用范围 |
|---|---|---|---|---|
| 8 | 钻—扩—拉 | IT9~IT7 | 1.6~0.1 | 大批大量生产(精度由拉刀的精度确定) |
| 9 | 粗镗(或扩孔) | IT12~IT11 | 12.5~6.3 | 除淬火钢以外的各种材料,毛坯有铸出孔或锻出孔 |
| 10 | 粗镗(粗扩)—半精镗(精扩) | IT9~IT8 | 3.2~1.6 | |
| 11 | 粗镗(扩)—半精镗(精扩)—精镗(铰) | IT8~IT7 | 1.6~0.8 | |
| 12 | 粗镗(扩)—半精镗(精扩)—精镗—浮动镗刀精镗 | IT7~IT6 | 0.8~0.4 | |
| 13 | 粗镗(扩)—半精镗—磨孔 | IT8~IT7 | 0.8~0.2 | 主要用于淬火钢,也可用于未淬火钢,但不宜用于有色金属 |
| 14 | 粗镗(扩)—半精镗—精镗—金刚镗 | IT7~IT6 | 0.2~0.1 | |
| 15 | 粗镗—半精镗—精镗—金刚镗 | IT7~IT6 | 0.4~0.05 | |
| 16 | 钻—(扩)—粗铰—精铰—珩磨钻—(扩)—拉—珩磨 粗镗—半精镗—精镗—珩磨 | IT7~IT6 | 0.2~0.025 | 主要用于精度高的有色金属,用于精度要求很高的孔 |
| 17 | 以研磨代替上述方案中的珩磨 | IT6 以上 | 0.2~0.025 | |

表 2-4  平面加工方案

| 序号 | 加工方案 | 经济精度级 | 表面粗糙度 $R_a(\mu m)$ | 适用范围 |
|---|---|---|---|---|
| 1 | 粗车—半精车 | IT9 | 6.3~3.2 | 主要用于端面加工 |
| 2 | 粗车—半精车—精车 | IT8~IT7 | 1.6~0.8 | |
| 3 | 粗车—半精车—磨削 | IT9~IT8 | 0.8~0.2 | |
| 4 | 粗刨(或粗铣)—精刨(或精铣) | IT10~IT9 | 6.3~1.6 | 一般不淬硬平面 |
| 5 | 粗刨(或粗铣)—精刨(或精铣)—刮研 | IT7~IT6 | 0.8~0.1 | 精度要求较高的不淬硬平面,批量较大时宜采用宽刃精刨 |
| 6 | 以宽刃刨削代替上述方案中的刮研 | IT7 | 0.8~0.2 | |
| 7 | 粗刨(或粗铣)—精刨(或精铣)—磨削 | IT7 | 0.8~0.2 | 精度要求高的淬硬平面或未淬硬平面 |
| 8 | 粗刨(或粗铣)—精刨(或精铣)—粗磨—精磨 | IT7~IT6 | 0.4~0.2 | |
| 9 | 粗铣—拉削 | IT9~IT7 | 0.8~0.2 | 大量生产,较小的平面(精度由拉刀精度而定) |
| 10 | 粗铣—精铣—磨削—研磨 | IT6 以上 | <0.1($R_z$ 为 0.05) | 高精度的平面 |

表 2-5　轴线平行孔的加工方法及孔距精度等级

| 加 工 方 法 | 工具的定位 | 两孔轴线间的距离误差或从孔轴线到平面的距离误差(mm) | 加 工 方 法 | 工具的定位 | 两孔轴线间的距离误差或从孔轴线到平面的距离误差(mm) |
|---|---|---|---|---|---|
| 立钻或摇臂钻上钻孔 | 用钻模 | 0.1~0.2 | 卧式铣床上镗孔 | 用镗模 | 0.05~0.08 |
| | 按划线 | 1.0~3.0 | | 按定位样板 | 0.08~0.2 |
| 立钻或摇臂钻上镗孔 | 用镗模 | 0.03~0.05 | | 按定位器的指示读数 | 0.04~0.06 |
| 车床上镗孔 | 按划线 | 1.0~2.0 | | 用块规 | 0.05~0.1 |
| | 用带有滑座的角尺 | 0.1~0.3 | | 用内径规或用塞尺 | 0.05~0.25 |
| 坐标镗床上镗孔 | 用光学仪器 | 0.004~0.015 | | 用程序控制的坐标装置 | 0.04~0.05 |
| 金刚镗床上镗孔 | | 0.008~0.02 | | 用游标尺 | 0.2~0.4 |
| 多轴组合机床上镗孔 | 用镗模 | 0.03~0.05 | | 按划线 | 0.4~0.6 |

表 2-6　外圆和内孔的几何形状精度　　　　　　　　　　　　　　单位:mm

| 机 床 类 型 | | | 圆 度 误 差 | 圆柱度误差 |
|---|---|---|---|---|
| 卧式车床 | 最大直径 | ≤400 | 0.02(0.01) | 100∶0.015(0.01) |
| | | ≤800 | 0.03(0.015) | 300∶0.05(0.03) |
| | | ≤1600 | 0.04(0.02) | 300∶0.06(0.04) |
| 高精度车床 | | | 0.01(0.005) | 150∶0.02(0.01) |
| 外圆磨床 | 最大直径 | ≤200 | 0.006(0.004) | 500∶0.011(0.007) |
| | | ≤400 | 0.008(0.005) | 1000∶0.02(0.01) |
| | | ≤800 | 0.012(0.007) | 1000∶0.025(0.015) |
| 无心磨床 | | | 0.01(0.005) | 100∶0.008(0.005) |
| 珩磨机 | | | 0.01(0.005) | 300∶0.02(0.01) |
| 卧式镗床 | 镗杆直径 | ≤100 | 外圆 0.05(0.025) 内孔 0.04(0.02) | 200∶0.04(0.02) |
| | | ≤160 | 外圆 0.05(0.03) 内孔 0.05(0.025) | 300∶0.05(0.03) |
| | | ≤200 | 外圆 0.06(0.04) 内孔 0.05(0.03) | 400∶0.06(0.04) |
| 内圆磨床 | 最大直径 | ≤50 | 0.008(0.005) | 200∶0.008(0.005) |
| | | ≤200 | 0.015(0.008) | 200∶0.015(0.008) |
| | | ≤800 | 0.02(0.01) | 200∶0.02(0.01) |
| 立式金刚镗 | | | 0.008(0.005) | 300∶0.02(0.01) |

注:括号内的数字是新机床的精度标准。

## 表 2-7　平面的几何形状和相互位置精度

| 机 床 类 型 | | 平面度误差 | 平行度误差 | 垂直度误差 | |
|---|---|---|---|---|---|
| | | | | 加工面对基面 | 加工面相互间 |
| 卧式铣床 | | 300：0.06（0.04） | 300：0.06（0.04） | 150：0,04（0.02） | 300：0.05（0.03） |
| 立式铣床 | | 300：0.06（0.04） | 300：0.06（0.04） | 150：0.04（0.02） | 300：0.05（0.03） |
| 插床 | 最大插削长度 ≤200 | 300：0.05（0.025） | — | 300：0.05（0.025） | 300：0.05（0.025） |
| | ≤500 | 300：0.05（0.03） | — | 300：0.05（0.03） | 300：0.05（0.03） |
| 平面磨床 | 立卧轴矩台 | — | 1000：0.025（0.015） | — | — |
| | 高精度平磨 | — | 500：0.009（0.005） | — | 100：0.01（0.005） |
| | 卧轴圆台 | — | 1000：0.02（0.01） | — | — |
| | 立轴圆台 | — | 1000：0.03（0.02） | — | — |
| 牛头刨床 | 最大刨削长度 | 加工上面 \| 加工侧面 | | — | — |
| | ≤250 | 0.02（0.01） \| 0.04（0.02） | 0.04（0.02） | — | 0.06（0.03） |
| | ≤500 | 0.04（0.02） \| 0.06（0.03） | 0.06（0.03） | — | 0.08（0.05） |
| | ≤1000 | 0.06（0.03） \| 0.07（0.04） | 0.07（0.04） | — | 0.12（0.07） |

注：括号内的数字为新机床的精度标准。

## 表 2-8　各种加工方法的经济粗糙度

| 加工方法 | 表面粗糙度 $R_a$（μm） | | | | | | | | | | | | 相当于表面光洁度 GB1031—1968 |
|---|---|---|---|---|---|---|---|---|---|---|---|---|---|
| | 50 | 25 | 12.5 | 6.3 | 3.2 | 1.6 | 0.8 | 0.4 | 0.2 | 0.1 | 0.05 | 0.025 | |
| 火焰切割 | ··· | — | ··· | | | | | | | | | | ▽2～▽4 |
| 粗磨 | ··· | — | — | ··· | | | | | | | | | ▽2～▽5 |
| 锯 | ··· | — | — | ··· | | | | | | | | | ▽2～▽6 |
| 刨和插 | ··· | — | — | — | — | — | ··· | | | | | | ▽2～▽8 |
| 钻削 | | | ··· | — | — | — | ··· | | | | | | ▽4～▽7 |
| 化学铣 | | | ··· | — | — | ··· | | | | | | | ▽4～▽7 |
| 电火花加工 | | · | — | — | — | — | ··· | | | | | | ▽5～▽7 |
| 铣削 | | ··· | — | — | — | — | — | ··· | | | | | ▽3～▽9 |
| 拉削 | | | ··· | — | — | — | ··· | | | | | | ▽5～▽8 |
| 铰孔 | | | ··· | — | — | — | ··· | | | | | | ▽5～▽8 |
| 镗、车削 | | | ··· | — | — | — | — | ··· | | | | | ▽4～▽9 |
| 滚筒光整 | | | | ··· | — | — | ··· | | | | | | ▽7～▽10 |
| 电解磨削 | | | | ··· | — | — | ··· | | | | | | ▽7～▽10 |
| 滚压抛光 | | | | | ··· | — | — | ··· | | | | | ▽8～▽10 |
| 磨削 | | | | | ··· | — | — | — | — | ··· | | | ▽6～▽11 |
| 珩磨 | | | | | ··· | — | — | — | ··· | | | | ▽7～▽11 |
| 抛光 | | | | | | ··· | — | — | ··· | | | | ▽8～▽11 |

| 加工方法 | 表面粗糙度 $R_a(\mu m)$ | | | | | | | | | | | | 相当于表面光洁度 GB1031—1968 |
|---|---|---|---|---|---|---|---|---|---|---|---|---|---|
| | 50 | 25 | 12.5 | 6.3 | 3.2 | 1.6 | 0.8 | 0.4 | 0.2 | 0.1 | 0.05 | 0.025 | |
| 研磨 | | | | | | | | ··· | — | — | — | ··· | ▽8～▽12 |
| 超精加工 | | | | | | | | | ··· | — | — | ··· | ▽9～▽12 |
| 砂型铸造 | | ··· | — | ··· | | | | | | | | | ▽2～▽4 |
| 热滚轧 | | ··· | — | ··· | | | | | | | | | ▽2～▽4 |
| 锻 | | | ··· | — | ··· | | | | | | | | ▽3～▽6 |
| 永久模铸造 | | | | ··· | — | ··· | | | | | | | ▽5～▽6 |
| 熔模铸造 | | | | ··· | — | ··· | | | | | | | ▽5～▽6 |
| 挤压 | | | | ··· | — | — | ··· | | | | | | ▽5～▽8 |
| 冷轧拉拔 | | | | ··· | — | — | ··· | | | | | | ▽5～▽8 |
| 压铸 | | | | | ··· | — | ··· | | | | | | ▽6～▽8 |

注：表中···—···表示某种加工方法所能达到的经济粗糙度及其范围。

### 2.3.2 加工阶段的划分

零件表面的加工方法确定之后，就要安排加工的先后顺序，同时还要安排热处理、检验等其他工序在工艺过程中的工序位置。零件加工顺序安排得是否合适，对加工质量、生产效率和经济性有较大的影响。

**1. 工艺规程划分阶段的原则**

模具零件加工时，往往不是一次加工完各个表面，而是将各表面的粗、精加工分开进行。为此，一般都将整个工艺过程划分为几个加工阶段，这就是在安排加工顺序时所遵循的工艺规程划分阶段的原则。

（1）粗加工阶段

该阶段的主要任务是切除各加工表面上的大部分加工余量，并为半精加工提供定位基准。因此，在此阶段中应采取措施尽可能提高生产率。

（2）半精加工阶段

该阶段的作用是为零件主要表面的精加工做好准备（达到一定的精度和表面粗糙度，保证一定的精加工余量），并完成一些次要表面如钻孔、攻丝等的加工，一般在热处理前进行。

（3）精加工阶段

精加工阶段是去除半精加工所留下的加工余量，使工件各主要表面达到图样要求的尺寸精度和表面粗糙度。

（4）光整加工阶段

对于精度和表面粗糙度要求很高，如 IT7 以上的精度，表面粗糙度 $R_a$ 值小于 $0.4\mu m$ 的零件可采用光整加工。但光整加工一般不用于纠正几何形状和相互位置误差。

**2. 工艺过程分阶段的主要原因**

（1）保证加工质量

工件粗加工时切除金属较多，产生较大的切削力和切削热，同时也需要较大的夹紧力，而且粗加工后内应力要重新分布。在这些力和热的作用下，工件会发生较大的变形。如果不分阶段地连续进行粗精加工,就无法避免上述原因所引起的加工误差。加工过程分阶段后,粗加工造成的加工误差,通过半精加工和精加工即可得到纠正,并逐步提高了零件的加工精度和降低表面粗糙度,达到零件加工质量的要求。

（2）合理使用设备

加工过程划分阶段后,粗加工可采用功率大、刚度好和精度低的高效率机床加工以提高生产效率。精加工则可采用高精度机床加工,以确保零件的精度要求,这样既充分发挥了设备的各自特点,又做到了设备的合理使用。

（3）便于安排热处理工序

对于一些精密零件,粗加工后安排去应力的时效处理,可减少内应力变形对精加工的影响;半精加工后安排淬火不仅容易满足零件的性能要求,而且淬火引起的变形也可通过精加工工序予以消除。

此外,粗、精加工分开后,毛坯的缺陷（如气孔、砂眼和加工余量不足等）可在粗加工后及早发现,及时决定修补或报废,以免对应报废的零件继续精加工而浪费工时和其他制造费用。精加工表面应安排在后面,还可以保护其不受损伤。

在拟订工艺路线时,一般应遵循划分加工阶段这一原则,但具体运用时要灵活掌握,不能绝对化。例如,对于要求较低而刚性又较好的零件,可不必划分阶段;对于一些刚性好的重型零件,由于装夹吊运很费工时,往往不划分阶段,而在一次安装中完成表面的粗、精加工。

### 2.3.3　加工顺序的安排

一个模具零件上往往有几个表面需要加工,这些表面不仅本身有一定的精度要求,而且各表面间还有一定的位置要求。为了达到这些精度要求,各表面的加工顺序不能随意安排,而必须遵循一定的原则,这就是定位基准的选择和转换决定着加工顺序,以及前工序为后续工序准备好定位基准的原则。

**1. 机械加工顺序的安排**

机械加工顺序的安排,应考虑以下几个原则。

（1）先粗后精

当零件需要分阶段加工时,先安排各表面的粗加工,中间安排半精加工,最后安排主要表面的精加工和光整加工。由于次要表面精度要求不高,一般在粗、半精加工即可完成;对于那些与主要表面相对位置关系密切的表面,通常多置于主要表面加工之后加工。

（2）先主后次

零件上的装配基面和主要工作表面等先安排加工,而键槽、紧固用的光孔和螺孔等用于加工面小,又和主要表面有相互位置的要求,一般都应安排在主要表面达到一定精度之后,如半精加工之后,但又应在最后精加工之前进行加工。

（3）基面先行

每一加工阶段总是先安排基准面加工工序,例如轴类零件加工中采用中心孔作为统一基准,因此,每一加工阶段开始总是打中心孔。作为精基准,应使之具有足够的精度和表面粗糙度要求,并常常高于原来图样上的要求。如果精基面不止一个,则应按照基面转换的次序和逐步提高精度的原则安排。例如,精密轴套类零件,其外圆和内孔就要互为基准反复进行加工。

（4）先面后孔

对于模座、凸凹模固定板、型腔固定板、推板等一般模具零件,平面所占轮廓尺寸较大,用平面定位比较稳定可靠。因此,其工艺过程总是选择平面作为定位基准面,先加工平面,再加工孔。

**2. 热处理工序的安排**

模具零件常采用的热处理工艺有:退火、正火、调质、时效、淬火、回火、渗碳和氮化等。按照热处理的目的,可将上述热处理工艺分为两大类。

1) 预先热处理

预先热处理包括退火、正火、调质和时效等。这类热处理的目的是改善加工性能,消除内应力和为最终热处理做组织准备,其一般安排在粗加工前后。

(1) 退火和正火

经过锻压等热加工的毛坯,为改善切削加工性能和消除毛坯的内应力,常进行退火和正火处理。例如,含碳量大于 0.7% 的碳钢和合金钢,为降低硬度便于切削加工,常采用退火或球化退火;含碳量低于 0.3% 的低碳钢和低合金钢,为避免硬度过低切削时粘刀而采用正火。

退火和正火能细化晶粒、均匀组织,为以后的热处理做好组织准备。退火和正火常安排在毛坯制造之后粗加工之前。

(2) 调质

调质即淬火后的高温回火,能获得均匀细致的回火索氏体组织,为以后表面淬火和氮化时减少变形做组织准备。因此,调质可作为预先热处理工序。

由于调质后零件的综合力学性能较好,对某些硬度和耐磨性要求不高的零件,也可作为最终的热处理工序。调质常置于粗加工之后和半精加工之前。

(3) 时效

时效处理主要用于消除毛坯制造和机械加工中产生的内应力。对形状复杂的铸件,一般在粗加工后安排一次时效即可。但对于高精度的复杂铸件应安排两次时效工序,即铸造—粗加工—时效—半精加工—时效—精加工。

除铸件外,对一些刚性差的精密零件(如导柱),为消除加工中产生的内应力,稳定零件的加工精度,在粗加工、半精加工和精加工之间可安排多次时效工序。

2) 最终热处理

最终热处理包括淬火、回火、渗碳和氮化等。这类热处理的目的主要是提高零件材料的硬度和耐磨性,常安排在精加工前后。

(1) 淬火

淬火分为整体淬火和表面淬火两种。其中表面淬火因变形、氧化及脱碳较小而应用较多。为提高表面淬火的心部性能和获得细马氏体的表层淬火组织,常需预先进行调质及正火处理。其一般工艺路线为:下料—锻造—正火(退火)—粗加工—调质—半精加工—表面淬火—精加工。

(2) 渗碳淬火

渗碳淬火适用于低碳钢和低合金钢,其目的是使零件表层含碳量增加,经淬火后使表层获得高的硬度和耐磨性,而心部仍保持一定的强度和较高的韧性和塑性。渗碳处理按渗碳部位分整体渗碳和局部渗碳两种。局部渗碳时对不渗碳部位要采取防渗措施。由于渗碳淬火变形较大,加之渗碳时一般渗碳层深度为 0.5~2mm。所以,渗碳淬火工序常安排在半精加工和精加工之间。其一般工艺路线为:下料—锻造—正火—粗、半精加工—渗碳—淬火与回火—精加工。为局部渗碳零件的不渗碳部位采用加大余量防渗时,渗碳后淬火前对防渗部位要增加一道切除渗碳层的工序。

（3）回火

零件淬火后有很高的硬度和强度，而其塑性和韧性很差，不能直接应用。回火可使淬火零件在保持一定的强度和硬度的条件下，提高其韧性和塑性，稳定组织，消除淬火应力，防止零件变形或开裂。零件淬火后应及时回火。

（4）氮化

氮化是一种表面处理，其目的是通过氮原子的渗入，使表层获得含氮化合物，以提高零件硬度、耐磨性、疲劳强度和抗蚀性。由于氮化温度低、变形小且氮化层较薄，氮化工序应尽量靠后安排。氮化前要进行去除内应力工序，因为氮化层较薄且脆，零件心部应具有较高的综合力学性能。故粗加工后应安排调质处理。其一般工艺路线为：下料—锻造—退火—粗加工—调质—半精加工—去应力—粗磨—氮化—精磨、超精磨或研磨。

### 3. 辅助工序的安排

辅助工序包括工件的检验、去毛刺、清洗和涂防锈油等。

（1）检验工序

检验工序是主要的辅助工序，它对保证零件质量有极重要的作用。检验工序应安排在：

① 粗加工全部结束后，精加工之前；

② 零件从一个车间转向另一个车间前后；

③ 重要工序加工前后；

④ 零件加工完毕，进入装配和成品库时。

（2）其他辅助工序的安排

零件的表面处理，如电镀、发蓝、涂漆等，一般均安排在工艺过程的最后。但有些大型铸件的内腔不加工面，常在加工之前先涂防锈漆等。去毛刺、倒棱、去磁、清洗等，应适当穿插在工艺过程中进行。这些辅助工序不能忽视，否则会影响装配工作，妨碍模具的正常运行。

## 2.3.4　工序的集中与分散

同一个工件，同样的加工内容，可以安排两种不同形式的工艺规程：一种是工序集中，另一种是工序分散。所谓工序集中，是使每个工序中包括尽可能多的工步内容，因而使总的工序数目减少，夹具的数目和工件的安装次数也相应地减少。所谓工序分散，是将工艺路线中的工步内容分散在更多的工序中去完成，因而每道工序的工步少，工艺路线长。

### 1. 工序集中的特点

① 有利于采用高生产率的专用设备和工艺装备，可大大提高劳动生产率；

② 减少了工序数目，缩短工艺路线，从而简化生产计划和生产组织工作；

③ 减少了设备数量，相应地减少了操作工人和生产厂房面积；

④ 减少了工件安装次数，不仅缩短了辅助时间，而且一次安装加工较多的表面，也易于保证这些表面的相对位置精度；

⑤ 专用设备和工艺装备较复杂，生产准备工作和投资比较大，转换新产品比较困难。

### 2. 工序分散的特点

① 设备与工艺装备比较简单，调整方便，生产工人便于掌握，容易适应产品的变换；

② 可以采用最合理的切削用量，减少机动时间；

③ 设备数目较多，操作工人多，生产厂房面积大。

工序的集中与分散各有特点。在拟订工艺路线时,工序集中与分散的程度,即工序数目的多少,主要取决于生产规模和零件的结构特点及技术要求。批量小时,为简化生产的计划管理工作,多将工序适当集中,使各通用机床完成更多的表面加工,以减少工序的数目。批量大时,既可采用多刀、多轴等高效机床将工序集中,也可将工序分散后组织流水生产。由于工序集中的优点较多,现代生产的发展多趋向于工序集中。

划分工序时还应考虑零件的结构特点及技术要求,例如,对于重型模具的大型零件,为了减少工件装卸和运输的劳动量,工序应适当集中;对于刚性差且精度高的精密零件,工序则适当分散。

# 2.4  工 序 设 计

零件的工艺过程设计完以后,就应进行工序设计。工序设计的内容是为每一工序选择机床和工艺设备,确定加工余量、工序尺寸和公差,确定切削用量、工时定额及工人技术等级等。

正确选择切削用量,对保证加工精度、提高生产率和降低刀具的损耗有重要的意义。在模具企业中,由于工件材料、毛坯状况、刀具材料和几何角度及机床的刚度等许多工艺因素变化较大,故在工艺文件上不规定切削用量,而由操作者根据实际情况自己确定。但是,在大批大量生产中,特别是流水线或自动生产线上,必须合理地确定每一工序的切削用量。

## 2.4.1  机床与工艺设备的选择

在拟订工艺路线过程中,对机床与工艺设备的选择也是很重要的。它对保证零件的加工质量和提高生产率有着直接作用。

### 1. 机床的选择

在选择机床时,应注意以下几点。

① 机床的加工范围应与零件的外廓尺寸相适应,即小零件应选小的机床,大零件应选大的机床,做到机床合理使用。

② 机床精度应与工序要求的加工精度相适应。对于高精度的零件加工,在缺乏精密设备时,可通过设备改造和利用工夹具来加工。

③ 机床的生产率与加工零件的生产类型相适应,即单件小批生产选择通用机床,大批大量生产选择高生产率的专用机床。

④ 机床选择还应结合现场的实际情况,如机床的类型、规格及精度状况、机床负荷的平衡状况,以及机床的分布排列情况等。

### 2. 夹具选择

单件小批生产,应尽量选用通用夹具,如各种卡盘、台钳和回转台等。为提高生产率,应积极推广使用组合夹具。大批大量生产,应采用高生产率的气、液传动的专用夹具。夹具的精度应与加工精度相适应。

### 3. 刀具选择

刀具的选择主要取决于工序所采用的加工方法、加工表面的尺寸、工件材料、所要求的精度和表面粗糙度、生产率及经济性等。在选择时一般应尽可能采用标准刀具,必要时也可采用各种高生产率的复合刀具及其他一些专用刀具。刀具的类型、规格及精度等级应符合加工要求。

**4. 量具选择**

量具的选择主要是根据生产类型和要求检验的精度来确定。在单件小批生产中,应采用通用量具量仪,如游标卡尺与百分表等;在大批大量生产中,应采用各种量规和一些高生产率的专用检具。量具的精度必须与加工精度相适应。

### 2.4.2 加工余量与工序尺寸

**1. 加工余量**

零件在机械加工工艺过程中,各个加工表面本身的尺寸及各个加工表面相互之间的距离尺寸和位置关系,在每一道工序中是不相同的,它们随着工艺过程的进行而不断改变,一直到工艺过程结束,达到图样上所规定的要求。在工艺过程中,某工序加工应达到的尺寸称为工序尺寸。

工艺路线制订之后,在进一步安排各个工序的具体内容时,应正确地确定工序尺寸。工序尺寸的确定与工序的加工余量有着密切的关系。

加工余量是指加工过程中从加工表面切除的金属层厚度。加工余量可分为工序加工余量和总加工余量(毛坯余量)两种。

相邻两工序的工序尺寸之差称为工序余量。由于加工表面的形状不同,加工余量又可分为单边余量和双边余量两种。例如平面加工,加工余量是单边余量,它等于实际切除的金属层厚度,如图 2-6 所示。

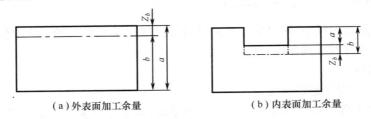

（a）外表面加工余量　　　　　　　　（b）内表面加工余量

图 2-6　平面的加工余量

对于外表面,如图 2-6(a)所示,有

$$Z_b = a - b$$

对于内表面,如图 2-6(b)所示,有

$$Z_b = b - a$$

式中　$Z_b$——本工序的工序加工余量(mm);

　　　$a$ ——前工序的工序尺寸(mm);

　　　$b$ ——本工序(工步)的工序尺寸(mm)。

而对于轴和孔的回转面加工,加工余量为双边余量,实际切除的金属层厚度为工序余量的一半,如图 2-7 所示。

对于轴类,如图 2-7(a)所示,有

$$2Z_b = d_a - d_b$$

对于孔类,如图 2-7(b)所示,有

$$2Z_b = d_b - d_a$$

式中　$Z_b$——本工序的工序加工余量(mm);

$d_a$——前工序的工序尺寸(mm);

$d_b$——本工序(工步)的工序尺寸(mm)。

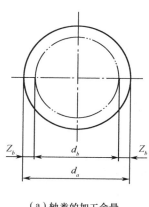

（a）轴类的加工余量 　　　　　　　（b）孔类的加工余量

图 2-7　旋转表面的加工余量

毛坯尺寸与零件图设计尺寸之差称为总加工余量(毛坯余量)，其值等于各工序的加工余量总和，即

$$Z_T = \sum_{i=1}^{n} Z_i$$

式中　$Z_T$——总加工余量(mm)；

　　　$Z_i$——第 $i$ 道工序的基本加工余量(mm)；

　　　$n$——工序的个数。

由于工序尺寸都有公差，所以加工余量也必然在某一公差范围内变化。其公差大小等于本道工序尺寸与上道工序尺寸公差之和。因此，如图 2-8 所示，加工余量有标称余量(简称余量 $Z_b$)、最大余量和最小余量之分。

从图 2-8 中可知，被包容件的余量 $Z_b$ 包含上道工序的尺寸公差，余量公差可表示为

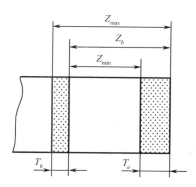

$$T_z = Z_{max} - Z_{min} = T_b + T_a$$

式中　$T_z$——加工余量公差(mm)；

　　　$Z_{max}$——工序最大加工余量(mm)；

　　　$Z_{min}$——工序最小加工余量(mm)；

图 2-8　被包容件的加工余量和公差

　　　$T_b$——加工面在本道工序的工序尺寸公差(mm)；

　　　$T_a$——加工面在上道工序的工序尺寸公差(mm)。

一般情况下，工序尺寸的公差按"入体原则"标注，即被包容尺寸(轴的外径,实体的长、宽、高)的最大加工尺寸就是基本尺寸，上偏差为零，而包容尺寸(孔径、槽宽)的最小加工尺寸就是基本尺寸，下偏差为零。毛坯的尺寸公差按双向对称偏差形式标注。

**2. 加工余量的确定**

加工余量的大小，对零件的加工质量和生产率及经济性均有较大的影响。余量过大将增加金属材料、动力、刀具和劳动量的消耗，并使切削力增大而引起工件的变形较大。反之，余量过小则不能保证零件的加工质量。确定加工余量的基本原则是在保证加工质量的前提下尽量减少加工余量。

（1）分析计算法

此法是依据一定的试验资料和计算公式，对影响加工余量的各项因素进行分析和综合计算来确定加工余量的方法。这种方法确定的加工余量比较合理，但需要积累比较全面的资料。

（2）经验估计法

此法是根据工艺人员的经验确定加工余量的方法，但这种方法不够精确。为了防止加工余量不够而产生废品，所估计的加工余量一般偏大，此法常用于单件小批生产。

（3）查表修正法

此法通过查阅有关手册来确定加工余量，应用比较广泛。在查表时应注意表中数据是公称值。对称表面（如轴或孔）的加工余量是双边的，非对称表面的加工余量是单边的。表 2-9 列出了中、小尺寸模具的加工余量，可供参考使用。

表 2-9 中、小尺寸模具的加工余量

| 上 道 工 序 | 本 道 工 序 | 本工序表面粗糙度 $R_a$（$\mu m$） | 本工序单面加工余量（mm） |
|---|---|---|---|
| 锻 | 车、刨、铣 | 3.2～12.5 | 锻圆柱形为 2～4<br>锻六方形为 3～6 |
| 车、刨、铣 | 粗磨 | 0.8～1.6 | 0.2～0.3 |
| | 精磨 | 0.4～0.8 | 0.12～0.18 |
| 刨、铣、粗磨 | 外形线切割 | 0.4～1.6 | 装夹处为大于 10<br>非装夹处为 5～8 |
| 精铣、插、仿铣 | 钳工锉修打光 | 1.6～3.2 | 0.05～0.15 |
| 铣、插 | 电火花 | 0.8～1.6 | 0.3～0.5 |
| 精铣、钳修、精车、精镗、磨、电火花线切割 | 研抛 | 0.4～1.6 | 0.005～0.01 |

### 3. 工序尺寸与公差的确定

在零件的机械加工工艺过程中，各工序的工序尺寸及加工余量在不断地变化，其中一些工序尺寸在零件图上往往不标出或不存在，需要在制订工艺过程时予以确定。而这些不断变化的工序尺寸之间又存在着一定的联系，需要用工艺尺寸链原理去分析它们的内在联系，掌握它们的变化规律，正确地计算出各工序的工序尺寸。

尺寸链是互相联系且按一定顺序排列的封闭尺寸组，而工艺尺寸链是在零件加工过程中的各有关工艺尺寸所形成的尺寸组。工艺尺寸链的计算方法有两种：极值法和概率法。在参考文献[8]中有详细的介绍。

生产上绝大部分加工面都是在基准重合（工艺基准与设计基准重合）的情况下进行加工的，所以，掌握基准重合情况下工序尺寸与公差的确定过程非常重要。现介绍如下：

① 确定各加工工序的加工余量；

② 从终加工工序开始（即从设计尺寸开始）到第 2 道加工工序，依次加上每道工序加工余量，可分别得到各工序的基本尺寸（包括毛坯尺寸）；

③ 除终加工工序以外，其他各加工工序按各自所采用加工方法的经济加工精度确定工序尺寸公差（终加工工序的公差按设计要求确定）；

④ 填写工序尺寸，并按"入体原则"标注工序尺寸公差。

例如，某型芯的直径为 50mm，其尺寸精度为 IT5，表面粗糙度要求为 $R_a 0.04\mu m$，并要求高频淬火，毛坯为锻件。其工艺路线为：粗车—半精车—高频淬火—粗磨—精磨—研磨。下面计算或确定各工序的工序尺寸与公差。

① 通过查表法确定加工余量。由工艺手册查得：研磨余量为 0.01mm，精磨余量为 0.1mm，粗磨余量为 0.3mm，半精车余量为 1.1mm，粗车余量为 4.5mm。从而得到总加工余量为 6.01mm，圆整取总加工余量为 6mm，相应地把精磨余量修正为 0.09mm。

② 计算各加工工序的基本尺寸。研磨后工序的基本尺寸为 50mm（设计尺寸）。其他各工序的基本尺寸依次为：

| | |
|---|---|
| 精磨 | 50mm＋0.01mm＝50.01mm |
| 粗磨 | 50.01mm＋0.09mm＝50.1mm |
| 半精车 | 50.1mm＋0.3mm＝50.4mm |
| 粗车 | 50.4mm＋1.1mm＝51.5mm |
| 毛坯 | 51.5mm＋4.5mm＝56mm |

③ 确定各工序的经济加工精度和表面粗糙度。由工艺手册查得：研磨后为 IT5，$R_a 0.04\mu m$（设计要求），精磨后选定为 IT6，$R_a 0.16\mu m$，粗磨后选定为 IT8，$R_a 1.25\mu m$，半精车后选定为 IT11，$R_a 2.5\mu m$，粗车后选定为 IT13，$R_a 16\mu m$。

④ 公差的确定与标注。根据上述经济加工精度查公差表，将查得的公差数值按"入体原则"标注在工序的基本尺寸上。查工艺手册可得锻造毛坯的公差为 ±2mm。

# 2.5 加工精度与表面质量

模具的制造精度主要体现在模具工作零件的精度和相关部位的配合精度。模具零件的加工质量是保证模具所加工产品质量的基础。零件的机械加工质量包括零件的机械加工精度和加工表面质量两大方面。

## 2.5.1 加工精度

### 1. 加工精度与加工误差

加工精度是零件加工后的实际几何参数（尺寸、形状和位置）对理想几何参数的符合程度。

零件的加工精度包含 3 方面的内容：尺寸精度、形状精度和位置精度。这三者之间是有联系的，通常形状公差应限制在位置公差之内，而位置公差一般也应限制在尺寸公差之内。当尺寸精度要求较高时，相应的位置精度、形状精度也提高要求；但当形状精度要求高时，相应的位置精度和尺寸精度有时不一定要求高，这要根据零件的功能要求来确定。

一般情况下，零件的加工精度要求越高，则加工成本就越高，生产效率就越低。因此，设计人员应根据零件的使用要求，合理地规定零件的加工精度。

加工误差是指零件加工后的实际几何参数（尺寸、形状和位置）对理想几何参数的偏离程度。无论是用试切法加工一个零件，还是用调整法加工一批零件，加工后则会发现可能有许多零件在尺寸、形状和位置方面与理想零件有所不同，它们之间的差值分别称为尺寸、形状和位置误差。

零件加工后产生的加工误差，主要是由机床、夹具、刀具、量具和工件所组成的工艺系统，在完成零件加工的任何一道工序的加工过程中有很多误差因素在起作用，这些造成零件加工误差的因素称为原始误差。

在零件加工过程中,造成加工误差的主要原始误差大致可划分为如下两类。

(1) 工艺系统的原有的原始误差

在零件未进行正式切削加工以前,加工方法本身存在着加工原理误差或由机床、夹具、刀具、量具和工件所组成的工艺系统本身就存在某些误差因素,它们将在不同程度上以不同的形式反映到被加工的零件上去,造成加工误差。工艺系统原有的原始误差主要有加工原理误差、机床误差、夹具和刀具误差、工件误差、测量误差,以及定位和安装调整误差等。

(2) 加工过程中的其他因素的附加原始误差

在零件的加工过程中,力、热和磨损等因素的影响将破坏工艺系统的原有精度,使工艺系统有关组成部分产生新附加的原始误差,从而进一步造成加工误差。在加工过程中,其他造成原始误差的因素主要有工艺系统的受力变形、工艺系统热变形、工艺系统磨损和工艺系统残余应力等。

**2. 保证和提高加工精度的主要途径**

(1) 减少或消除原始误差

提高零件加工时所使用的机床、夹具、量具及工具的精度,以及控制工艺系统受力、受热变形等均属于直接减少原始误差。为有效地提高加工精度,应根据不同情况针对主要的原始误差采取措施加以解决。加工精密零件,应尽可能提高所使用机床的几何精度、刚度及控制加工过程中的热变形;加工低刚度零件,主要是尽量减少工件的受力变形;加工具有特殊形面的零件,则主要减少成形刀具的形状误差及刀具的安装误差。

(2) 补偿或抵消原始误差

对工艺系统中的一些原始误差,若无适当措施使其减少时,则可采取误差补偿或误差抵消的办法消除其对加工精度的影响。

误差补偿法就是人为地制造一个大小相等方向相反的误差去补偿原有的原始误差。例如对龙门式机床,可利用重锤和人为制造的横梁导轨直线度误差去补偿有关部件自重引起的横梁变形误差。

误差抵消法就是利用原始误差本身的规律性,部分或全部抵消其所造成的加工误差。例如为减少由于端铣刀回转轴线对工作台直线进给运动不垂直造成的加工误差,可通过工件相对铣刀轴线横向多次移位走刀加工来部分抵消。

(3) 转移原始误差

对工艺系统的原始误差,在一定的条件下,可以使其转移到加工误差的非敏感方向或其他不影响加工精度的方面去。这样,在不减少原始误差的情况下,同样可以获得较高的加工精度。

(4) 分化或均化原始误差

为提高一批零件的加工精度,可采取分化某些原始误差的办法。对加工精度要求很高的零件,还可采取不断试切或逐步均化加工件原有的原始误差的办法。

## 2.5.2　表面质量

**1. 加工表面质量的含义**

机械加工的表面质量也称表面完整性,它包含表面的几何特征和表面层的力学性能的变化。

（1）加工表面的几何特征

一般来说，任何加工后的表面总是包含着 3 种误差：形状误差、表面波度和表面粗糙度，它们叠加在同一表面上，形成了复杂的表面形状。

加工表面的形状误差，如平面度误差、圆度误差等，属于加工精度范畴。表面粗糙度，即表面微观几何形状误差，是加工方法本身所固有的，它的产生一般与刀刃的形状、刀具的进给、切屑的形成过程（如裂屑、剪切、积屑瘤等）、电镀表面的生成等因素有关。表面波度是介于宏观形状误差与表面粗糙度之间的周期性几何形状误差，表面波度的形成主要与加工过程中工艺系统的振动有关。

除此之外，许多加工表面的图案具有明显的方向性，一般称其为纹理，纹理的形成主要取决于表面形成过程中所采用的机械加工方法。目前，一般把表面粗糙度、波度和纹理划分为一类，统称为表面的几何形状特征。

（2）加工表面层的力学性能的变化

由于加工过程中力因素和热因素的综合作用，加工表面层金属的力学性能将发生一定的变化，主要体现在以下几个方面：

① 加工表面层因塑性变形产生的冷作硬化；

② 加工表面层因切削或磨削热引起的金相组织变化；

③ 加工表面层因力或热的作用产生的残余应力。

**2．加工表面质量对零件的使用性能和使用寿命的影响**

（1）表面质量对零件工作精度及其保持性的影响

零件工作精度的保持性，主要取决于零件工作表面的耐磨性，耐磨性越高则工作精度的保持性越好。零件工作表面的耐磨性不仅与摩擦副的材料和润滑情况有关，而且还与两个相互运动零件的表面质量有关。实验证明，摩擦副的初期磨损量与其表面粗糙度有很大关系。如图 2-9 所示，在一定条件下有一个初期磨损量最小的表面粗糙度，称为最佳表面粗糙度。若原有的表面粗糙度就等于最佳值，则在磨损过程中摩擦副的表面粗糙度基本不变，此时初期磨损量最小。

另外，零件加工表面层的冷作硬化减少了摩擦副接触表面的弹性和塑性变形，从而提高了耐磨性。

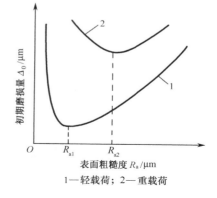

1—轻载荷；2—重载荷

图 2-9　初期磨损量与表面粗糙度的关系

（2）表面质量对零件抗腐蚀性的影响

无论是化学腐蚀还是电化学腐蚀，其腐蚀程度均与表面粗糙度有关。腐蚀性介质一般在表面粗糙度凹谷处，特别是在表面裂纹中作用最强。腐蚀的过程往往是通过凹谷处的微小裂纹向金属层的内部进行。表面粗糙度越高，凹处越尖，就越容易被腐蚀。

此外，当表面层存在残余应力时，有助于表面微小裂纹的封闭，阻碍侵蚀作用的扩展，从而提高了表面的抗腐蚀能力。

（3）表面质量对零件疲劳强度的影响

在交变载荷作用下，零件表面的粗糙度、划痕和裂纹等缺陷会引起应力集中现象而产生疲劳裂纹，造成零件的疲劳破坏。研究表明，减小表面粗糙度可以使零件的疲劳强度有所提高。

加工表面层的冷作硬化能阻碍已有裂纹的扩大和新的疲劳裂纹的产生，减轻表面缺陷和表面粗糙度的影响程度，故可提高零件的疲劳强度。

加工表面层的残余应力对零件的疲劳强度也有很大影响。当表面层的残余应力为压应力时,能妨碍和延缓疲劳裂纹的产生或扩大,提高零件的疲劳强度。当表面层的残余应力为拉应力时,则容易使零件表面产生裂纹而降低其疲劳强度。

（4）表面质量对零件之间配合性质的影响

相配零件间的配合关系是用过盈量或间隙值来表示的。在间隙配合中,若零件的配合表面粗糙,则会使配合件很快磨损而增大配合间隙,改变配合性质,降低配合精度;在过盈配合中,若零件的配合表面粗糙,则装配后配合表面的凸峰被挤平,配合件间的有效过盈量减小,降低配合件间的连接强度,影响配合的可靠性。因此,对有配合要求的表面,必须规定较小的表面粗糙度。

### 3. 改善表面质量的途径

由加工表面质量对零件的使用性能和使用寿命影响的分析可以看出,加工表面的几何特征和加工表面层的力学性能的变化对表面质量的影响是综合性的,不能简单地通过提高或降低某些指标来达到改善表面质量的目的,必须针对零件的使用要求具体做出分析判断,从而采取相应的工艺措施。

一般而言,可以通过各种工艺措施,如降低零件表面粗糙度,减小残余拉应力,防止表面烧伤和裂纹,对零件进行表面强化,来达到改善表面质量的目的。

# 复习思考题

2-1　什么是模具加工工艺规程? 在模具制造中,它主要有哪些作用?

2-2　制订模具加工工艺规程的基本原则是什么? 合理的加工工艺规程应满足哪些基本要求?

2-3　什么是工艺基准? 简述工艺基准的选择原则。

2-4　在选择加工方法时,重点要考虑哪些因素?

2-5　零件的加工为什么常常要划分加工阶段? 划分加工阶段的原则是什么?

2-6　机械加工顺序安排的基本原则是什么? 试举例说明。

2-7　保证和提高加工精度的主要途径有哪些?

# 第3章 模具的常规加工方法

## 3.1 车削加工

### 3.1.1 车削运动及车削用量

车床按其结构和用途的不同可以分为卧式和落地车床、立式车床、转塔车床、单轴和多轴自动/半自动车床、仿形车床、专门化车床、数控车床和车削中心等。各种车床加工精度差别较大,常用车床加工尺寸精度可达 IT7～IT6,表面粗糙度 $R_a1.6～0.8\mu m$,精密车床的加工精度更高,可以进行精密和超精密加工。

因为车床通用性强,所以在模具加工中,车床是常用的设备之一。车床可以车削模具零件上各种回转面(如内外圆柱面、圆锥面、回转曲面、环槽等)、端面和螺纹面等形面,还可以进行钻孔、扩孔、铰孔及滚花等加工。如图 3-1 所示为车床的主要用途。

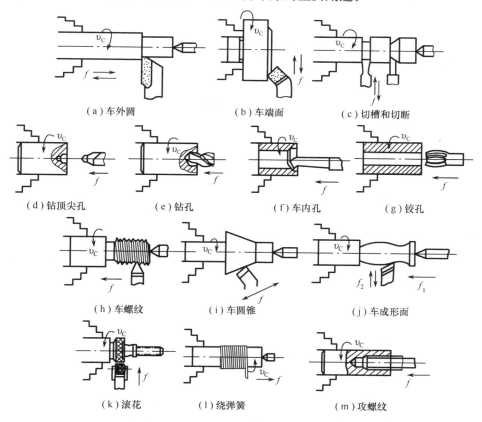

图 3-1 车床的主要用途

## 1. 车削运动及车削表面

（1）车削运动

在车床上，车削运动（见图 3-2）是由刀具和工件做相对运动而实现的。按其所起的作用，通常可分为两种。

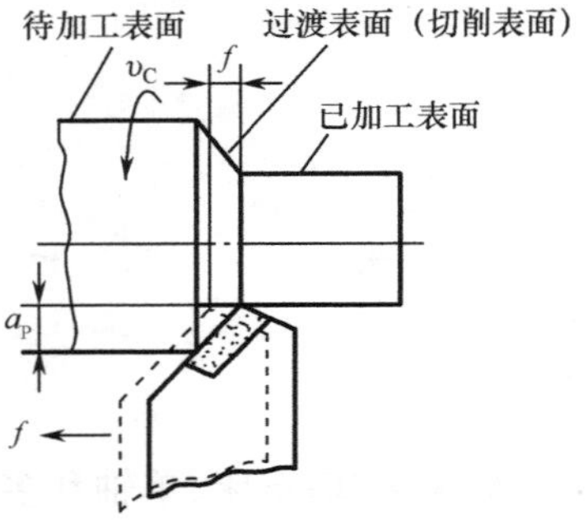

图 3-2 车削运动及车削用量

① 主运动。主运动是切除工件上多余金属，形成工件表面必不可少的基本运动。其特征是速度最高，消耗功率最多。车削时工件的旋转为主运动。切削加工时主运动只能有一个。

② 进给运动。进给运动是使切削层间断或连续投入切削的一种附加运动。其特征是速度小，消耗功率少。车削时刀具的纵、横向移动为进给运动。切削加工时进给运动可能不止一个。

（2）车削表面

在车削外圆时，工件上存在着 3 个不断变化着的表面（见图 3-2）：待加工表面、已加工表面和过渡表面。

## 2. 车削用量

在车削时，车削用量是切削速度 $v_C$、进给量 $f$ 和背吃刀量 $a_P$ 这 3 个切削要素的总称。它们对加工质量、生产效率及加工成本有很大影响。

（1）切削速度 $v_C$

切削时，切削速度是指车刀刀刃与工件接触点上主运动的最大线速度，由下式决定

$$v_C = \frac{\pi \cdot d \cdot n}{1000}$$

式中　$v_C$——切削速度（m/min）；

　　　$d$——切削部位工件最大直径（mm）；

　　　$n$——主运动的转速（r/min）。

（2）进给量 $f$

车削时，进给量是指工件旋转一周时，刀具沿进给方向的位移量，又称走刀量，其单位为 mm/r。

（3）背吃刀量 $a_P$

车削时，背吃刀量是指待加工表面与已加工表面之间的垂直距离，单位为 mm。它又称切削深度，车削外圆时由下式决定

$$a_P = \frac{d_W - d_m}{2}$$

式中　$a_P$——背吃刀量（mm）；

　　　$d_W$——工件待加工表面的直径（mm）；

　　　$d_m$——工件已加工表面的直径（mm）。

## 3. 车削用量的选择

刀具耐用度直接影响生产效率和加工成本。车削用量三要素中对刀具耐用度影响最大的是切削速度，其次是进给量，最小是背吃刀量。所以在粗加工时应优先考虑用大的背吃刀量，其次考虑用大的进给量，最后选定合理的切削速度。半精加工和精加工时首先要保证加工精

度和表面质量,同时要兼顾必要的刀具耐用度和生产效率,一般多选用较小的背吃刀量和进给量,在保证合理刀具耐用度前提下确定合理的切削速度。

（1）背吃刀量 $a_P$ 的选择

背吃刀量的选择按工件的加工余量而定,在中等功率车床上,粗加工时可达 8~10mm,在保留后续加工余量的前提下,尽可能一次走刀切削完。半精加工的背吃刀量取 0.5~5mm;精加工的背吃刀量取 0.2~1.5mm。当采用不重磨刀具时,背吃刀量所形成的实际切削刃长度不宜超过总切削刃长度的 2/3。

（2）进给量 $f$ 的选择

粗加工时进给量的选择按刀杆强度和刚度、刀片强度、机床功率和转矩许可的条件,选一个最大的值。精加工时,则在获得满意的表面粗糙度的前提下选一个较大值。粗车时一般取 0.3~0.8mm/r;精车时常取 0.1~0.3mm/r;切断时常取 0.05~0.2mm/r。

（3）切削速度 $v_C$ 的选择

在 $a_P$ 和 $f$ 已定的基础上,按选定的刀具耐用度,通过查手册来确定 $v_C$。粗加工或工件材料的加工性能较差时,宜选用较低的切削速度。精加工或刀具材料、工件材料的切削性能较好时,宜选用较高的切削速度。

切削速度确定后,可以按工件最大部分直径 $d_{max}$ 计算出车床主轴转速 $n$,即

$$n = 1000 \times \frac{v_C}{\pi d_{max}}$$

常用硬质合金或涂层硬质合金切削不同材料时的切削用量推荐值见表 3-1,供参考。

表 3-1　硬质合金刀具切削用量推荐表

| 刀具材料 | 工件材料 | 粗加工 | | | 精加工 | | |
| --- | --- | --- | --- | --- | --- | --- | --- |
| | | 切削速度<br>(m/min) | 进给量<br>(mm/r) | 背吃刀量<br>(mm) | 切削速度<br>(m/min) | 进给量<br>(mm/r) | 背吃刀量<br>(mm) |
| 硬质合金或<br>涂层硬质合金 | 碳钢 | 220 | 0.2 | 3 | 260 | 0.1 | 0.4 |
| | 低合金钢 | 180 | 0.2 | 3 | 220 | 0.1 | 0.4 |
| | 高合金钢 | 120 | 0.2 | 3 | 160 | 0.1 | 0.4 |
| | 铸铁 | 80 | 0.2 | 3 | 120 | 0.1 | 0.4 |
| | 不锈钢 | 80 | 0.2 | 2 | 60 | 0.1 | 0.4 |
| | 球墨铸铁 | 100 | 0.2~0.3 | 2 | 120 | 0.15 | 0.5 |
| | 铝合金 | 1600 | 0.2 | 1.5 | 1600 | 0.1 | 0.5 |

## 3.1.2　常用刀具材料

刀具材料是决定刀具切削性能的根本因素,对于加工效率、加工质量、加工成本及刀具耐用度影响很大。使用碳工具钢作为刀具材料时,切削速度只有 10m/min 左右;使用高速钢刀具材料时,切削速度可提高到每分钟几十米;使用硬质合金钢材料时,切削速度可达每分钟一

百多米至几百米;当使用陶瓷刀具和超硬材料刀具时,切削速度可提高到每分钟一千多米。被加工材料的发展也大大推动了刀具材料的发展。

### 1. 刀具材料应具备的性能

（1）高硬度和高耐磨性

刀具材料硬度必须高于被加工材料硬度才能切下金属,这是刀具材料必备的基本要求,现有刀具材料硬度都在 60HRC 以上。刀具材料越硬,其耐磨性越好,但由于切削条件较复杂,材料的耐磨性还取决于它的化学成分和金相组织的稳定性。

（2）足够的强度与冲击韧性

强度是指抵抗切削力的作用而不至于刀刃崩碎与刀杆折断应具备的性能。一般用抗弯强度来表示。

冲击韧性是指刀具材料在间断切削或有冲击的工作条件下保证不崩刃的能力,一般来说,硬度越高,冲击韧性越低,材料越脆。硬度和韧性是一对矛盾,在具体选用时要根据工件材料的性能和切削的特点来定。

（3）高耐热性

耐热性又称红硬性,是衡量刀具材料的重要指标。它综合反映了刀具材料在高温下保持硬度、耐磨性、强度、抗氧化性、抗黏结和抗扩散的能力。

### 2. 常用刀具材料

常用刀具材料有工具钢、高速钢、硬质合金、陶瓷和超硬刀具材料,目前用得最多的是高速钢和硬质合金。表 3-2 所示为常用刀具材料的牌号、性能及用途。

（1）高速钢

高速钢（又称锋钢、风钢、白钢）是以钨、铬、钒和钼为主要合金元素的高合金工具钢,有良好的综合性能。虽然高速钢的硬度、耐热性、耐磨性及允许的切削速度远不及硬质合金,但由于高速钢的抗弯强度、冲击韧性比硬质合金高,而且有切削加工方便、磨削容易、可以锻造及热处理等优点,所以常用来制造形状复杂的刀具,如钻头、丝锥、拉刀、铣刀、齿轮刀具和成形刀具等。又因为它容易刃磨成锋利的切削刃,所以常用来做低速精加工车刀及成形车刀。

高速钢可分为普通高速钢和高性能高速钢。

普通高速钢,如 W18Cr4V,广泛用于制造各种复杂刀具。其切削速度一般不太高,切削普通钢材料时为 40～60m/min。

高性能高速钢,如 W12Cr4V4Mo,是在普通高速钢中再增加一些含碳量、含钒量及添加钴、铝等元素冶炼而成的。它的耐用度为普通高速钢的 1.5～3 倍。

粉末冶金高速钢是 20 世纪 70 年代投入市场的一种高速钢,其强度和韧性分别提高30％～40％和 80％～90％,耐用度可提高 2～3 倍。

（2）硬质合金

硬质合金是由难熔金属的硬质化合物和黏结金属通过粉末冶金工艺制成的一种合金材料。硬质合金具有硬度高、耐磨、强度和韧性较好、耐热、耐腐蚀等一系列优良性能,特别是它的高硬度和耐磨性,即使在 500℃ 的温度下也基本保持不变,在 1000℃ 时仍有很高的硬度。硬质合金广泛用作刀具材料,如车刀、铣刀、刨刀、钻头、镗刀等,用于切削铸铁、有色金属、塑料、化纤、石墨、玻璃、石材和普通钢材,也可以用来切削耐热钢、不锈钢、高锰钢、工具钢等难加工的材料。

代表性的牌号有:YT,主要成分为 WC＋TiC＋Co;YG,主要成分为 WC＋Co;YW,主要成分为 WC＋TiC＋TaC(NbC)＋Co。

**表3-2 常用刀具材料的牌号、性能及用途**

| 材料种类 | 典型牌号 | 按GB分类类别 | 按ISO分类类别 | 硬度 HRC (HRA) [HV] | 抗弯强度 (GPa) | 冲击韧性 (MJ/m²) | 导热系数 (W/(m·K)) | 耐热性 (℃) | 切削速度大致比值(相对高速钢) | 应用范围 |
|---|---|---|---|---|---|---|---|---|---|---|
| 碳素工具钢 | T10A T12A | | | 60~65 | 2.16 | — | ≈41.87 | 200~250 | 0.32~0.4 | 只用于手动工具，如手动丝锥、板牙、铰刀、锯条、锉刀等 |
| 合金工具钢 | 9SiCr CrWMn | | | 60~65 | 2.35 | — | ≈41.87 | 300~400 | 0.48~0.6 | 只用于手动或低速机动刀具，如丝锥、板牙、拉刀等 |
| 高速钢 | W18Cr4V | | SI | 63~70 | 1.96~4.41 | 0.098~0.558 | 16.75~25.1 | 600~700 | 1~1.2 | 用于各种刀具，特别是形状较复杂的刀具，如钻头、铣刀、拉刀、齿轮刀具等 |
| 硬质合金 钨钴类 | YG6X | K类 | K10 | (89~91.5) | 1.08~2.16 | 0.019~0.059 | 75.4~87.9 | 800 | 3.2~4.8 | 用于连续切削铸铁、有色金属及其合金的粗加工，间断切削的精车、半精车等 |
| | Y8 | | K30 | | | | | | | |
| 钨钛钴类 | YT15 | P类 | P10 | (89~92.5) | 0.882~1.37 | 0.0029~0.0068 | 20.9~62.8 | 900 | 4~4.8 | 用于碳钢及合金钢的粗加工和半精加工 |
| | YT30 | | P01 | | | | | | | 用于碳素钢、合金钢淬硬钢的精加工 |
| 钽、铌类 | YW1 | M类 | M10 | (≈92) | ≈1.47 | — | — | 1000~1100 | 6~10 | 用于耐热钢、高锰钢、不锈钢及高级合金钢等难加工材料的精加工，也适用于一般钢材和普通铸铁的精加工 |
| | YW1 | | M20 | | | | | | | 用于耐热钢、高锰钢、不锈钢及高级合金钢等难加工材料的半精加工，也适合于一般钢材和普通铸铁及有色金属的半精加工 |
| 碳化钛基类 | YN05 | P类 | P01 | (92~93.3) | 0.91 | — | — | 1100 | 6~10 | 用于钢、铸钢和合金钢的高速精加工 |
| | YN10 | | P05~P10 | | 1.1 | | | | | 用于钢、铸钢、合金钢、工具钢及淬硬钢的连续面精加工 |

| 材料种类 | | 典型牌号 | 按GB分类类别 | 按ISO分类类别 | 硬度 HRC (HRA) [HV] | 抗弯强度 (GPa) | 冲击韧性 (MJ/m²) | 导热系数 (W/(m·K)) | 耐热性 (℃) | 切削速度大致比值(相对高速钢) | 应用范围 |
|---|---|---|---|---|---|---|---|---|---|---|---|
| 陶瓷 | 氧化铝 | AM | | | (>91) | 0.44~0.686 | 0.0094~0.0117 | 4.19~20.93 | 1200 | 8~12 | 用于高速、小进给量精车、半精车铸铁和调质钢 |
| | 氧化铝 | T8 | | | (93~94) | 0.54~0.64 | 0.0049~0.0117 | 4.19~20.93 | 1100 | 6~10 | 用于粗、精加工冷硬铸铁、淬硬合金钢 |
| | 碳化物混合物 | T1 | | | (92.5~93) | 0.71~0.88 | | | | | |
| 超硬材料 | 立方碳化硼 | | | | [8000~10000] | ≈0.294 | — | 75.55 | 1400~1500 | | 用于精加工调质钢、淬硬钢、高速钢、高强度耐热钢及有色金属 |
| | 人造金刚石 | | | | [9000] | ≈0.21~0.48 | | 146.54 | 700~800 | ≈25 | 用于加工有色金属的高精度切削，$R_a$ 可达 0.04~0.12μm |

### 3. 涂层刀具

涂层刀具是在一些韧性较好的硬质合金或高速钢刀具基体上，涂覆一层耐磨性高的难熔化金属化合物而获得的。它有效地解决了刀具材料中硬度、耐磨与强度、韧性之间的矛盾。常用的涂层材料有 TiC、TiN 和 $Al_2O_3$ 等。

在高速钢基体上刀具涂层多为 TiN，常用物理气相沉积法（PVD 法）涂覆，一般用于钻头、丝锥、铣刀、滚刀等复杂刀具上，涂层厚度为几微米，涂层硬度可达 80HRC，相当于一般硬质合金的硬度，耐用度可提高 2～5 倍，切削速度可提高 20%～40%。

硬质合金的涂层是在韧性较好的硬质合金基体上，涂覆一层几微米至几十微米厚的高耐磨难熔化的金属化合物，一般采用化学气相沉积法（CVD 法）。

但涂层刀具不适宜加工高温合金、钛合金和非金属材料，也不适宜粗加工有夹砂、硬皮的锻、铸件。

### 4. 其他刀具材料

目前使用的刀具材料还有陶瓷、金刚石和立方氮化硼。

陶瓷比硬质合金刀具有更高的硬度、耐磨性、耐热性、化学稳定性和抗黏结性，切削速度可比硬质合金提高 2～5 倍；但陶瓷的抗弯强度较低，冲击韧性差。

金刚石可分为天然和人造的两类，是目前已知的最硬物质，硬度可达 10000HV。

人造金刚石又可分为人造聚晶金刚石和金刚石复合刀片。金刚石热稳定性较低，切削温度超过 700～800℃时，就会完全失去其硬度。人造金刚石主要用于磨具和磨料（60%～70%以上）。

立方氮化硼可分为整体聚晶立方氮化硼和立方氮化硼复合刀片，后者是在硬质合金基体上焊结一层厚度为 0.5mm 左右的立方氮化硼。

立方氮化硼硬度可高达 8000～9000HV，仅次于金刚石，耐磨性和耐热性都很高，热稳定性可高达 1400℃，但抗弯强度较低。

## 3.1.3 车削精度

### 1. 车削精度

车削零件主要由旋转表面和端面组成，车削精度可分为尺寸精度、形状精度和位置精度 3 部分。

（1）尺寸精度

尺寸精度是指尺寸的准确程度，零件的尺寸精度是由尺寸公差来保证的，公差小则精度高；公差大则精度底。国家标准 GB/T1800.2—2009 规定标准公差可分为 18 个等级，以 IT1，IT2，…，IT18 表示。IT1 公差最小，精度最高，IT18 公差最大，精度最低。

车削时一般零件的尺寸精度为 IT12～IT7，精细车时可达 IT6～IT5。

为了测量和使用上的需要，不同尺寸精度等级应有相应的表面粗糙度。

车削时尺寸公差等级和相应的表面粗糙度见表 3-3。

表 3-3　常用车削精度与相应表面粗糙度

| 加 工 类 别 | 加 工 精 度 | 相应表面粗糙度 $R_a(\mu m)$ | 标注代号 | 表面特征 |
|---|---|---|---|---|
| 粗车 | IT12<br>IT11 | 50～25<br>25 | $\frac{50}{25}\nabla$<br>$12.5\nabla$ | 可见明显刀痕<br>可见刀痕 |

| 加 工 类 别 | 加 工 精 度 | 相应表面粗糙度 $R_a$($\mu m$) | 标 注 代 号 | 表 面 特 征 |
|---|---|---|---|---|
| 半精车 | IT10<br>IT9 | 6.3<br>3.2 | 6.3/▽<br>3.2/▽ | 可见加工痕迹<br>微见加工痕迹 |
| 精车 | IT8<br>IT7 | 1.6<br>0.8 | 1.6/▽<br>0.8/▽ | 不见加工痕迹<br>可辨加工痕迹方向 |
| 精细车 | IT6<br>IT5 | 0.4<br>0.2 | 0.4/▽<br>0.2/▽ | 微辨加工痕迹方向<br>不辨加工痕迹方向 |

（2）形状精度

形状精度是指零件上被测要素相对于理想形状的准确度,由形状公差来控制。GB/T1182—2008规定了6项形状公差,分别为直线度、平面度、圆柱度、圆度、线轮廓度和面轮廓度。

形状精度主要和机床本身精度有关,如车床主轴在高速旋转时,旋转轴线有跳动就会使零件的圆度变差,又如车床纵横拖板导轨不直或磨损,则会造成圆柱度、直线度变差。因此要求加工形状精度高的零件,一定要在精度较高的机床上加工。当然操作方法不当也会影响形状精度,如在车外圆时用锉刀或砂布修饰外表面后,就容易使圆度或圆柱度变差。

（3）位置精度

零件的位置精度是指零件上被测要素相对于基准之间的位置准确度。GB/T1182—2008规定了5项方向公差,分别为平行度、垂直度、倾斜度、线轮廓度和面轮廓度;6项位置公差,分别为位置度、同心度、同轴度、对称度、线轮廓度和面轮廓度;2项跳动公差,分别为圆跳动和全跳动。

位置精度主要和工件装夹加工顺序安排及操作人员技术水平有关,如车外圆时多次装夹有可能使被加工外圆表面同轴度变差。

2. 车削经济精度

经济精度是指正常条件下所能达到的加工精度。

切削加工中,用同一种加工方法加工一个零件时,随着加工条件的变化（如改变切削用量）,得到零件的加工精度也不同,可能获得相邻的几级加工精度。而较高的加工精度,往往是靠降低生产率和提高加工费用而获得的。如图3-3所示为加工精度与加工成本的关系曲线。如图3-4所示为加工费用与表面粗糙度的关系曲线。

由图3-3和图3-4可知,某一种加工方法所能达到的精度都有一定的极限,超出极限时加工就变得很不经济。图3-3中的 $B$ 区域和图3-4中的 $A$ 区域为加工最经济区,一般精车后所能达到的经济精度为IT8～IT7级,表面粗糙度 $R_a$ 为 1.6～0.8 $\mu m$。

当零件表面粗糙度要求越小时,加工费用就越大,这是因为同一台机床达到较小表面粗糙度时,就要进行多次切削加工,即粗车、半精车、精车等,加工次数越多,加工费用就越高。

### 3.1.4 车削加工

在模具加工中,车床是常用的设备之一,主要用于回转体类零件或回转体类型腔、凹模的加工,有时也用于平面的粗加工。车削的工艺过程常常采用:粗车—半精车—精车或粗车—半

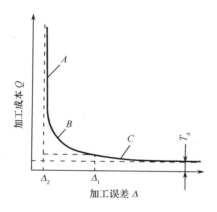

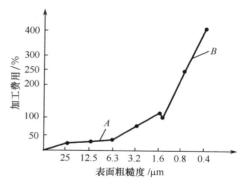

图 3-3　加工精度与加工成本的关系曲线　　　图 3-4　加工费用与表面粗糙度的关系曲线

精车—精车—研磨。对尺寸精度和表面粗糙度要求较高的零件在精车之后再安排研磨,根据实际情况选定合适的加工路线。

**1. 回转体类零件车削**

回转体类零件车削主要用于导柱、导套、浇口套等回转体类零件热处理前的粗加工,成形零件的回转曲面型腔、型芯、凸模和凹模等零件的粗、精加工。对要求具有较高的尺寸精度、表面粗糙度和耐磨性的零件,如导柱、导套、浇口套、凸模和凹模等,需在半精车后再热处理,最后在磨床上磨削。但对定位圈、拉杆等零件,车削可以直接作为成形加工。毛坯为棒料的零件,一般先加工中心孔,然后以中心孔作为定位基准。

**2. 回转曲面型腔车削**

型腔车削加工中,除内形表面为圆柱、圆锥表面可以应用普通的内孔车刀进行车削外,对于球形面、半圆面或圆弧面的车削加工,为了保证尺寸、形状和精度的要求,一般都采用样板车刀进行最后的成形车削。

如图 3-5 所示给出了一个多段台阶内孔的对拼式型腔。车削时,用销钉定位,通过螺钉或焊接将型腔板两部分连接在一起。走刀过程中,要控制刀架在 $X,Y$ 两个方向上的运动,可以使用定程挡块实现。

此类曲面还可以在仿形车床上加工,即应用与曲面截面形状相同的靠模仿形车削。如图 3-6 所示为靠模仿形车削回转曲面的原理图。靠模 2 上有与型腔曲面形状相同的沟槽。车削时大拖板纵向移动,小拖板和车刀在滚子 3 和连接板 4 的作用下随靠模 2 做横向进给,由此完成仿形车削。这种方式适合于精度要求不高、需要侧向分模的模具型腔的加工。

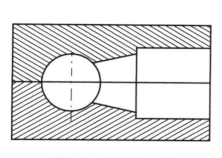

图 3-5　曲面型腔车削

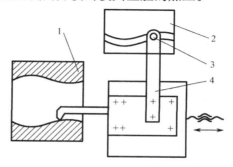

1—工件;2—靠模;3—滚子;4—连接板

图 3-6　仿形车削

# 3.2 铣削加工

## 3.2.1 铣削运动及铣削用量

铣削是一种应用范围极广的加工方法。在铣床上可以对平面、斜面、沟槽、台阶、成形面等表面进行铣削加工。如图3-7所示为铣削加工常见的加工方式。铣床加工时,多齿铣刀连续切削,切削量可以较大,所以加工效率高。铣床加工成形的经济精度为IT10,表面粗糙度$R_a 3.2 \mu m$;用做精加工时,尺寸精度可达IT8,表面粗糙度$R_a 1.6 \mu m$。

### 1. 铣削运动

由图3-7可知,不论哪一种铣削方式,为完成铣削过程必须要有以下运动:

① 铣刀的旋转——主运动;

② 工件随工作台缓慢的直线移动——进给运动。

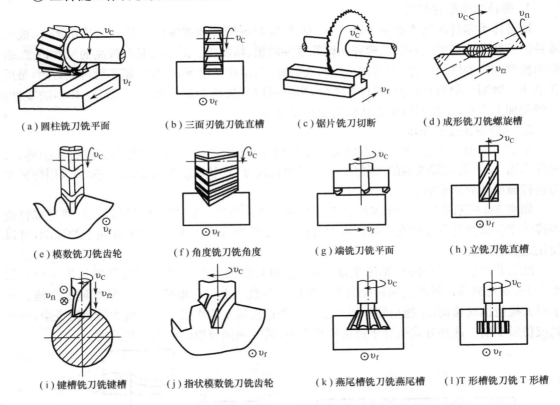

（a）圆柱铣刀铣平面　　（b）三面刃铣刀铣直槽　　（c）锯片铣刀切断　　（d）成形铣刀铣螺旋槽

（e）模数铣刀铣齿轮　　（f）角度铣刀铣角度　　（g）端铣刀铣平面　　（h）立铣刀铣直槽

（i）键槽铣刀铣键槽　　（j）指状模数铣刀铣齿轮　　（k）燕尾槽铣刀铣燕尾槽　　（l）T形槽铣刀铣T形槽

图3-7　常见的铣削方式

### 2. 铣削用量

铣削时的铣削用量由铣削速度$v_C$、进给量$f$、背吃刀量(又称铣削深度)$a_P$和侧吃刀量(又称铣削宽度)$a_e$ 4个要素组成。

（1）铣削速度$v_C$

铣削速度即铣刀最大直径处的线速度,可由下式计算

$$v_C = \pi d_0 n / 1000$$

式中　$v_C$——铣削速度(m/min)；

　　　　$d_0$——铣刀直径(mm)；

　　　　$n$——铣刀转速(r/min)。

(2)进给量 $f$

铣削时,工件在进给运动方向上相对刀具的移动量即为铣削时的进给量。由于铣刀为多刃刀具,计算时按单位时间不同,有以下 3 种度量方法。

① 每齿进给量 $f_z$,单位为 mm/齿。

② 每转进给量 $f$,单位为 mm/r。

③ 每分钟进给量 $v_f$,又称进给速度,单位为 mm/min。

上述 3 者的关系为

$$v_f = f \cdot n = f_z \cdot Z \cdot n$$

一般铣床标牌上所指出的进给量为 $v_f$。

(3)背吃刀量(铣削深度)$a_P$

如图 3-8 所示,背吃刀量为平行于铣刀轴线方向测量的切削层尺寸,单位为 mm。因周铣与面铣时相对于工件的方位不同,故 $a_P$ 在图中标示也有所不同。

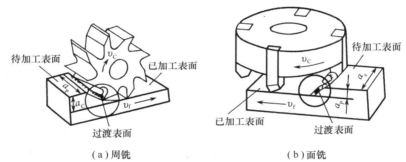

(a)周铣　　　　　　　　　　(b)面铣

图 3-8　铣削运动和铣削要素

(4)侧吃刀量(铣削宽度)$a_e$

它是垂直于铣刀轴线方向测量的切削层尺寸,单位为 mm,如图 3-8 所示。

**3. 铣削用量选择的原则**

通常粗加工为了保证必要的刀具耐用度,应优先采用较大的侧吃刀量或背吃刀量,其次是加大进给量,最后才是根据刀具耐用度的要求选择适宜的铣削速度,这样选择是因为铣削速度对刀具耐用度影响最大,进给量次之,侧吃刀量或背吃刀量影响最小;精加工时为减小工艺系统的弹性变形,必须采用较小的进给量,同时为了抑制积屑瘤的产生。对于硬质合金铣刀应采用较高的铣削速度,对高速钢铣刀应采用较低的铣削速度,当铣削过程中不产生积屑瘤时,也应采用较大的铣削速度。

铣刀的种类众多,相应的铣削用量不尽相同,可凭经验或查表选用。

## 3.2.2　常用铣床附件

铣床的主要类型有卧式升降台铣床、立式升降台铣床、龙门铣床、万能工具铣床、刻模铣床、仿形铣床等。除其自身的结构特点外,铣床加工功能的实现主要是依靠附件。

常用铣床附件指万能分度头、万能铣头、平口钳、回转工作台等,如图 3-9 所示。

**1. 万能分度头**

分度头是一种分度的装置,由底座、转动体、主轴、顶尖和分度盘等构成。主轴装在转动体

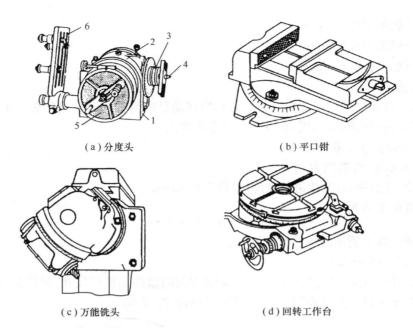

（a）分度头 　　　　　　　　　　（b）平口钳

（c）万能铣头 　　　　　　　　　　（d）回转工作台

1—底座；2—转动体；3—主轴；4—顶尖；5—分度盘；6—挂轮

图 3-9　常用铣床附件

内,并可随转动体在垂直平面内扳动成水平、垂直或倾斜位置。分度头可以完成铣六方、齿轮、花键等工作。

### 2. 万能铣头

万能铣头是一种扩大卧式铣床加工范围的附件,利用它可以在卧式铣床上进行立铣工作。使用时卸下卧式铣床横梁、刀杆,装上万能铣头,根据加工需要,其主轴在空间可以转成任意方向。

### 3. 平口钳

平口钳主要用于装夹工件。装夹时,工件的被加工面要高出钳口,并需找正工件的装夹位置。

### 4. 回转工作台

回转工作台也是主要用于装夹工件的。利用回转工作台可以加工斜面、圆弧面和不规则曲面。加工圆弧面时,使工件的圆弧中心与回转工作台中心重合,并根据工件的实际形状确定主轴中心与回转工作台中心的位置关系。加工过程中控制回转工作台的转动,由此加工出圆弧面。

## 3.2.3　铣削加工

### 1. 平面铣削

平面铣削在模具中应用最为广泛,模具中的定、动模板等模板类零件,在精磨前均需通过铣削来去除较大的加工余量;铣削还用于模板上的安装型腔镶块的方槽、滑块的导滑槽、各种孔的止口等部分的精加工和镶块、压板、锁紧块热处理前的加工。

### 2. 孔系加工

直接用立铣工作台的纵、横走刀来控制平面孔系的坐标尺寸,所达到的孔距精度远高于划线钻孔的加工精度,可以满足模具上低精度的孔系要求,如注塑模中推杆过孔的加工。对于坐标精度要求高时,可用量块和千分表来控制铣床工作台的纵、横向移动距离,加工的孔距精度一般为±0.01mm。

**3. 镗削加工**

卧式和立式铣床也可以代替镗床进行一些加工,如斜导柱孔系的加工,一般是在模具相关部分装配好后,在铣床上一次加工完成;同理,导柱、导套孔也可如此加工。

加工斜孔时可将工件水平装夹,而把立铣头倾斜一角度,或者用正弦夹具、斜垫铁装夹工件。加工斜孔前,用立铣刀切去斜面余量,然后用中心钻确定斜孔中心,最后加工到所需尺寸。

**4. 成形面铣削**

成形铣削可以加工圆弧面、不规则形面及复杂空间曲面等各种成形面。模具中常用的加工工艺方法有下面两种。

(1)立铣

利用圆转台可以加工圆弧面和不规则曲面。安装时使工件的圆弧中心与圆转台中心重合,并根据工件的实际形状确定主轴中心与圆转台中心的位置关系。加工过程中控制圆转台的转动,由此加工出圆弧面,如图 3-10 所示。图中圆弧槽的加工需要严格控制圆转台的转动角度 $\theta$ 和直线段与圆弧段的平滑连接。这种方法一般用于加工回转体上的分浇道,还可以用来加工多型腔模具,从而很好地保证上下模具型腔的同心和减小各型腔之间的形状、尺寸误差。

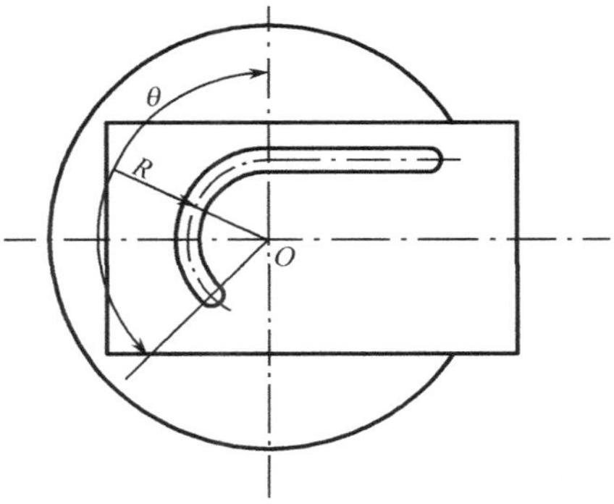

(2)仿形铣削

图 3-10　圆转台铣削圆弧面

仿形铣削是以预先制成的靠模来控制铣刀轨迹运动的铣削方法,如图 3-11 所示。靠模 4 具有与型腔相同的形状。加工时,仿形头 5 在靠模 4 上做靠模运动,铣刀 1 同步做仿形运动。仿形铣削主要使用球头立铣刀,加工的工件表面粗糙度差,而且影响加工质量的因素非常复杂,所以仿形铣削常用于粗加工或精度要求不高的型腔加工。仿形铣床有卧式和立式仿形铣床,都可以在 $X$、$Y$、$Z$ 3 个方向相互配合完成运动。

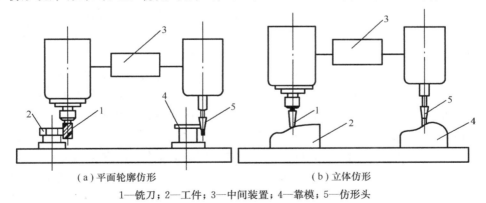

(a)平面轮廓仿形　　　　　　　　　　(b)立体仿形
1—铣刀;2—工件;3—中间装置;4—靠模;5—仿形头

图 3-11　仿形铣削示意图

**5. 雕刻加工**

如图 3-12 所示,工件和模板分别安装在制品工作台和靠模工作台上。通过缩放机构在工件上缩小雕刻出模板上的字、花纹、图案等。刻模铣床一般为手动方式。目前,较复杂或立体的花纹、图案加工已由数控雕刻机所取代。

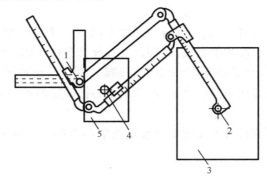

1—支点;2—触头;3—靠模工作台;4—刻刀;5—制品工作台

图 3-12　刻模铣床示意图

# 3.3　钻 削 加 工

## 3.3.1　钻、扩、锪和铰孔

钻削加工是一种在实体工件上加工孔的加工方法,包括对已有的孔进行扩孔、铰孔、锪孔及攻螺纹等二次加工,主要在钻床上进行。孔加工的切削条件比加工外圆面时差,刀具受孔径的限制,只能使用定值刀具。加工时,排屑困难,散热慢,切削液不易进入切削区,钻头易钝化,所以,钻孔能达到的尺寸公差等级为 IT12~IT11,表面粗糙度 $R_a$ 为 50~12.5μm。对精度要求高的孔,还应进行扩、铰孔等工序。

钻床加工孔时,刀具绕自身轴线旋转,即机床的主运动,同时刀具沿轴线进给。由于常用钻床的孔中心定位精度、尺寸精度和表面粗糙度都不高,所以钻削加工属于粗加工,用于精度要求不高的孔加工或孔的粗加工。钳工加工中钻床是必不可少的设备之一。常见的钻床有立式钻床、卧式钻床、摇臂钻床、台式钻床、坐标镗钻床、深孔钻床、中心孔钻床和钻铣床等。模具加工中应用最多的是台式钻床和摇臂钻床,一般以最大的钻削孔径作为机床的主要参数。

### 1. 钻孔

钻孔主要用于孔的粗加工。普通孔的钻削主要有两种方法:一种是在车床上钻孔,工件旋转而钻头不转;另一种是在钻床或镗床上钻孔,钻头旋转而工件不转。当被加工孔与外圆有同轴度要求时可在车床上钻孔,更多的模具零件孔是在钻床或镗床上加工的。

麻花钻是钻孔的常用刀具,一般由高速钢制成,经热处理后其工作部分硬度达 62HRC 以上。钻孔时,按工件的大小、形状、数量和钻孔直径,选用适当的夹持方法和夹具,钻较硬的材料和大孔时,切削速度要小;钻小孔时,切削速度要大些;遇大于 φ30mm 的孔径应分两次钻出,先钻出 0.6~0.8 倍孔径的小孔,再钻至要求的孔径。进给速度要均匀,快慢适中。钻盲孔要做好深度标记,钻通孔时当孔将钻通时,应减慢进给量,以免卡钻,甚至折断钻头。钻削时切削条件差,刀具不易散热,排屑不畅,故需加注切削液进行冷却和润滑减摩。钻深孔时,必须不时地退出钻头,以排屑、冷却,注入切削液。

在模具加工中钻床主要用于孔的预加工(如导柱导套孔、型腔孔、螺纹底孔、各种零件的线切割穿丝孔等),也用于对一些孔的成形加工(如推杆过孔、螺钉过孔、水道孔等)。另外,对于拉杆孔系,为保证拉杆正常工作,设计时要求的精度较高,应用坐标镗孔势必增加加工成本。可以把相关模板固定在一起,并通过导柱定位,对孔系一起加工。这种加工孔系的方法虽不能达到孔系间距的要求,但可以保证相关模板孔中心相互重合,不影响其使用功能且制造上很容易实现。

### 2. 扩孔

扩孔是用扩孔钻对已经钻出的孔进一步加工,以提高孔的加工精度的加工方法。扩孔钻结构与麻花钻相似,但齿数较多,有3～4齿,导向性好;中心处没有切削刃,消除了横刃影响,改善了切削条件;切削余量较小,容屑槽小,使钻芯增大,刚度好,切削时,可采用较大的切削用量。故扩孔的加工质量和生产效率都高于钻孔。

扩孔可作为孔的最终加工,但通常作为镗孔、铰孔或磨孔前的预加工。扩孔能达到的公差等级为 IT10～IT9,表面粗糙度 $R_a$ 为 6.3～3.2$\mu$m。

### 3. 锪孔

原有孔的孔口表面需要加工成圆柱形沉孔、锥形沉孔或凸台端面时,可用锪钻锪孔,如图 3-13所示。

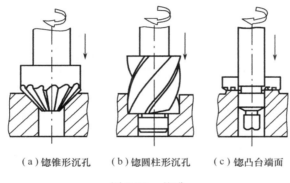

（a）锪锥形沉孔　（b）锪圆柱形沉孔　（c）锪凸台端面

图 3-13　锪孔

锪孔常用于螺钉过孔和弹簧过孔的加工。在实际生产中,往往以立铣刀或端部磨平的麻花钻代替锪钻。

### 4. 铰孔

铰孔是中小孔径的半精加工和精加工方法之一,是用铰刀在工件孔壁上切除微金属层的加工方法。铰刀刚度和导向性好,刀齿数多,所以铰孔相对于扩孔在加工的尺寸精度和表面粗糙度上又有所提高。铰孔的加工精度主要不是取决于机床的精度,而在于铰刀的精度、安装方式和加工余量等因素。机铰达 IT8～IT7,表面粗糙度 $R_a$ 为 1.6～0.2$\mu$m;手铰达 IT7～IT6,表面粗糙度 $R_a$ 为 0.4～0.2$\mu$m。由于手铰切削速度低,切削力小,热量低,不产生积屑瘤,无机床振动等影响,所以加工质量比机铰高。

当工件孔径小于 25mm 时,钻孔后可直接铰孔;工件孔径大于 25mm 时,钻孔后需扩孔,然后再铰。

铰孔时,首先应合理选择铰削用量,铰削用量包括铰削余量、切削速度(机铰时)和进给量。应根据所加工孔的尺寸公差等级、表面粗糙度要求,以及孔径大小、材料硬度和铰刀类型等合理选择,如用标准高速钢铰刀铰孔,孔径大于 50mm,精度要达到 IT7,铰削余量取小于等于0.4mm 为宜,需要再精铰的,留精铰余量 0.1～0.2mm。手铰时,铰刀应缓缓进给,均匀平稳。

机铰时,以标准高速钢铰刀加工铸铁,切削速度应小于等于 10m/min,进给量为 0.8mm/r 左右;加工钢件,切削速度应小于等于 8m/min,进给量为 0.4mm/r 左右。

手铰是间歇作业,应变换每次铰刀停歇的位置,以消除刀痕。铰刀不能反转,以防止细切屑擦伤孔壁和刀齿。

用高速钢铰刀加工钢件时,用乳化液或液压切削油;加工铸铁件时,用清洗性好、渗透性较好的煤油为宜。

铰孔常用于推杆孔、浇口套和点浇口的锥浇道等的加工和镗削的最后一道工序。

### 3.3.2 深孔加工

#### 1. 深孔加工

大型注塑、压铸模具上的冷却孔、推杆孔和加热器孔等,一般孔径比(D/L)为 1:6 以上的深孔,在加工时有其特殊性。

① 由于孔径比大,钻杆细长,刚性差,工作时容易产生偏斜和振动,因此孔的精度及表面质量难以控制。

② 切屑多而排屑通道长,若断屑不好,排屑不畅,则可能由于切屑堵塞而导致钻头损坏,孔的加工质量也无法保证。

③ 钻头是在几乎封闭的状况下工作,而且时间较长,热量多且不易散出,钻头极易磨损。

一般冷却水道孔的精度要求不高,但要防止偏斜;加热器孔为保证热传导效率,表面粗糙度 $R_a$ 为 6.3～3.2$\mu$m;而推杆孔则要求较高,孔径精度一般为 IT8。这些孔常用的加工方法如下:

① 中、小型模具的孔,常采用普通钻头或加长钻头在立钻、摇臂钻床上加工,加工时应注意及时排屑并进行冷却,进刀量要小,防止孔偏斜;

② 中、大型模具的孔一般在摇臂钻床、镗床和深孔钻床上加工,也可在加工中心上与其他孔一起加工;

③ 过长的低精度孔也可采用划线后从两侧对钻的方法加工。

#### 2. 深孔钻床

深孔钻床(又名枪钻)用于加工孔径比(D/L)为 1:6 以上的深孔,如枪管、炮筒和机床主轴等部件中的深孔。工件旋转(或工件、刀具同时旋转)的深孔钻床类似于卧式车床。深孔钻床有通用的、专用的和由普通车床改装的,为了便于冷却和排屑,深孔钻床的布局都是卧式的,深孔钻床的主参数是最大钻孔深度。

为了满足深孔加工的工艺要求,深孔钻床应具备下列条件:

● 保证钻杆支架(其上有钻杆支承套)、刀具导向套与床头箱主轴和钻杆箱主轴的同轴度;

● 无级调节进给运动速度;

● 足够压力、流量和洁净的切削液系统;

● 具有安全控制指示装置,如主轴载荷(转矩)表、进给速度表、切削液压力表、切削液流量控制表、过滤控制器及切削液温度监测表等;

● 刀具导向系统。深孔钻头在钻入工件前靠刀具导向保证刀头准确位置,导向套紧靠在工件端面。

(1)深孔钻床结构

如图 3-14 所示为深孔钻床结构,加工中的切屑和切削液通过容屑槽连续排出,排出的切屑即与油分离。切削液再通过各种过滤器,由高压泵供给旋转授油器,通过主轴内部进行循环。在用深孔钻进行加工时,工件入口的导正孔处需使用淬硬的导向套。当加工倾斜的冷却水孔时,需使用与孔倾斜度相一致的淬硬的导向套。

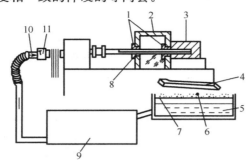

1—导向套;2—容屑槽;3—工件;4—切屑滑槽;5—切削液;6—切屑;7—盛切屑网;8—深孔钻油封;
9—高压泵、切削液冷却装置及过滤器;10—高压切削油;11—压力表

图 3-14　深孔钻床结构

**（2）深孔钻头结构**

如图 3-15 所示为深孔钻头结构,主要由钻头、钻柄和传动器组成。钻头用硬质合金制造,钻头的特殊形状可形成很细小的断裂切屑,钻头中开设高压切削液孔。工作时,高压切削液将切屑连续排出。

如图 3-15 所示为外排屑深孔钻头,此外还有内排屑深孔钻头。深孔钻床的加工精度一般为 IT9～IT6,表面粗糙度 $R_a$ 为 3.2～0.8μm。

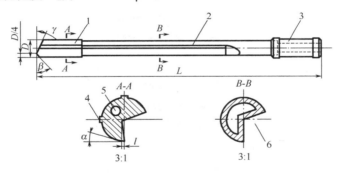

1—钻头;2—钻杆;3—钻柄;4—导向条;5—切削液孔;6—V 形排屑槽
$L$—总长度;$\beta$—外导角余角;$\gamma$—内导角余角;$\alpha$—后角;$l$—边距

图 3-15　深孔钻头

# 3.4　镗 削 加 工

## 3.4.1　镗削加工

镗孔是一种应用非常广泛的孔及孔系加工方法。它可用于孔的粗加工、半精加工和精加工,可以用于加工通孔和盲孔。对工件材料的适用范围也很广,一般有色金属、灰铸铁和结构钢等都可以镗削。镗孔可以在各种镗床上进行,也可以在卧式车床、立式或转塔车床、铣床和数控机床、加工中心上进行。与其他孔加工方法相比,镗孔的一个突出优点是,可以用一种镗

刀加工一定范围内各种不同直径的孔。在数控机床出现以前,对于直径很大的孔,它几乎是可供选择的唯一方法。此外,镗孔可以修正上一工序所产生的孔的位置误差。

镗刀种类很多,按切削刃数量可分为单刃镗刀、双刃镗刀和多刃镗刀;按刀具结构可分为整体式、装配式和机夹可调式。模具加工多用单刃镗刀,结构形式如图 3-16 所示。为了提高镗刀的调整精度,在数控机床、加工中心和坐标镗床上常采用带刻度盘的微调镗刀,其读数值可达 0.01mm。如图 3-17 所示的微调镗刀,调整时,先松开拉紧螺钉 5,然后转动带刻度盘的调整螺母 3,待镗刀头 1 调至所需尺寸,拧紧拉紧螺钉 5。

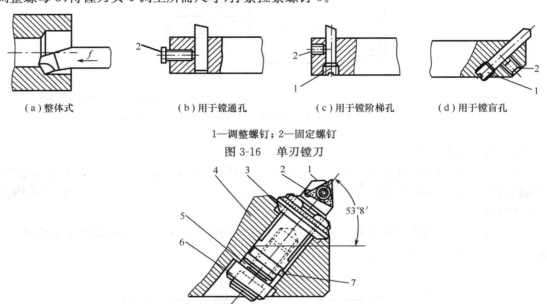

（a）整体式　　　　　（b）用于镗通孔　　　　（c）用于镗阶梯孔　　　　（d）用于镗盲孔

1—调整螺钉;2—固定螺钉

图 3-16　单刃镗刀

1—镗刀头;2—刀片;3—调整螺母;4—镗刀;5—拉紧螺钉;6—垫圈;7—导向键

图 3-17　微调镗刀

镗孔的加工精度一般为 IT9～IT7,表面粗糙度一般为 $R_a 6.3～0.8 \mu m$。如在坐标镗床、金刚石镗床等高精度机床上镗孔,加工精度可达 IT7 以上,表面粗糙度一般为 $R_a 1.6～0.8 \mu m$,用超硬刀具材料对铜、铝及其合金进行精密镗削时,表面粗糙度可达 $R_a 0.2 \mu m$。

由于镗刀和镗杆截面尺寸及长度受到所镗孔径、深度的限制,所以镗刀的刚性差,容易产生变形和振动,加之切削液的注入和排屑困难、观察和测量的不便,所以生产率较低,但在单件和中、小批生产中,仍是一种经济的、应用广泛的加工方法。

### 3.4.2　坐标镗削

坐标镗床的种类较多,有立式和卧式的,有单柱和双柱的,有光学、数显和数控的。镗床的万能转台不仅能绕主轴做任意角度的分度转动,还可以绕辅助回转轴做 0～90° 的倾斜转动,由此实现镗床上加工和检验互相垂直孔、径向分布孔、斜孔和斜面上的孔。此外,坐标镗铣床还可以加工复杂的型腔。光学坐标镗床定位精度可达 0.002～0.004mm,万能转台的分度精度有 10′ 和 12′ 两种。在模具加工中,坐标镗床和坐标镗铣床是应用非常广泛的设备。

坐标镗床主要用于模具零件中加工对孔距有一定精度要求的孔,如导柱导套孔、型腔孔、凸凹模安装孔等;也可做准确的样板划线、微量铣削、中心距测量和其他直线性尺寸的检验工作。因此,坐标镗床在多孔冲模、连续冲模和塑料成形模具的制造中得到广泛的应用。

## 1. 加工前的准备

**(1)模板的放置**

将模板进行预加工并将基准面精度加工到 0.01mm 以上,然后将模板放置在镗床恒温室一段时间,以减少模板受环境温度影响产生的尺寸变化。

**(2)确定基准并找正**

在坐标镗削加工中,根据工件形状特点,定位基准主要有以下几种:

① 工件表面上的划线;

② 圆形件上已加工的外圆或孔;

③ 矩形件或不规则外形件的已加工孔;

④ 矩形件或不规则外形件的已加工的相互垂直的面。

对外圆、内孔和矩形工件的找正方法主要有以下几种。

① 用百分表(千分表)找正外圆柱面。将百分表架固定在主轴上,转动主轴的同时调整工作台位置,最终使百分表指针不再摆动,表明工件的轴心线和机床主轴轴心线相重合,此时工作台 $X$,$Y$ 坐标读数即为工件圆心位置,如图 3-18(a)所示。

② 用百分表(千分表)找正内孔,基本原理同找正外圆柱面,如图 3-18(b)所示。

③ 用百分表(千分表)找正矩形工件侧基准面。将百分表架固定在主轴上,主轴不动,移动 $X$ 向或 $Y$ 向工作台,调整工件摆放角度,最终使百分表指针不再摆动,表明工件的基准面和机床 $X$ 向或 $Y$ 向工作台的运动方向相平行,如图 3-18(c)所示。

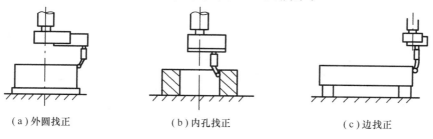

(a)外圆找正          (b)内孔找正          (c)边找正

图 3-18　工件找正

**(3)确定原始点位置和坐标值的转换**

原始点可以选择相互垂直的两基准线(面)的交点(线),也可以利用寻边器或光学显微镜来确定,机械式寻边器和光电式寻边器精度为 0.01mm,此外还有 3D 表和三维测头,虽然精度较高,但价格较贵;还可以用中心找正器或千分表找出已加工好孔的中心作为原始点。

机械式寻边器有上、下两部分,中间通过弹簧连接成一个整体。使用时,上部分夹持在机床主轴上,当主轴旋转时,由于离心力的作用,上、下部分之间会出现偏心,如图 3-19 所示。当下部分与工件接触后,其偏心量即为主轴中心与工件基准面间的偏距(加上寻边器自身的回转半径),调整工作台位置,直至偏心量为零,即肉眼观测上、下部分对中,寻边结束。机械式寻边器结构简单,价格便宜,在数控机床上也多有应用。

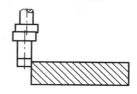

图 3-19　机械式寻边器

此后,通常需要对工件已知尺寸按照已确定的原始点进行坐标值的转换计算。对模板孔的镗削,需根据模板图样计算出需要加工的各孔的坐标值并记录。

**2. 镗孔加工**

镗孔加工的一般顺序为:孔中心定位—钻定心孔—钻孔—扩孔—半精镗—精铰或精镗。

为消除镗孔锥度以保证孔的尺寸精度和形状精度,一般将铰孔作为精加工(终加工)。对于孔径小于 8mm、尺寸精度小于 IT7、表面粗糙度 $R_a$ 小于 $1.6\mu m$ 的小孔加工,由于无法选用镗刀和铰刀,可以用精钻代替镗孔。

在应用坐标镗加工时,要特别注意基准的转换和传递的问题,机床的精度只能保证孔与孔间的位置精度,但不能保证孔与基准间的位置精度,这个概念不要混淆。如前所述,孔与基准间的位置精度要受到人为因素的影响,因此一般在坐标镗削加工时,即以其首个加工出的孔为坐标基准,进行后续孔的精加工。

坐标镗削的加工精度和加工生产率与工件材料、刀具材料及镗削用量有着直接关系。表 3-4 与表 3-5 中的数值可在镗削加工中参考。

表 3-4　坐标镗床加工孔的切削用量

| 加工方式 | 刀具材料 | 切削深度 (mm) | 进 给 量 (mm/r) | 切 削 速 度 (m/min) | | | |
|---|---|---|---|---|---|---|---|
| | | | | 软　　钢 | 中硬钢 | 铸　　铁 | 铜合金 |
| 钻孔 | 高速钢 | | 0.08～0.15 | 20～25 | 12～18 | 14～20 | 60～80 |
| 扩孔 | 高速钢 | 2～5 | 0.1～0.2 | 22～28 | 15～18 | 20～24 | 60～90 |
| 半精镗 | 高速钢 | 0.1～0.8 | 0.1～0.3 | 18～25 | 15～18 | 18～22 | 30～60 |
| | 硬质合金 | 0.1～0.8 | 0.08～0.25 | 50～70 | 40～50 | 50～70 | 150～200 |
| 精钻、精铰 | 高速钢 | 0.05～0.1 | 0.08～0.2 | 6～8 | 5～7 | 6～8 | 8～10 |
| 精镗 | 高速钢 | 0.05～0.2 | 0.02～0.08 | 25～28 | 18～20 | 22～25 | 30～60 |
| | 硬质合金 | 0.05～0.2 | 0.02～0.06 | 70～80 | 60～65 | 70～80 | 150～200 |

表 3-5　坐标镗床加工孔的精度和表面粗糙度

| 加工步骤 | 孔距精度 (机床坐标精度的倍数) | 孔径精度级 IT | 表面粗糙度 $R_a(\mu m)$ | 适应孔径 (mm) |
|---|---|---|---|---|
| 钻中心孔—钻—精钻 | 1.5～3 | 7 | 3.2～1.6 | ＜ 8 |
| 钻—扩—精钻 | 1.5～3 | 7 | 3.2～1.6 | ＜ 8 |
| 钻中心孔—钻—精铰 | 1.5～3 | 7 | 3.2～1.6 | ＜ 20 |
| 钻—扩—精铰 | 1.5～3 | 7 | 3.2～1.6 | ＜ 20 |
| 钻—半精镗—精钻 | 1.2～2 | 7 | 3.2～1.6 | ＜ 8 |
| 钻—半精镗—精铰 | 1.2～2 | 7 | 1.6～0.8 | ＜ 20 |
| 钻—半精镗—精镗 | 1.2～2 | 7～6 | 1.6～0.8 | |

在坐标镗床加工时,应备有回转工作台、块规、镗刀头、千分表等多种辅助工具才能适应轴线不平行的孔系、回转孔系等工件的加工需要。

由于坐标镗床的精度比较高,其加工精度的影响因素为机床本身的定位精度,测量装置的定位精度,加工方法和工具的正确性,操作工人技术熟练程度,工件和机床的温差,切削力和工件重量所产生的机床、工件热变形及弹性变形。因此,在坐标镗削加工过程中应尽量克服和降低以上因素的影响。

# 3.5　磨　削　加　工

磨削加工是零件精加工的主要方法。磨削时可采用砂轮、油石、磨头、砂带等作为磨具,而最常用的磨具是用磨料和黏结剂做成的砂轮。通常磨削能达到的经济精度为IT7~IT5,表面粗糙度$R_a$一般为0.8~0.2$\mu$m。

磨削的加工范围很广,不仅可以加工内外圆柱面、内外圆锥面和平面,还可以加工螺纹、花键轴、曲轴、齿轮、叶片等特殊的成形表面。如图3-20所示为常见的磨削方法。

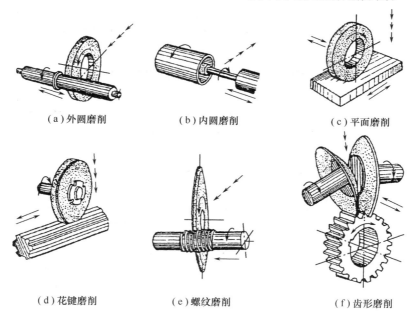

(a)外圆磨削        (b)内圆磨削        (c)平面磨削

(d)花键磨削        (e)螺纹磨削        (f)齿形磨削

图3-20    常见的磨削方法

从本质上看,磨削加工是一种切削加工,但和通常的车削、铣削、刨削加工相比却有以下特点。

(1)磨削属多刀、多刃切削

磨削用的砂轮是由许多细小且极硬的磨粒黏结而成的,在砂轮表面上杂乱地布满很多棱形多角的磨粒,每一个磨粒就相当于一个切削刃,所以,磨削加工实质上是一种多刀、多刃的高速切削。如图3-21所示为磨粒切削示意图。

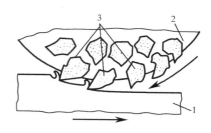

1—工件;2—砂轮;3—磨粒

图3-21    磨粒切削示意图

(2)磨削属微刃切削

磨削属于微刃切削,切削厚度极薄,每一磨粒切削厚度可小到数微米,故可获得很高的加工精度和低的表面粗糙度。

(3)磨削速度大

一般砂轮的圆周速度达2000~3000m/min,目前的高速磨削砂轮线速度已达到60~250m/s。故磨削时温度很高,磨削时的瞬时温度可达800~1000℃。因此,磨削时一般都使用切削液。

(4)加工范围广

磨粒硬度很高,因此磨削不仅可以加工碳钢、铸铁等常用金属材料,还能加工一般刀具难以加工的高硬度、高脆性材料,如淬火钢、硬质合金等。但磨削不宜加工硬度低而塑性很好的有色金属材料。

### 3.5.1 砂轮的特性及选用

**1. 砂轮特性**

砂轮是由磨料和结合剂经压坯、干燥、烧结而成的疏松体,由磨粒、结合剂和气孔3部分组成。砂轮磨粒暴露在表面部分的尖角即为切削刃。结合剂的作用是将众多磨粒结合在一起,并使砂轮具有一定的形状和强度,气孔在磨削中主要起容纳切屑和磨削液及散发磨削液的作用。

砂轮特性包括磨料、粒度、结合剂、硬度、组织、形状和尺寸6大要素。

(1)磨料

磨料是砂轮的主要成分,它直接担负切削工作,应具有很高的硬度和锋利的棱角,并要有良好的耐热性和一定的韧性。常用的磨料有刚玉系、碳化物系和高硬度磨料系3种,其代号、性能及应用详见表3-6。

表3-6 常用磨料的代号、性能及应用

| 系 列 | 名 称 | 代号 | 特 性 | 适 用 范 围 |
|---|---|---|---|---|
| 刚玉 | 棕刚玉 | A | 硬度较好、韧性较好 | 磨削碳钢、合金钢、可锻铸铁、硬青钢 |
| | 白刚玉 | WA | | 磨削淬硬钢、高速钢及成形磨 |
| 碳化物 | 黑碳化硅 | C | 硬度高、韧性差、导热性较好 | 磨削铸铁、黄铜、铝及非金属等 |
| | 绿碳化硅 | GC | | 磨削硬质合金、玻璃、玉石、陶瓷等 |
| 高硬磨料 | 人造金刚石 | SD | 硬度很高 | 磨削硬质合金、宝石、玻璃、硅片等 |
| | 立方氮化硼 | CBN | | 磨削高温合金、不锈钢、高速钢等 |

(2)粒度

粒度用来表示磨料颗粒的大小。一般直径较大的砂粒称为磨粒,其粒度用磨粒所能通过的筛网号表示。直径极小的砂粒称为微粉,其粒度用磨料自身的实际尺寸表示。粒度对磨削生产率和加工表面的粗糙度有很大的影响。一般粗磨或磨软材料是选用粗磨粒;精磨或磨硬而脆的材料选用细磨粒。常用磨粒的粒度、尺寸及应用范围见表3-7。

表3-7 常用磨料的粒度、尺寸及应用范围(部分摘自 GB/T2481.1—1998 和 GB/T2481.2—1998)

| 粒 度 | 公称尺寸(μm) | 应 用 范 围 | 粒 度 | 公称尺寸(μm) | 应 用 范 围 |
|---|---|---|---|---|---|
| F20<br>F24<br>F30 | 1180～1000<br>850～710<br>710～600 | 荒磨钢锭,打磨铸件毛刺,切断钢坯等 | F100<br>F150<br>F220 | 150～125<br>106～75<br>75～53 | 半精磨、精磨、珩磨、成形磨、工具磨等 |
| F40<br>F46<br>F60 | 500～425<br>425～355<br>300～250 | 磨内圆、外圆和平面,无心磨,刀具刃磨等 | F240<br>F280<br>F360 | 70～28<br>59～22<br>40～12 | 精磨、超精磨、珩磨、螺纹磨、镜面磨等 |
| F70<br>80#<br>90# | 250～212<br>212～180<br>180～150 | 半精磨、精磨内外圆和平面,无心磨和工具磨等 | F500<br>～<br>F1200 | 34～7<br>～<br>20～1 | 精磨、超精磨、镜面磨、研磨、抛光等 |

（3）结合剂

结合剂的作用是将磨粒黏结在一起,并使砂轮具有所需要的形状、强度、耐冲击性、耐热性等。黏结越牢固,磨削过程中磨粒就越不易脱落。常用结合剂分无机和有机两大类,无机结合剂主要有陶瓷结合剂,这种结合剂制造的砂轮只能在速度小于 35m/s 时使用;有机结合剂主要有树脂结合剂和橡胶结合剂。它们的具体参数见表 3-8。

表 3-8　砂轮结合剂的种类、性能及应用

| 名　称 | 代　号 | 性　能 | 应用范围 |
| --- | --- | --- | --- |
| 陶瓷结合剂 | V | 耐热、耐水、耐油、耐酸碱、气孔率大、强度高、韧性弹性差 | 应用范围最广,除切断砂轮外,大多数砂轮都采用它 |
| 树脂结合剂 | B | 强度高、弹性好、耐冲击、有抛光作用,耐热性、抗腐蚀性差 | 制造高速砂轮、薄砂轮 |
| 橡胶结合剂 | R | 强度和弹性更好,有极好的抛光作用,但耐热性更差,不耐酸 | 制造无心磨床导轮、薄砂轮、抛光砂轮 |

（4）硬度

硬度是指砂轮表面上的磨粒在磨削力的作用下脱落的难易程度。磨粒容易脱落,则砂轮的硬度低,称为软砂轮;磨粒难脱落,则砂轮的硬度就高,称为硬砂轮。砂轮的硬度主要取决于结合剂的黏结能力及含量,与磨粒本身的硬度无关。砂轮的硬度等级见表 3-9。

表 3-9　砂轮的硬度等级与代号

| 硬度等级 | 大级 | 超软 | 软 | | | 中 软 | | 中 | | 中 硬 | | | 硬 | | 超硬 |
| --- | --- | --- | --- | --- | --- | --- | --- | --- | --- | --- | --- | --- | --- | --- | --- |
| | 小级 | 超软 | 软1 | 软2 | 软3 | 中软1 | 中软2 | 中1 | 中2 | 中硬1 | 中硬2 | 中硬3 | 硬1 | 硬2 | 超硬 |
| 代　号 | | D,E,F | G | H | J | K | L | M | N | P | Q | R | S | T | Y |

选择砂轮的硬度主要根据工件材料特性和磨削条件来决定。一般磨削软材料时应选用硬砂轮,磨削硬材料时应选用软砂轮,成形磨削和精密磨削也应选用硬砂轮。

（5）组织

砂轮的组织是指磨粒和结合剂疏密程度,它反映了磨粒、结合剂、气孔 3 者之间的体积比例关系。砂轮组织分为紧密、中等和疏松 3 大类 15 级,详见表 3-10。

表 3-10　砂轮的组织与代号

| 组织号 | 0 | 1 | 2 | 3 | 4 | 5 | 6 | 7 | 8 | 9 | 10 | 11 | 12 | 13 | 14 |
| --- | --- | --- | --- | --- | --- | --- | --- | --- | --- | --- | --- | --- | --- | --- | --- |
| 磨粒率(%) | 62 | 60 | 58 | 56 | 54 | 52 | 50 | 48 | 46 | 44 | 42 | 40 | 38 | 36 | 34 |
| 疏密程度 | 紧密 | | | | | 中等 | | | | | | 疏松 | | | |

砂轮的组织对磨削生产率和工件表面质量有直接影响。一般的磨削加工广泛使用中等组织的砂轮;成形磨削和精密磨削则采用紧密组织的砂轮;而平面端磨、内圆磨削等接触面积较大的磨削及磨削薄壁零件、有色金属、树脂等软材料时应选用疏松组织的砂轮。

（6）砂轮的形状和尺寸

为了适应不同形状和尺寸的工件,砂轮也需要做出不同的形状和尺寸。表 3-11 为常用砂轮的形状、代号及用途。

表 3-11　常用砂轮的形状、代号及用途

| 砂轮名称 | 代号 | 简图 | 主要用途 |
|---|---|---|---|
| 平形砂轮 | P | | 平面磨、内外圆磨、成形磨、无心磨、刃磨等 |
| 双斜边形砂轮 | PSX | | 磨削齿轮和螺纹 |
| 双面凹砂轮 | PSA | | 外圆磨、平面磨、刃磨刀具、无心磨 |
| 薄片砂轮 | PB | | 切断和开槽等 |
| 筒形砂轮 | N | | 立轴端面磨 |
| 杯形砂轮 | B | | 磨削刀具、工具、模具形面，内外圆磨 |
| 碗形砂轮 | BW | | 刀具角度刃磨、模具形面磨削 |
| 碟形砂轮 | D | | 用于磨铣刀、铰刀、拉刀等，大尺寸的用于磨齿轮端面 |

### 2. 砂轮的选用

选用砂轮时，应综合考虑工件的形状、材料性质及磨床条件等各因素，具体可参照表 3-12 的推荐加以选择。在考虑尺寸大小时，应尽可能把外径选得大些，以提高砂轮的圆周速度，有利于提高磨削生产率、降低表面粗糙度；磨内圆时，砂轮的外径取工件孔径的 2/3 左右，有利于提高磨具的刚度。但应特别注意的是不能使砂轮工作时的线速度超过所标志的数值。

表 3-12　砂轮的选用

| 磨削条件 | 粒度 粗 | 粒度 细 | 硬度 软 | 硬度 硬 | 组织 松 | 组织 紧 | 结合剂 V | 结合剂 B | 结合剂 R | 磨削条件 | 粒度 粗 | 粒度 细 | 硬度 软 | 硬度 硬 | 组织 松 | 组织 紧 | 结合剂 V | 结合剂 B | 结合剂 R |
|---|---|---|---|---|---|---|---|---|---|---|---|---|---|---|---|---|---|---|---|
| 外圆磨削 | | | ● | | ● | | ● | | | 磨削软金属 | ● | | | ● | ● | | ● | | |
| 内圆磨削 | | ● | ● | | ● | | ● | | | 磨韧性、延展性大的材料 | ● | | ● | | ● | | | ● | |
| 平面磨削 | | ● | ● | | ● | | ● | | | 磨硬脆材料 | | ● | ● | | | | | | |
| 无心磨削 | | | | ● | | ● | ● | | | 磨削薄壁材料 | ● | | ● | | ● | | ● | | |
| 荒磨、打磨毛刺 | ● | | ● | | | | | ● | ● | 干磨 | | ● | ● | | | | ● | | |
| 精密磨削 | | ● | ● | | ● | ● | ● | | | 湿磨 | | ● | | ● | | | ● | | |
| 高精密磨削 | | ● | ● | | ● | ● | ● | | | 成形磨削 | | ● | | ● | ● | | | ● ● | |
| 超精密磨削 | | ● | ● | | ● | ● | ● | | | 磨热敏性材料 | ● | | | | ● | | ● | | |
| 镜面磨削 | | ● ● | | | | | ● | | | 刀具刃磨 | | ● | ● | | | | ● | | |
| 高速磨削 | | ● | ● | | | | | | | 钢材切断 | ● | | | | | | | ● | ● |

## 3.5.2　磨削运动与磨削用量

磨削时砂轮与工件的切削运动也分为主运动和进给运动，主运动是砂轮的高速旋转；进给

运动一般为圆周进给运动(即工件的旋转运动)、纵向进给运动(即工作台带动工件所做的纵向直线往复运动)和径向进给运动(即砂轮沿工件径向的移动)。描述这 4 个运动的参数即为磨削用量,表 3-13 为常用磨削用量的定义、计算及选用。

表 3-13　磨削用量的定义、计算及选用

| 磨削用量 | 定义及计算 | 选用原则 |
| --- | --- | --- |
| 砂轮圆周速度 $v_S$ | 砂轮外圆的线速度(m/s) $$v_S = \frac{\pi d_S n_S}{1000 \times 60}$$ | 一般陶瓷结合剂砂轮 $v_S \leqslant 35\text{m/s}$ 特殊陶瓷结合剂砂轮 $v_S \leqslant 50\text{m/s}$ $n_S$ 为砂轮转速(rpm) |
| 工件圆周速度 $v_W$ | 被磨削工件外圆处的线速度(m/s) $$v_W = \frac{\pi d_W n_W}{1000 \times 60}$$ | 一般 $v_W = \left(\frac{1}{80} \sim \frac{1}{160}\right) \times 60 v_S$ 粗磨时取大值,精磨时取小值 $d_W$ 为工件外径(mm),$n_W$ 为工件转速(rpm) |
| 纵向进给量 $f_a$ | 工件每转一圈沿本身轴向的移动量 | 一般取 $f_a = (0.3 \sim 0.6)B$ 粗磨时取大值,精磨时取小值,B 为砂轮宽度 |
| 径向进给量 $f_r$ | 工作台一次往复行程内,砂轮相对工件的径向移动量(又称磨削深度) | 粗磨时 $f_r = (0.01 \sim 0.06)\text{mm}$ 精磨取 $f_r = (0.005 \sim 0.02)\text{mm}$ |

### 3.5.3　平面与外圆磨削

#### 1. 平面磨削

平面磨床的主轴分为立轴和卧轴两种,工作台也分为矩形和圆形两种,分别称为卧轴矩台和立轴圆台平面磨床。与其他磨床不同的是工作台上装有电磁吸盘,用于直接吸住工件。

平面的磨削方式有周磨法和端磨法。磨削时主运动为砂轮的高速旋转,进给运动为工件随工作台直线往复运动或圆周运动以及磨头做间隙运动。周磨法的磨削用量如下。①磨钢件的砂轮外圆的线速度(m/s):粗磨 22~25,精磨 25~30;②纵向进给量一般选用 1~12m/min;③径向进给量(垂直进给量)(mm):粗磨 0.015~0.05,精磨 0.005~0.01。

平面磨削尺寸精度为 IT6~IT5,两平面平行度误差小于 100 ∶ 0.01,表面粗糙度 $R_a$ 为 0.8~0.2$\mu$m,精密磨削时 $R_a$ 为 0.1~0.01$\mu$m。

平面磨削作为模具零件的终加工工序,一般安排在精铣、精刨和热处理之后。磨削模板时,直接用电磁吸盘装夹工件;对于小尺寸零件,常用精密平口钳、导磁角铁或正弦夹具等装夹工件。利用正弦夹具不但可以磨削平面,也可以磨削斜面,如图 3-22 所示。除了模板面的磨削外,模具中与分型面配合精度有关的零件都需要磨削,以满足平面度和平行度的要求。

磨削平行平面时,两平面互相作为加工基准,交替进行粗磨、精磨和 1~2 次光整。磨削垂直平面时,先磨削与之垂直的两个平行平面,然后以此为基准进行磨削。对于小型零件,可以用精密平口钳装夹,将平口钳翻转 90°的方法磨出相邻两垂直面,然后以磨好的垂直面为基面,用磨削平行面的方法磨出其余两相邻垂直面,如图 3-23 所示。

对于较大的平面(如模板)周边垂直面的磨削,首先可用平口钳夹持工件,磨平一个侧面,然后将工件翻转 90°夹持,利用百分表找正已磨好的侧面,使其与工作台垂直,夹紧后磨出相邻的平面,从而得到互相垂直的平面。

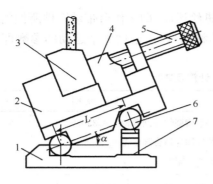

1—底座；2、4—钳口；3—工件；

5—夹紧螺栓；6—正弦圆柱；7—块规组

图 3-22　正弦精密平口钳

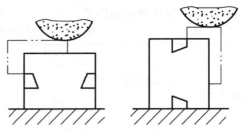

图 3-23　垂直面磨削

#### 2. 外圆磨削

外圆磨削是指磨削工件的外圆柱面、外圆锥面等，外圆磨削可以在外圆磨床上进行，也可以在无心磨床上进行。某些外圆磨床还具备有磨削内圆的内圆磨头附件，用于磨削内圆柱面和内圆锥面。凡带有内圆磨头的外圆磨床，习惯上称为万能外圆磨床。

外圆磨削方法分为纵向磨削法、横向磨削法、混合磨削法和深磨法等。外圆磨削的磨削用量如下。

① 砂轮外圆的线速度(m/s)：陶瓷结合剂砂轮小于等于 35，树脂结合剂砂轮大于 50；

② 工件线速度(m/min)：一般选用 13～20，淬硬钢大于等于 26；

③ 径向进给量(磨削深度)(mm)：粗磨 0.02～0.05，精磨 0.005～0.015；

④ 纵向进给量(mm)：粗磨时取 0.5～0.8 倍砂轮宽度，精磨时取 0.2～0.3 倍砂轮宽度。

外圆磨削的精度可达 IT6～IT5，表面粗糙度 $R_a$ 一般为 0.8～0.2$\mu$m，精磨时 $R_a$ 可达 0.16～0.01$\mu$m。

在外圆磨床上磨削外圆时，工件主要有以下几种装夹方法：前后顶尖装夹，但与车削不同的是两顶尖均为死顶尖，具有装夹方便、加工精度高的特点，适用于装夹长径比大的工件，如导柱、复位杆等；用三爪或四爪卡盘装夹，适用于装夹长径比小的工件，如凸模、顶块、型芯等；用卡盘和顶尖装夹较长的工件；用反顶尖装夹，磨削细长小尺寸轴类工件，如小凸模、小型芯等；配用芯棒装夹，磨削有内外圆同轴度要求的套类工件，如凹模嵌件、导套等。

外圆磨削主要用于圆柱形型腔型芯、凸凹模、导柱导套等具有一定硬度和粗糙度要求的零件精加工。

### 3.5.4　成形磨削

#### 1. 成形磨削方法

在模具制造中，利用成形磨削的方法加工凸模、凹模拼块、凸凹模及电火花加工用的电极是目前最常用的一种工艺方法。这是因为成形磨削后的零件精度高，质量好，并且加工速度快，减少了热处理后的变形现象。

形状复杂的模具零件，一般都是由若干平面、斜面和圆弧面组成的。成形磨削的原理，即是把零件的轮廓分解成若干直线和圆弧，然后按照一定的顺序逐段磨削，使其连接圆滑、光整，并达到图样的技术要求。

成形磨削的方法主要有两种，如图 3-24 所示。

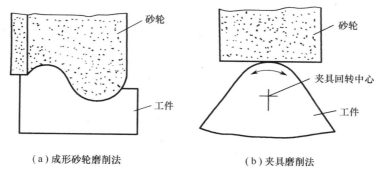

（a）成形砂轮磨削法　　　　　（b）夹具磨削法

图 3-24　成形磨削的两种方法

（1）成形砂轮磨削法

利用修整砂轮夹具把砂轮修整成与工件形面完全吻合的反形面，然后再用此砂轮对工件进行磨削，使其获得所需的形状，如图 3-24（a）所示。这种方法适用于磨削小圆弧、小尖角和槽等无法用分段磨削的工件。利用成形砂轮对工件进行磨削是一种简便有效的方法，可使磨削生产率高，但砂轮消耗较大。

修整砂轮的专用夹具主要有砂轮角度修整夹具、砂轮圆弧修整夹具、砂轮万能修整夹具和靠模修整夹具等几种。

（2）夹具磨削法

将工件按一定的条件装夹在专用夹具上，在加工过程中，通过夹具的调节使工件固定或不断改变位置，从而使工件获得所需的形状，如图 3-24（b）所示。利用夹具法对工件进行磨削，其加工精度很高，甚至可以使零件具有互换性。

成形磨削的专用夹具主要有磨平面及斜面夹具、分度磨削夹具、万能夹具及磨大圆弧夹具等几种。

上述两种磨削方法，虽然各有特点，但在加工模具零件时，为了保证零件质量，提高生产率，降低成本，往往需要两者联合使用。并且，将专用夹具与成形砂轮配合使用时，常可磨削出形状复杂的工件。

成形磨削所使用的设备，可以是特殊专用磨床，如成形磨床，也可以是一般平面磨床。由于设备条件的限制，利用一般平面磨床并借助专用夹具及成形砂轮进行成形磨削的方法，在模具零件的制造过程中占有很重要的地位。

在成形磨削的专用机床中，除成形磨床外，生产中还常用一些数控成形磨床、光学曲线磨床、工具曲线磨床、缩放尺曲线磨床等精密磨削专用设备。

**2. 成形磨削常用机床**

（1）平面磨床

在平面磨床上借助于成形磨削专用夹具进行成形磨削时，模具零件及夹具安装在模具的磁性吸盘上，夹具的基面或轴心线必须校正与磨床纵向导轨平行。当磨削平面时，工件及夹具随工作台做纵向直线运动，磨头在高速旋转的同时做间歇的横向直线运动，从而磨出光洁的平面；当磨削圆弧时，工件及夹具相对于磨头只做纵向运动，在磨头高速旋转的同时，通过夹具的旋转部件带动工件的转动，从而磨出光滑的圆弧；当采用成形砂轮磨削工件成形表面时，首先调整好工件及夹具相对于磨头的轴向位置，然后，通过工件及夹具随工作台的纵向直线运动、磨头的高速旋转，并用切入法对工件进行成形切削。在上述的磨削中，砂轮沿立柱上的导轨做垂直进给。

(2) 成形磨床

如图 3-25 所示为模具专用成形磨床。砂轮 6 由装在磨头架 4 上的电动机 5 带动做高速旋转运动，磨头架装在精密的纵向导轨 3 上，通过液压传动实现纵向往复运动，此运动用手把 12 操纵；转动手轮 1 可使磨头架沿垂直导轨 2 上下运动，即砂轮做垂直进给运动，此运动除手动外，还可机动，以使砂轮迅速接近工件或快速退出；夹具工作台具有纵向和横向滑板，滑板上固定着万能夹具 8，它可在床身 13 右端精密导轨上做调整运动，只有机动；转动手轮 10 可使万能夹具做横向移动。床身中间是测量平台 7，它是放置测量工具，以及校正工件位置、测量工件尺寸用的；有时，修整成形砂轮用的夹具也放在此测量平台上。

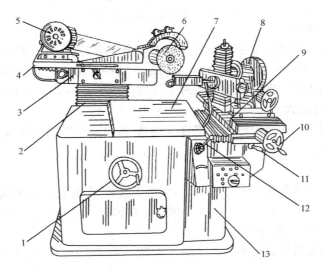

1—手轮；2—垂直导轨；3—纵向导轨；4—磨头架；5—电动机；6—砂轮；7—测量平台；
8—万能夹具；9—夹具工作台；10—手轮；11—手把；12—手把；13—床身

图 3-25　成形磨床

在成形磨床上进行成形磨削时，工件装在万能夹具上，夹具可以调节在不同的位置。通过夹具的使用能磨削出平面、斜面和圆弧面。必要时配合成形砂轮，则可加工出更为复杂的曲面。

(3) 光学曲线磨床

光学曲线磨床是由光学投影仪与曲线磨床相结合的磨床。在这种机床上可以磨削平面、圆弧面和非圆弧形的复杂曲面，特别适合单件或小批生产中复杂曲面零件的磨削。机床所使用的是薄片砂轮，其厚度为 0.5～8mm，直径一般在 125mm 以内。

光学曲线磨床的结构如图 3-26 所示。被磨削工件固定在坐标工作台 2 上，可以做纵向和横向运动，而且可以在一定范围内做升降运动。砂轮做旋转运动的同时，在砂轮架 3 的垂直导轨上做自动的直线往复运动，实现对工件表面的磨削，其行程可在 0～50mm 范围内调整。砂轮架 3 还可做纵向和横向的送进（手动）及两个调整运动，一个是沿垂直轴转动，以利于磨削曲线轮廓的侧边，如图 3-27 所示；另一个是沿弧形导轨绕水平轴转动，用于磨削曲线轮廓的轨迹。

光学曲线磨床的磨削方法为仿形磨削法。其操作过程是：把所需磨削零件的曲面放大 50 倍绘制在描图样上，然后将描图样夹在光学曲线磨床的投影屏幕 4 上，再将工件装夹在坐标工

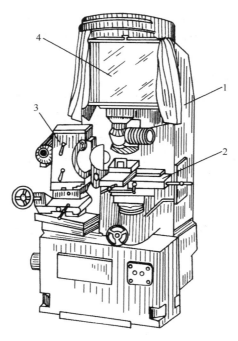

1—床身；2—坐标工作台；3—砂轮架；4—投影屏幕

图 3-26　光学曲线磨床

作台 2 上，并用手柄调整工件的加工位置。在透射光的照射下，使被加工工件及砂轮通过放大镜放大 50 倍后，投影到屏幕上。为了在屏幕上得到浓黑的工件轮廓的影像，可通过转动手柄调节工作台升降运动来实现。由于工件在磨削前留有加工余量，故其外形超出屏幕上放大图样的曲线。磨削时只需根据屏幕上放大图样的曲线，相应移动砂轮架 3，使砂轮磨削掉由工件投影到屏幕上的影像覆盖放大图样上曲线的多余部分，尽可能使工件实际轮廓的影像与其放大图相重合，一直磨到两者完全吻合为止，这样就磨削出较理想的曲线来，如图 3-28 所示。

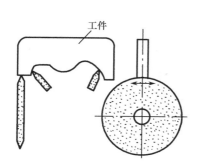

图 3-27　磨削曲线轮廓的侧边

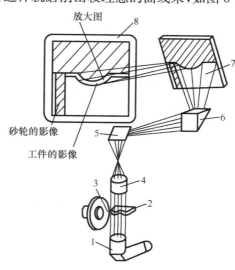

1—光源；2—工件；3—砂轮；4—物镜；
5、6—三棱镜；7—平面镜；8—投影屏幕

图 3-28　光学曲线磨床工作原理

光学曲线磨削表面粗糙度可达 $R_a 0.4 \mu m$ 以下,加工误差在 $3 \sim 5 \mu m$ 以内。采用陶瓷砂轮磨削,最小圆角半径可达 $3 \mu m$,一般砂轮也可磨出 $0.1mm$ 的圆角半径。

(4) 数控成形磨床

数控成形磨床以平面磨床为基础,工作台做纵向往复直线运动和横向进给运动,砂轮除了旋转运动外,还可做垂直进给运动。数控成形磨床的特点是对砂轮的垂直进给和工作台的横向进给运动采用了数控。在机床工作台纵向往复直线运动的同时,由计算机数控(CNC)控制砂轮架的垂直进给和工作台的横向进给,使砂轮沿着工件的轮廓轨迹自动对工件进行磨削,为适应凹形曲线的磨削,砂轮应修整成圆形和 V 形,如图 3-29 所示。

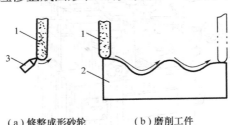

(a) 修整成形砂轮　　　　(b) 磨削工件

1—砂轮;2—工件;3—金刚刀
图 3-29　数控成形磨削

在数控成形磨床上也可使用成形砂轮磨削法,即用计算机来控制修整砂轮,然后用此成形砂轮磨削工件。磨削时,工件做纵向往复直线运动,砂轮高速旋转并垂直进给,如图 3-30 所示。

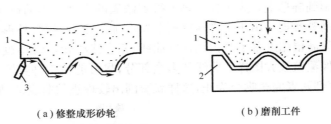

(a) 修整成形砂轮　　　　(b) 磨削工件

1—砂轮;2—工件;3—金刚刀
图 3-30　成形砂轮磨削

除以上两种方法外,还可以把这两种方法结合在一起,用来磨削具有多个相同形面的工件,如图 3-31 所示为复合磨削。

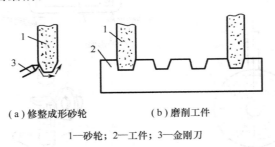

(a) 修整成形砂轮　　　　(b) 磨削工件

1—砂轮;2—工件;3—金刚刀
图 3-31　复合磨削

用数控成形磨床磨削模具零件,可使模具制造朝着高精度、高质量、高效率、低成本和自动化的方向发展,并便于采用 CAD/CAM 技术设计与制造模具。

### 3.5.5 坐标磨削

**1. 坐标磨床**

坐标磨削和坐标镗削加工一样,是按准确的坐标位置来保证加工尺寸的精度,只是将镗刀改为砂轮。它是一种高精度的加工方法,主要用于淬火工件、高硬度工件的加工,对消除工件热处理变形、提高加工精度尤为重要。坐标磨削的适用范围较大,坐标磨床加工的孔径范围在 $\phi 0.4 \sim 90\text{mm}$,表面粗糙度 $R_a 0.32 \sim 0.08 \mu\text{m}$,坐标误差小于 $3\mu\text{m}$。

坐标磨削能完成 3 种基本运动,即砂轮的高速自转运动、行星(公转)运动(砂轮回转轴线的圆周运动)及砂轮沿机床主轴方向的直线往复运动,如图 3-32 所示。

坐标磨削主要用于模具精加工,如精密间距的孔、精密型孔、轮廓等。在坐标磨床上,可以完成内孔磨削、外圆磨削、锥孔磨削(需要专门机构)、直线磨削等。

坐标磨床有手动和数控连续轨迹两种。前者用手动点定位,无论是加工内轮廓还是外轮廓,都要把工作台移动或转动到正确的坐标位置,然后由主轴带动高速磨头旋转,进行磨削;数控连续轨迹坐标磨削是由计算机控制坐标磨床,使工作台根据数控系统的加工指令进行移动或转动。

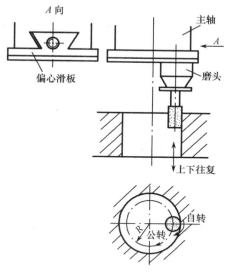

图 3-32  坐标磨削的基本运动

**2. 数控坐标磨床**

数控坐标磨床由于设置了 CNC 系统和交直流伺服驱动多轴,可磨削连续轨迹的模具复杂形面,所以也称为连续轨迹坐标磨床。连续轨迹坐标磨床的特点是可以连续进行高精度的轮廓形状加工。例如凸轮形状的凸模,如果没有专用磨床,很难进行磨削,但在连续轨迹坐标磨床上就可以进行高精度加工。连续轨迹坐标磨床还可以加工曲线组合而成的形槽,可用于连续模、精冲模、塑料模等高精度零件的加工。其主要特点归纳如下:

● 在不受操作者熟练程度影响的条件下,可进行最高精度的轮廓形状加工,并保证凸、凹模的间隙均匀;

● 可连续不断地进行加工,缩短加工时间;

● 可进行无人化运行。

(1)数控坐标磨削的方式

圆周面磨削,即利用砂轮的圆周面进行磨削,是最常见的磨削方式。

端面磨削,即利用砂轮的端面进行磨削。由于热量及切屑不易排除,为了改善磨削条件,需将砂轮的底端面修成凹陷状。

(2)数控坐标磨削在模具加工中的主要应用

成形孔(包括沉孔)磨削:砂轮修成所需形状,加工时工件固定不动,主轴高速旋转着做行星运动并逐渐向下走刀,这种运动方式也叫径向连续切入,径向是指砂轮沿着工件的孔的半径方向做少量的进给,连续切入是指砂轮不断地向下走刀,如图 3-33 和图 3-34 所示。

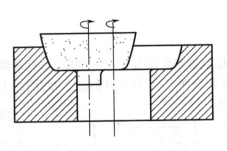

图 3-33　成形孔磨削

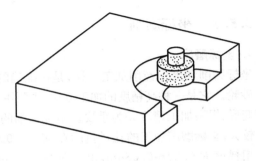

图 3-34　沉孔磨削

内腔底面磨削:采用碗形砂轮,主轴高速旋转着在水平面内走刀,在轴向做少量的进给,如图 3-35 所示。

凹球面磨削:砂轮修成成形所需形状,主轴与凹球面的轴线成 45°交叉,砂轮的底棱边与凹球面的最低点相切,如图 3-36 所示。

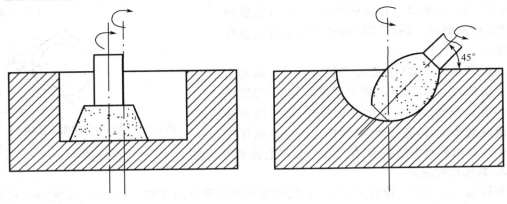

图 3-35　内腔底面磨削　　　　　　　　图 3-36　凹球面磨削

二维轮廓磨削:采用圆柱或成形砂轮,工件在 $X$, $Y$ 平面做插补运动,主轴逐渐向下走刀,如图 3-37 所示。

三维轮廓磨削:采用圆柱或成形砂轮,砂轮运动方式与数控铣削相同,如图 3-38 所示。

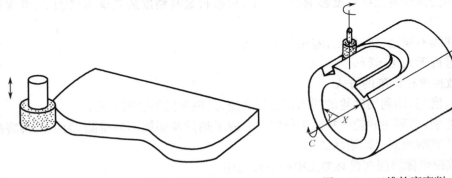

图 3-37　二维轮廓磨削　　　　　　　　图 3-38　三维轮廓磨削

(3) 数控坐标磨削的工艺特点

基准选择:必须是用校表方法能精确找到的位置。

磨削余量:单边余量 0.05～0.3mm。视前道工序可保证的形位公差和热处理情况而定。

进给量：径向连续切入时为 0.1～1mm/min；轮廓磨削时，始磨为 0.03～0.1mm/次，终磨为 0.004～0.01mm/次。视工件材料和砂轮性能而定。

进给速度：10～30mm/min。视工件材料和砂轮性能而定。

## 复习思考题

3-1　刀具材料应具备哪些性能？

3-2　简述铣削用量选择的原则。

3-3　孔系的加工方法有几种？试举例说明各种加工方法的特点及应用范围。

3-4　深孔加工有哪些特殊性？

3-5　简述坐标镗床镗孔的工艺过程。

3-6　磨削加工有哪些特点？

3-7　成形磨削的方法有哪几种？

# 第4章 模具的数控加工与编程

## 4.1 数控机床概述

### 4.1.1 数控机床的基本概念

数字控制(Numerical Control,NC)机床,简称数控机床,它通过数字化信号来控制机床运动及其加工过程。具体地说,数控机床通过编制程序,即通过数字(代码)指令来自动完成机床各个坐标的协调运动,正确地控制机床运动部件的位移量,并且按加工的动作顺序,自动控制机床各个部件的动作。当加工对象变更时,只需重新编写数控程序就能够把零件加工出来,因此数控机床是一种适用范围广、效能高的柔性自动化加工机床,特别适合于复杂、精密、多变的零件加工。

机床数控技术是 20 世纪 70 年代发展起来的一种机床自动控制技术。数控机床是典型的机电一体化产品,是高新技术的重要组成部分。采用数控机床,提高机械工业的自动化生产水平和产品质量,是当今机械制造业产品改造、技术更新的必由之路。现代数控机床是柔性制造单元(FMC)、柔性制造系统(FMS),乃至计算机集成制造系统(CIMS)中不可缺少的基础设备。数控机床加工具有如下特点。

① 加工过程柔性好,适宜多品种、单件小批量加工和产品开发试制,对不同的复杂工件只需要重新编制加工程序,对机床的调整很少,加工适应性强。

② 加工自动化程度高,减轻工人的劳动强度。

③ 加工零件的一致性好,质量稳定,加工精度高。机床的制造精度高、刚性好,加工时工序集中,一次装夹,不需要钳工划线。数控机床的定位精度和重复定位精度高,依照数控机床的不同档次,一般定位精度可达±0.005mm,重复定位精度可达±0.002mm。

④ 可实现多坐标联动,加工其他设备难以加工的、由数学模型描述的复杂曲线或曲面轮廓。

⑤ 应用计算机编制加工程序,便于实现模具的计算机辅助制造(CAM)。

⑥ 设备昂贵,投资大,对工人技术水平要求高。

正是由于这些特点,数控机床近年来广泛用于模具加工。目前应用较广的数控机床有数控电火花成形机床、数控线切割机床、数控车床、数控铣床及加工中心。此外,数控雕刻机床、数控磨床、数控钻床、数控镗床、数控火焰切割机床等也有一定程度的应用。

### 4.1.2 数控机床的组成

数控机床主要由数控系统、伺服系统、辅助控制单元和机床裸机组成。

#### 1. 数控系统

数控系统是数控机床上最重要的部分,其作用是根据用户所输入的加工程序在系统内进行必要的数字运算和逻辑运算,把用户程序转换成控制信号,实现对机床运动的控制。数控系统由硬件和软件结合而成,目前普遍采用微型计算机作为硬件,所以现在所说的数控系统一般是指计算机数控(CNC)系统,用户程序可以通过信息载体如穿孔纸带、磁带、磁盘等输入数控系统,也可用数控装置操作面板上的键盘直接输入加工程序,现代先进的信息传输则是采用计算机联机通信的方式传送加工程序,即所谓的 DNC(Direct Numerical Control)。

现代的数控系统一般都具有插补功能和刀具补偿功能。插补与刀补计算不需要编程人员来完成,它们都是由数控系统根据编程所选定的模式自动进行的。

数控机床通过直线与圆弧插补,可以实现对刀具运动轨迹的连续轮廓控制,加工出由直线和圆弧几何要素构成的轮廓工件。插补是指数控系统利用某些数学方法,在已知的几何元素的起点和终点间进行数据点的密化,以确定该几何元素的中间点,从而形成预定的轨迹。刀具与工件相互运动时,各联动轴运动的顺序、方向和速度等的协调,由数控系统上的插补器来完成。现代数控系统多采用软件插补器(即软件程序),硬件插补器已逐渐淘汰,只在特殊场合或作为软硬件结合插补时的第二级插补使用。插补器按照数学模型有一次曲线(直线)、二次曲线(圆或抛物线等)和高次曲线之分,大部分数控机床的数控系统都有直线插补器和圆弧插补器。

刀具补偿包括刀具半径补偿和刀具长度补偿。数控系统的刀具补偿功能使编程人员可以直接根据工件的实际轮廓形状和尺寸进行编程,加工时 CNC 系统会根据所存储的刀具半径值和刀具长度值来自动计算刀具中心的运动轨迹,并控制刀具中心的运动,完成对零件的加工。当刀具半径或刀具长度发生变化时,不需要修改零件程序,只需修改刀具的半径值或长度值即可。

## 2. 伺服系统

伺服系统是联系数控系统与机床工作机构的纽带,它在某种程度上决定了机床的运动特性和精度,主要由伺服电动机、驱动控制系统、位置检测和反馈装置等组成。数控系统发来的控制信号通过伺服系统对机床工作机构的位移、速度等进行控制,所以机床工作机构的运动也称为伺服运动。

伺服系统可分为开环、半闭环和全闭环(简称闭环)伺服系统。

(1)开环伺服系统

开环伺服系统通常不带有位置检测元件,伺服驱动元件多为步进电动机或电液脉冲马达。如图 4-1 所示为其原理图。数控装置发出的指令脉冲通过环形分配器和驱动电路,使步进电动机转过相应的步距角,再经过传动系统,带动工作台或刀架移动。移动部件的速度与位移是由输入脉冲的频率和脉冲数决定的。它的定位精度不高,一般可达到±0.02mm,主要取决于伺服驱动元件和机床传动机构的精度、刚度和动态特性。

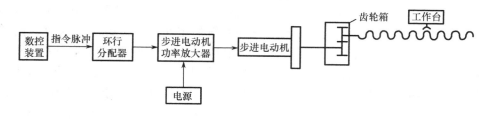

图 4-1 开环伺服系统

这种开环伺服系统具有结构简单、系统稳定、调试方便、价格低廉等优点。但由于系统对移动部件的误差没有补偿和校正,所以精度较低,一般适用于经济型数控机床和旧机床的数控化改造。

（2）闭环伺服系统

闭环伺服系统在机床的运动部件上安装了位移测量装置，如图4-2所示。当数控装置发出位移指令脉冲，经过伺服电动机、机械传动装置驱动移动部件移动时，安装在移动部件上的直线位置检测装置，把检测所得位移量反馈到输入端，与输入信号进行比较，控制伺服电动机驱动移动部件向减少差值的方向移动。直到差值为零时，移动部件才停止移动。此时移动部件的实际位移量与指令的位移量相等。

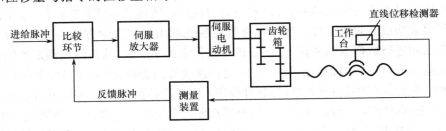

图 4-2　闭环伺服系统

由此可以看出，系统的精度主要取决于位移检测装置的精度。从理论上讲，它可完全消除由于传动部件制造装配中存在的误差给工件带来的影响，所以这种控制系统可以得到很高的加工精度。但闭环系统的设计与调整都有较大的难度，直线位移检测元件的价格也比较昂贵，因此主要用于一些精度要求较高的镗铣床、超精车床和加工中心等。

（3）半闭环伺服系统

半闭环伺服系统（见图4-3）与闭环系统的区别是后者的检测元件是直线位移检测器，安装在移动部件上，而前者的检测元件是角位移检测器，直接安装在电动机轴上，个别也安装在丝杠上，但二者的工作原理基本是一样的。

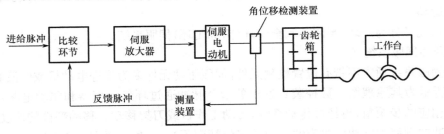

图 4-3　半闭环伺服系统

因为半闭环伺服系统的反馈信号取自电动机轴的回转，所以进给系统中的机械传动装置处于反馈回路之外，其刚度、间隙等非线性因素对系统稳定性没有影响，调试方便。同样的理由，机床的定位精度主要取决于机械传动装置的精度，但现在的数控装置均有丝杠螺距误差补偿和间隙补偿功能，不需要将传动装置各种零件精度提得很高，通过补偿就能将精度提高到绝大多数用户都能接受的程度。再加上直线位移检测装置比角位移检测装置贵很多，因此除了对定位精度要求特别高或行程特别长，不能采用滚珠丝杠的大型机床外，绝大多数数控机床均可采用半闭环伺服系统。

3. 辅助控制单元

辅助控制单元通常是与数控系统集成为一体的。它所控制的运动属于开关性质，如主轴的启停、换向，刀具的更换，工件的夹紧、松开，液压、冷却、润滑系统的开关等。

以往曾采用由继电器、接触器、按钮、开关等机电式控制器连接而成的继电器逻辑电路,即 RLC(Relay Logic Circuit),由于其灵活性差且难以实现复杂的控制功能而逐渐被淘汰。现在则普遍采用由 CPU、存储器、输入输出接口、通信接口、工作电源等控制硬件和相应的控制软件所组成的可编程控制器,即 PC(Programmable Controller),适用于控制对象动作复杂、控制逻辑需要灵活变更的场合。

### 4. 机床裸机

裸机部分与普通机床的构成基本相同,但是根据数控机床的特点做了一些特殊的设计以提高机床的加工精度。例如提高床身、立柱、刀架等支撑件的刚度与抗振性,采用滚珠丝杠、滚动导轨及各种消除间隙机构来提高运动部件的灵敏度,通过减少机床内部热源、设计合理的机床结构和布局来减少机床的热变形等。

# 4.2 数控机床编程基础

## 4.2.1 数控机床的坐标系统

### 1. 控制轴数与联动轴数

（1）控制轴数

控制轴数是指在数控机床所能实现的运动中,除了主轴旋转运动以外的其他所有运动的数目。例如,如图 4-4 所示,数控机床的工作台可以做 $X$,$Y$ 轴两个方向上的直线运动,主轴箱可以沿 $Z$ 轴做直线运动,并且主轴可以实现绕 $Y$ 轴的摆动 $B$,工作台可以实现绕 $Z$ 轴的转动 $C$,所以这台数控机床能够实现 5 种运动,有 $X$,$Y$,$Z$,$B$,$C$ 共 5 个控制轴。控制轴数有时也称坐标数,因此,有 3 坐标数控机床、4 坐标数控机床等称谓,本例所示为 5 坐标数控机床。数控机床上的每一种运动都有自己的伺服驱动单元,机床上的运动越多,则控制轴数越多,机床的功能也就越强,同时,机床的复杂程度和技术含量也就越高。

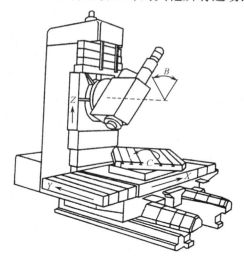

图 4-4 多轴数控机床

（2）联动轴数

联动轴数是指机床能够同时控制的轴数。在许多情况下,需要对机床的多个运动同时进行协调控制,才能达到加工要求。例如,加工叶轮的扭转叶片表面就需要 5 个控制轴联动才能完成。联动轴数越多,机床控制和编程的难度就越大。

### 2. 坐标轴及其运动方向

ISO(国际标准化组织)规定,数控机床的坐标系采用笛卡儿直角坐标系,右手定则。如图 4-5 所示,大拇指的方向为 $X$ 轴的正方向,食指方向为 $Y$ 轴的正方向,中指方向为 $Z$ 轴的正方向。旋转运动 $A$,$B$,$C$ 分别为绕 $X$,$Y$,$Z$ 轴旋转的运动。

统一规定与机床主轴重合或平行的刀具运动坐标为 $Z$ 轴,远离工件的刀具运动方向为 $Z$ 轴正方向($+Z$)。$X$ 轴是水平的(平行于零件装夹面),是刀具或零件定位平面内运动的主要

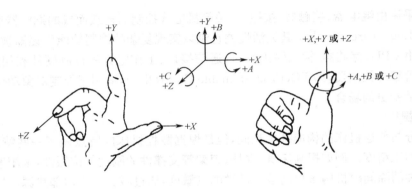

图 4-5  右手直角坐标系

坐标。在工件回转的车床、磨床上，$X$ 轴沿工件的径向，且平行于横向滑座或导轨，刀架上刀具或砂轮离开工件旋转中心的方向为 $X$ 轴正方向（$+X$）。在刀具回转的铣床上，$X$ 轴正方向是当操作者面向工作台时，从主要刀具轴看向零件时的右方；对于桥式龙门机床，当由主轴向左侧立柱看时，$X$ 轴正方向指向主轴的右方。

根据 $X$，$Z$ 轴及其方向，利用右手定则即可确定 $Y$ 轴的方向；根据 $X$，$Y$，$Z$ 轴及其方向，利用右手螺旋定则即可确定轴线平行于 $X$，$Y$，$Z$ 轴的旋转运动 $A$，$B$，$C$ 的方向。

### 3. 坐标原点

（1）机床原点、机床参考点

机床原点又称为机械原点，就是机床坐标系的原点，它是机床上的一个固定点，其位置由机床制造厂确定。机床原点是工件坐标系、编程坐标系、机床参考点的基准点。

机床参考点是机床坐标系中一个固定不变的位置点，是用于对机床工作台、滑板与刀具之间相对运动的测量系统进行标定和控制的点。机床参考点相对于机床原点的坐标是一个已知定值。数控机床通电后，在准备进行加工之前，要进行返回参考点的操作，使刀具或工作台退回到机床参考点，此时，机床显示器上将显示出机床参考点在机床坐标系中的坐标值，就相当于在数控系统内部建立了一个以机床原点为坐标原点的机床坐标系。

（2）工件原点

数控编程时，首先应该确定工件坐标系和工件原点。编程人员以工件图样上的某一点为原点建立工件坐标系，编程尺寸就按工件坐标系中的尺寸来确定。工件随夹具安装在机床上后，这时测得的工件原点与机床原点间的距离称为工件原点偏置，操作者要把测得的工件原点偏置量存储到数控系统中。加工时，工件原点偏置量自动加到工件坐标系上，因此，编程人员可以不考虑工件在机床上的安装位置，直接按图样尺寸进行编程。

（3）编程原点

编程原点是程序中人为采用的原点。一般取工件坐标系原点为编程原点。对于形状复杂的零件，有时需要编制几个程序或子程序，为了编程方便，编程原点就不一定设在工件原点上了。如图 4-6 所示，$M$ 为机床原点，$W$ 为工件原点，$P$ 为编程原点。

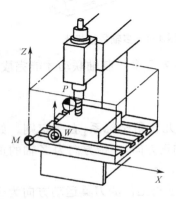

图 4-6  数控机床的坐标原点

### 4. 刀位点、对刀点和换刀点

数控机床中使用的刀具类型很多，为了更准确地描述刀具运动,需要引入刀位点的概念。对于立铣刀来说,刀位点是刀具的轴线与刀具底平面的交点;对球头铣刀来说是球头部分的球心;对车刀来说是刀尖;对钻头来说是钻尖。刀位点是描述刀具运动的基准。

对刀点是数控加工时刀具(刀位点)运动的起点。对刀点确定后,刀具相对编程原点的位置就确定了。为了提高工件的加工精度,对刀点应尽量选在工件的设计基准或工艺基准上。同时,对刀点找正的准确度直接影响工件的加工精度。

换刀点是在为数控车床、数控钻镗床、加工中心等多刀加工的机床编制程序时设定的,用以实现在加工中途换刀。换刀点的位置应根据工序内容和数控机床的要求而定,为了防止换刀时刀具碰伤工件或夹具等,换刀点常常设在被加工工件的外面,并要远离工件。

### 4.2.2　数控程序的格式与编制

数控编程是将零件加工的工艺顺序、运动轨迹与方向、工艺参数(主轴转速、进给量等)及辅助动作(换刀、变速、冷却液开停等),按动作顺序,用数控机床的数控系统所规定的代码和程序格式,编制成加工程序单,再将程序单中的内容通过控制介质输送给数控装置,从而控制机床自动加工。

#### 1. 数控程序结构

一个完整的数控加工程序由程序号和若干个程序段组成。每个程序段包含若干个"字"。"字"是控制系统的具体指令,由英文字母与数字组成。如图 4-7 所示的半圆形零件,要在某数控机床上铣削加工,编制的加工程序如下:

```
%0103;
N10  G90  G92  X0  Y0  Z0  S500  M03;
N20  G01  X-60.0  Y10.0  F200  D01;
N30  G02  X40.0  Y10.0  R50.0;
N40  G01  G40  X0  Y0;
N50  M02;
```

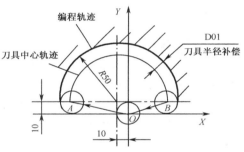

图 4-7　铣削半圆零件

(1) 程序号

每个程序都需要编号,该加工程序的程序号指令码(即程序号地址符)是%,程序号 0103。通过程序编号可将该程序从数控系统的存储器(RAM)中调出,以供使用。

(2) 程序段

程序段的格式可分为地址格式、分隔顺序格式、固定程序段格式和可变程序段格式等。最常用的是可变程序段格式。

所谓可变程序段格式,就是程序段的长短,随字数和字长(位数)都是可变的。程序段一般是由程序段号(字)、地址、数字、符号等组成。上例中的加工程序有 5 个程序段。一个程序段一般完成一个动作。每个程序段都包括程序的开始、程序内容和结束部分。

程序段都以序号"N××"开头,用";"结束。M02 则作为整个程序结束的字符。

程序内容部分的顺序为:准备功能指令(G 指令);移动坐标指令(X,Y,Z 指令);其他坐标指令(如规定圆弧半径 R 等尺寸);工艺性指令(其中 F 指令为进给速度,S 指令为主轴转速,T 指令为刀具号);辅助功能指令(M 指令);还可以有其他的附加指令,详见表 4-1 和表 4-2。

表 4-1　表示地址符的英文字母意义

| 功　能 | 地址符字母 | 意　义 | 功　能 | 地址符字母 | 意　义 |
|---|---|---|---|---|---|
| 程序号 | O, P | 程序编号,子程序号的指定 | 刀具功能 | T | 刀具编号指令 |
| 程序段号 | N | 程序段顺序编号 | 辅助功能 | M | 辅助功能指令 |
| 准备功能 | G | 指令动作的方式 | | B | 工作台回转(分度)指令 |
| 坐标字 | X, Y, Z | 坐标轴的移动指令 | 补偿功能 | H, D | 补偿号指令 |
| | A, B, C;U, V, W | 附加轴的移动指令 | 暂停功能 | P, X | 暂停时间指定 |
| | I, J, K | 圆弧圆心坐标 | 循环次数 | L | 子程序及固定循环的重复次数 |
| 进给速度 | F | 进给速度的指令 | | | |
| 主轴功能 | S | 主轴转速指令(rpm) | 圆弧半径 | R | 实际是一种坐标字 |

表 4-2　程序中所用符号及意义

| 符　号 | 意　义 | 符　号 | 意　义 | 符　号 | 意　义 |
|---|---|---|---|---|---|
| HT 或 TAB | 分隔符 | ) | 控制恢复 | : | 对准功能 |
| LFNL | 程序段结束 | + | 正号 | BS | 返回 |
| % | 程序开始 | — | 负号 | EM | 纸带终了 |
| ( | 控制暂停 | / | 跳过任意程序段 | DEL | 注销 |

　　在一个加工程序中,若有多个程序段完全相同,可将这些重复的程序段单独抽出,按规定格式编成子程序。主程序在执行过程中,如需执行该子程序可随时调用,从而大大简化了编程工作。

　　**2. 常用编程指令**

　　目前几乎所有的数控机床都支持 ISO 标准。不过有些国家特别是日本所制定的 G,M 代码的功能含义与 ISO 标准不完全相同。由于技术的进步,许多先进的数控系统中,有些功能超出了目前通用的标准,再加上 ISO 标准也留有一定范围的指令,允许各数控厂商用于自定义其数控系统的功能,因此,对于某一台具体的数控机床,必须根据机床说明书的规定进行编程。

　　1) G 指令

　　G 指令为准备功能指令,用来规定刀具和工件相对运动的插补方式、机床坐标系、坐标平面、刀具补偿、固定循环等多种设置。G 指令从 G00 到 G99 共有 100 种代码(见表 4-3),其中 G01～G04,G17～G19,G40～G42,G90～G92,G94～G97 在各数控系统中基本相同。

表 4-3　G 指令的定义

| 指　令 | 功能保持到被取消或被同字母的程序指令所代替 | 功能仅在所出现的程序段内有作用 | 功　能 |
|---|---|---|---|
| G00 | a | | 点定位 |
| G01 | a | | 直线插补 |
| G02 | a | | 顺时针方向圆弧插补 |
| G03 | a | | 逆时针方向圆弧插补 |
| G04 | | * | 暂停 |

| 指　令 | 功能保持到被取消或被同字母的程序指令所代替 | 功能仅在所出现的程序段内有作用 | 功　能 |
|---|---|---|---|
| G05 | # | # | 不指定 |
| G06 | a | | 抛物线插补 |
| G07 | # | # | 不指定 |
| G08 | | * | 加速 |
| G09 | | * | 减速 |
| G10～G16 | # | # | 不指定 |
| G17 | c | | XY平面选择 |
| G18 | c | | ZX平面选择 |
| G19 | c | | YZ平面选择 |
| G20～G32 | # | # | 不指定 |
| G33 | a | | 螺纹切削,等螺距 |
| G34 | a | | 螺纹切削,增螺距 |
| G35 | a | | 螺纹切削,减螺距 |
| G36～G39 | # | # | 永不指定 |
| G40 | d | | 刀具补偿/偏置,注销 |
| G41 | d | | 刀具半径补偿——左 |
| G42 | d | | 刀具半径补偿——右 |
| G43 | #(d) | # | 刀具偏置——正 |
| G44 | #(d) | # | 刀具偏置——负 |
| G45 | #(d) | # | 刀具偏置+/+ |
| G46 | #(d) | # | 刀具偏置+/- |
| G47 | #(d) | # | 刀具偏置-/- |
| G48 | #(d) | # | 刀具偏置-/+ |
| G49 | #(d) | # | 刀具偏置0/+ |
| G50 | #(d) | # | 刀具偏置0/- |
| G51 | #(d) | # | 刀具偏置+/0 |
| G52 | #(d) | # | 刀具偏置-/0 |
| G53 | f | | 直线偏移,注销 |
| G54 | f | | 直线偏移 X |
| G55 | f | | 直线偏移 Y |
| G56 | f | | 直线偏移 Z |
| G57 | f | | 直线偏移 X,Y |
| G58 | f | | 直线偏移 X,Z |
| G59 | f | | 直线偏移 Y,Z |
| G60 | h | | 准确定位1(精) |
| G61 | h | | 准确定位2(中) |

| 指　　令 | 功能保持到被取消或被同字母的程序指令所代替 | 功能仅在所出现的程序段内有作用 | 功　　能 |
|---|---|---|---|
| G62 | h | | 快速定位(粗) |
| G63 | | * | 攻丝 |
| G64~G67 | # | # | 不指定 |
| G68 | #(d) | # | 刀具偏置,内角 |
| G69 | #(d) | # | 刀具偏置,外角 |
| G70~G79 | # | # | 不指定 |
| G80 | e | | 固定循环注销 |
| G81~G89 | e | | 固定循环 |
| G90 | j | | 绝对尺寸 |
| G91 | j | | 增量尺寸 |
| G92 | | * | 预置寄存 |
| G93 | k | | 时间倒数,进给率 |
| G94 | k | | 每分钟进给 |
| G95 | k | | 主轴每转进给 |
| G96 | i | | 恒线速度 |
| G97 | i | | 每分钟转数(主轴) |
| G98~G99 | # | # | 不指定 |

注：①#号表示如选作特殊用途，必须在程序格式说明中说明；

②在表中第2栏括号中的字母(d)表示不仅可以被同栏中有括号的字母(d)所代替，而且可以被同栏中没有括号的字母d所代替。

表4-3内第2栏中标有字母的，是表示第1栏所对应的G代码为模态代码（续效代码），字母相同的为一组，同组的代码不能出现在同一个程序段中。模态代码表示这种代码一经在一个程序段中指定，便保持有效直到以后的程序段中出现同组的另一代码为止。

(1) 绝对坐标与增量坐标指令——G90，G91

绝对坐标指令G90和增量坐标指令G91，分别用于指定程序段中的坐标数值是绝对坐标还是增量坐标。

(2) 坐标系设定指令——G92

用绝对坐标编程时，有时需要用指令G92确定工件的绝对坐标原点，这个原点设定值会存储在数控系统的存储器内，作为后续程序绝对坐标的基准。

(3) 平面指令——G17，G18，G19

这种指令用于在直线插补与圆弧插补及刀具补偿时进行平面选择。G17，G18，G19分别表示是在 $XY$，$ZX$，$YZ$ 坐标平面内进行加工。

(4) 快速点定位指令——G00

G00指令使刀具以点位控制方式，用最快速度从当前点移动到指定点。它只是快速移动到位，而实际运动轨迹则根据具体控制系统的设计情况而定，可以是多种多样的。

G00是续效指令。只有后面的指令给定了G01，G02或G03时，G00才无效。另外，指定G00的程序段无须用指令F来指定进给速度。

（5）直线插补指令——G01

直线插补指令 G01，用于指定两个坐标轴（或多个坐标轴）以联动的方式、按程序段规定的合成进给速度 F 来插补加工出任意斜率的直线段。

（6）圆弧插补指令——G02，G03

G02 和 G03 分别用于指定顺时针圆弧加工和逆时针圆弧加工。

（7）暂停（延迟）指令——G04

G04 可使刀具做到短时间的无进给运动，它适用于车削环、槽和锪平面等加工。例如，当用锪钻加工孔时，孔的底面有粗糙度要求，用 G04 指令可使锪钻在锪到孔底时空转几圈。

（8）刀具半径补偿指令——G41，G42，G40

刀具半径补偿又分为左刀补和右刀补，当刀具中心轨迹沿前进方向位于工件轮廓右边时称为右刀补，反之称为左刀补。G41 为左刀补指令，G42 为右刀补指令，G40 为注销刀具半径补偿指令。

（9）刀具长度补偿（偏置）指令——G43，G44，G40

G43 为刀具长度正补偿指令，是在刀具编程终点坐标方向上正向叠加一个刀具长度量。G44 为刀具长度负补偿指令，是在刀具编程终点坐标方向上负向叠加一个刀具长度量。G40 是注销刀具长度补偿的指令。

采用 G43 或 G44 指令后，编程人员即使不知道实际使用的刀具长度，也可以按假定的刀具长度进行编程；加工过程中，如果刀具长度发生变化或更换了新刀具，也不必变更程序，只要把实际长度与假定值之差输入给数控系统的存储器就可以了。

（10）固定循环指令

在 G 功能代码中，常选用 G80～G89 作为固定循环指令。有些数控车床，采用 G33～G35 与 G70～G79 作为固定循环指令。固定循环指令可简化程序，例如车螺纹时，刀具切入、切螺纹、刀具径向（可斜向）退出再快速返回这 4 个固定的连续动作，只需用一条固定循环指令去执行，这样可使程序段数减少 3 条。

2）M 指令

M 指令是辅助功能指令，用来控制机床或系统的开、关，如开、停冷却泵，主轴正、反转，运动部件的夹紧与松开，程序结束等。M 指令从 M00 到 M99 共有 100 种代码（见表 4-4）。

表 4-4　M 指令的定义

| 指　　令 | 功能开始时间 | | 功能保持到被取消或被同字母的程序指令所代替 | 功能仅在所出现的程序段内有作用 | 功　　能 |
| --- | --- | --- | --- | --- | --- |
| | 与程序段指令运动同时开始 | 程序段指令运动完成后开始 | | | |
| M00 | | * | | * | 程序停止 |
| M01 | | * | | * | 计划停止 |
| M02 | | * | | * | 程序结束 |
| M03 | * | | * | | 主轴顺时针方向 |
| M04 | * | | * | | 主轴逆时针方向 |
| M05 | | * | * | | 主轴停止 |
| M06 | # | # | | * | 换刀 |
| M07 | * | | * | | 2 号冷却液开 |

| 指 令 | 功能开始时间 | | 功能保持到被取消或被同字母的程序指令所代替 | 功能仅在所出现的程序段内有作用 | 功 能 |
|---|---|---|---|---|---|
| | 与程序段指令运动同时开始 | 程序段指令运动完成后开始 | | | |
| M08 | * | | * | | 1号冷却液开 |
| M09 | | * | * | | 冷却液关 |
| M10 | # | # | * | | 夹紧 |
| M11 | # | # | * | | 松开 |
| M12 | # | # | # | # | 不指定 |
| M13 | * | | * | | 主轴顺时针方向,冷却液开 |
| M14 | * | | * | | 主轴逆时针方向,冷却液开 |
| M15 | * | | | * | 正运动 |
| M16 | * | | | * | 负运动 |
| M17～M18 | # | # | # | # | 不指定 |
| M19 | | * | * | | 主轴停止 |
| M20～M29 | # | # | # | # | 永不指定 |
| M30 | | * | | * | 纸带结束 |
| M31 | # | # | | * | 互锁旁路 |
| M32～M35 | # | # | # | # | 不指定 |
| M36 | * | | # | | 进给范围1 |
| M37 | * | | # | | 进给范围2 |
| M38 | * | | # | | 主轴速度范围1 |
| M39 | * | | # | | 主轴速度范围2 |
| M40～M45 | # | # | # | # | 需要时作为齿轮换挡 |
| M46～M47 | # | # | # | # | 不指定 |
| M48 | | * | * | | 注销M49 |
| M49 | * | | # | | 进给率修正旁路 |
| M50 | * | | # | | 3号冷却液开 |
| M51 | * | | # | | 4号冷却液开 |
| M52～M54 | # | # | # | # | 不指定 |
| M55 | * | | # | | 刀具直线位移,位置1 |
| M56 | * | | # | | 刀具直线位移,位置2 |
| M57～M59 | # | # | # | # | 不指定 |
| M60 | | * | | * | 更换工件 |
| M61 | * | | # | | 工件直线位移,位置1 |
| M62 | * | | * | | 工件直线位移,位置2 |
| M63～M70 | # | # | # | # | 不指定 |
| M71 | * | | * | | 工件角度位移,位置1 |
| M72 | * | | * | | 工件角度位移,位置2 |
| M73～M89 | # | # | # | # | 不指定 |
| M90～M99 | # | # | # | # | 永不指定 |

（1）程序停止指令——M00

该指令使机床的主轴、进给及冷却液都自动停止,用于加工过程中测量刀具与工件的尺寸、工件调头、手动变速等操作。程序运行停止时,全部现存的模态信息保持不变,手动操作完成后,重按"启动"键,便可继续执行后续的程序。

（2）计划（任选）停止指令——M01

这个指令又叫"任选指令"或"计划暂停"。该指令与 M00 基本相似,但只有在操作面板上的"任选停止"键按下时,M01 才有效,否则机床将忽视该指令程序段,继续执行后续的程序段。该指令常用于工件关键性尺寸的停机抽样检查等情况,当检查完成后,按"启动"键可继续执行以后的程序。

（3）程序结束指令——M02,M30

该指令用在程序的最后一个程序段中,使主轴、进给及冷却液全部停止。M02 的功能比M00 多一项"复位",此时按"启动"键无效,因为已经运行到程序尾。M30 比 M02 多了一个"复位程序指针"的功能,使主轴、进给及冷却液全部停止,并将程序指针指向程序首,以便再加工下一个零件。

（4）与主轴有关的指令——M03,M04,M05

M03 表示主轴正转,M04 表示主轴反转,M05 表示主轴停止。

沿主轴往正 Z 方向看去,若主轴处于顺时针方向旋转则为正转,若主轴处于逆时针方向旋转则为反转。

（5）换刀指令——M06

M06 是手动或自动换刀的指令,它不含刀具选择功能,但兼有使主轴停转和关闭冷却液的功能,常用于加工中心上进行刀库换刀前的准备工作。

（6）与冷却液有关的指令——M07,M08,M09

M07 指令打开 2 号冷却液或切屑收集器,M08 指令打开 1 号冷却液（液状）或切屑收集器,M09 指令关闭冷却液。

（7）运动部件的夹紧与松开指令——M10,M11

M10 为运动部件的夹紧,M11 为运动部件的松开。

（8）主轴定向停止指令——M19

M19 使主轴准确地停在预定的角度位置上,这个指令主要用于点位控制数控机床（如数控坐标镗床）和自动换刀数控机床（如加工中心）。

3）F,S,T 指令

F 指令是续效指令,用来确定进给速度,单位是 mm/min。S 指令也是续效指令,用来确定主轴转速,单位是 rpm。T 指令用于在自动换刀的数控机床中选择所需的刀具,T 后面的数字代表刀具的编号。

**3. 计算机辅助数控编程方法**

数控程序的编制方法有 3 种,手工编程、自动编程和计算机辅助编程。

对于简单的加工内容,机床操作者可以直接在数控机床的 CRT/MDI 面板上手工编写出数控程序,由于坐标计算比较简单,加工程序不长,这时,采用手工编程方便省时。

自动编程是指编程人员用自动编程语言（APT 语言）将零件的几何图形信息及加工过程全部描述出来,即写成所谓的源程序,然后,把这些内容输入到计算机中,由专门的软件转换成可以直接用于数控机床的 NC 加工程序。在机床数控技术的发展早期,由于当时的计算机图形处理能力不强,所以不得不用语言的形式来表达加工的全部内容。这种编程方法直观性差,用起来比较烦琐。

近年来,由于计算机技术发展十分迅速,计算机的图形处理功能有了很大提高,因此,产生了以计算机绘图为基础的计算机辅助编程。编程人员以人机对话的方式,先用 CAD 软件的绘图功能构建出零件的几何图形,再由 CAM 软件的 NC 模块自动生成数控程序(G 代码),从零件图形的绘制,刀具的选择,刀具相对于零件表面的运动方式的定义,加工参数的确定,走刀轨迹的生成,加工过程的动态仿真显示直到后置处理等,整个过程都是在屏幕菜单及命令驱动等图形交互方式下完成的,具有形象、直观和高效等优点。事实上,计算机辅助编程也是某种意义上的自动编程。计算机辅助数控编程的基本步骤如下。

(1) 零件图及加工工艺分析

零件图及加工工艺分析是数控编程的基础,包括合理安排零件的加工顺序,选择零件的装夹位置,选择刀具,确定工艺参数如切削深度、切削速度等。目前,该项工作还不能由计算机承担,仍需人工进行。

确定加工方案的一般原则为:先粗后精,走刀路线最短。当零件的加工质量要求较高时,往往不可能用一道工序来满足要求,而要用几道工序逐步达到所要求的加工质量,为了提高生产效率并保证零件的加工质量,在切削加工时,应先安排粗加工工序,在较短的时间内将精加工前大量的加工余量去掉,并尽量满足精加工的余量均匀性要求。走刀路线指刀具从对刀点(又称起刀点)开始运动起,直至返回该点、结束加工程序所经过的路径。在保证加工质量的前提下,使加工程序具有最短的走刀路线不仅可以节省整个加工过程的执行时间,还能减少刀具消耗与机床进给机构滑动部件的磨损。

(2) 几何造型

在计算机上进行几何造型,是利用 CAD/CAM 集成系统丰富的图形绘制、编辑、修改功能,将零件被加工部位的几何图形准确地绘制出来。零件的图形数据文件是计算下一步走刀路线的依据。

目前,CAD/CAM 集成系统的几何设计模块已经可以十分方便地实现三维(3D)曲面的几何造型。能够用于数控编程的几何模型主要有表面模型和实体模型。基于表面模型的几何造型功能是专为数控编程服务的,针对性强,也容易使用,在数控编程中应用较为广泛。

(3) 刀位轨迹的生成

在刀位轨迹生成菜单中选择所需菜单项,然后,根据提示用光标选择屏幕上的图形目标,指定相应的坐标点,输入所需的各种参数,软件将自动从图形文件中提取零件的图形数据,进行分析判断和必要的数学处理,以形成加工的刀位轨迹数据,同时在屏幕上显示出刀位轨迹图形。

(4) 后置处理

后置处理的目的是根据刀位文件形成数控指令文件。

由于各种机床使用的控制系统不同,所用的数控指令文件的代码及格式也有所不同,但各种数控系统的 G 代码指令的主体,即坐标指令是相同的,不同的只是一些准备指令及指令格式,因此,许多 CAM 软件都采用通用后置处理的方式,即提供给用户一个用于定义数控指令文件所用的代码、程序格式、圆整化方式等内容的对话框菜单,用户只要根据指定机床所要求的 G 代码格式,填写完对话框菜单,便能生成一个关于机床所用数控系统的数据文件。软件在执行后置处理命令时将按照此文件所定义的内容,输出所需要的数控指令文件。

有些软件采用专用后置处理方式,针对不同的数控系统,为其编制了专用的后置处理程序,因此,只需用户选择所用的数控系统,不必再输入数控系统的特性,便能将刀位文件中的刀位数据根据特定的数控机床指令集转换成数控程序。

(5) 程序输出

通过与有标准通信接口的机床控制系统联机,计算机将 CAD/CAM 集成系统自动编程软件所生成的加工程序直接送给机床控制系统。

# 4.3　数控车削

## 4.3.1　数控车床加工概述

### 1. 数控车床简介

用计算机控制车刀的 $X$ 方向和 $Z$ 方向的几何运动,同时控制车床主轴的旋转速度和车刀进给速度的车削加工,称为数控车削。

数控车床的机床主体与普通车床相似,即由床身、主轴箱、溜板、刀架、尾座、进给系统、液压系统、冷却和润滑系统等部分组成。数控车床的数控装置部分包括显示器、控制面板、强电控制系统等。如图 4-8 所示是一台数控车床的外观图。

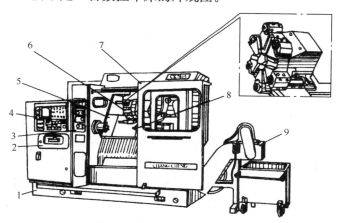

1—床体;2—充电读带机;3—机床操作台;4—数控系统操作面板;
5—倾斜 60°导轨;6—刀盘;7—防护门;8—尾座;9—排屑装置

图 4-8　CK7815 数控车床

数控车床的进给系统与普通车床有本质的区别,它没有进给箱和交换齿轮架,而是直接用伺服电动机通过滚珠丝杠驱动刀架移动,实现纵向和横向的进给运动。数控车床的主传动系统是采用直流电动机通过两级齿轮变速机构驱动主轴转动,切削螺纹时进给运动与主运动是通过主轴箱的主轴脉冲发生器来建立联系的。当主轴旋转时,脉冲发生器便发出脉冲信号给数控系统,使主轴的旋转与刀架的进给保持同步关系,即主轴转一转,刀架纵向移动一个导程。尾座的液压传动系统由三位四通电磁阀来控制油缸活塞运动,从而带动尾座进退。

数控车床一般为两轴控制。对于数控车床、数控磨床等由主轴带动工件旋转的机床,$Z$ 坐标轴与主轴轴线平行,$Z$ 轴的正方向为增大工件与刀具之间距离的方向;$X$ 坐标轴在水平面内与 $Z$ 轴垂直,即平行于车床的横滑座,$X$ 轴的正方向为增大工件与刀具之间距离的方向。加工面的形成是靠工件自身的旋转与刀具在 $X$,$Z$ 方向的移动。

数控车床加工时,零件的粗、精加工通常是在机床上一次安装后自动完成的。数控程序可以通过操作面板以手动方式输入,也可以利用 CAD/CAM 软件,在计算机上进行自动编程后,将其传送到机床的数控系统。在机床按照加工程序对工件进行自动操作与加工过程中要关闭机床防护门。

数控车床有立式和卧式之分。立式数控车床的主轴处于垂直位置,并有一个直径很大的圆形工作台,主要用于加工径向尺寸大、轴向尺寸相对较小的大型零件。卧式数控车床的主轴处于水平位置,较为常用。

**2. 数控车床的应用**

数控车床与普通车床一样以加工零件的旋转表面为主,可以进行车外圆、车端面、切槽与切断、车螺纹、车锥面及成形面、钻中心孔、镗孔、车内圆等切削加工。由于数控系统和进给伺服系统的引入,数控车床能够准确加工由各种平面曲线作为母线形成的内外回转面。数控车床加工尺寸精度可达 IT6~IT5,表面粗糙度 $R_a1.6\mu m$ 以下。

① 加工精度要求高和表面粗糙度值低的回转体零件。数控车床的制造精度高、刚性好,因此能加工出直线度、圆度和圆柱度要求高的模具零件。数控车床具有恒线速度切削功能,可以选用最佳线速度来切削,加工的表面粗糙度值既小又一致。

② 加工轮廓形状复杂的零件。数控车床可以通过直线插补和圆弧插补实现对任意复杂回转体零件的车削,如饮料瓶的吹塑模、圆盆或杯子的注塑模、轴锻模等模具的型腔、型芯、凸凹模。

③ 加工特殊类型的螺纹。普通车床只能车等螺距的直面、锥面米制、英制螺纹。数控车床不仅具有传统车床的功能,而且能车非标螺距螺纹,以及螺距间平滑过渡的变螺距螺纹。

## 4.3.2 数控车削编程

如图 4-9 所示,数控车床的机床原点为主轴旋转中心与卡盘后端面的交点 $O$,参考点 $O'$ 也是机床上的一个固定点,其位置由 $Z$ 向与 $X$ 向的机械挡块来确定。机床通电以后,不论刀架位于什么位置,显示器上显示的 $Z$ 坐标与 $X$ 坐标均为零;当进行回参考点的操作时,装在纵向和横向滑板上的行程开关碰到相应的挡块后,向数控系统发出信号,由数控系统控制滑板停止运动,完成回参考点的操作,此时,显示器上立即显示刀架中心(对刀参考点)在机床坐标系中的坐标值,表示在数控系统内部建立了以机床原点为坐标原点的机床坐标系。

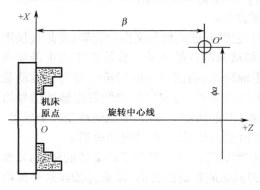

图 4-9　数控车床的机床原点与参考点

工件原点在编程时使用,由人为设定,设定的依据是使加工时的工艺基准与设计基准统一,便于编程。通常工件原点选择在主轴回转中心与工件右端面(也可以是左端面)的交点上。工件原点确定后,工件坐标系(编程坐标系)也就随之确定。

在数控车床加工开始前,需要测出工件原点在机床坐标系中的位置,以便通过数控系统将程序中的刀位轨迹变换成实际车刀的运动轨迹,加工出所需要的工件轮廓。

**1. 数控车床的编程特点**

被加工零件的径向尺寸在图样标注和加工测量时,一般用直径值而不是半径值来表示。为增强程序的可读性,$X$ 坐标采用直径尺寸编程,即程序中 $X$ 轴方向的尺寸以直径值表示。数控车床在出厂时一般设定为直径编程,令 $X$ 向的坐标计量单位(如以步进电动机伺服进给时的脉冲当量)为 $Z$ 向的一半。如需用半径编程,则要改变系统中相关的参数,使系统处于半径编程状态。

由于车削加工常用的毛坯为棒料或锻料,加工余量较大,为简化编程,数控系统常具备不同形式的固定循环,可进行重复循环切削。

对于某一给定的工件形状,数控车床可以由不同的切削方式来实现,这里的切削方式代表循环路线。一般数控车床的 CAM 软件有如下几种切削方式。

(1) 轮廓切削

CAM 中的轮廓切削包括车外圆(见图 4-10)、车端面(见图 4-11)和车成形面(见图 4-12)3 种切削方式,它们都既可以用于粗车毛坯,也可以用于精车工件轮廓(但工件的精车主要采用车成形面的切削方式),还可以用于内孔车削(镗孔)。

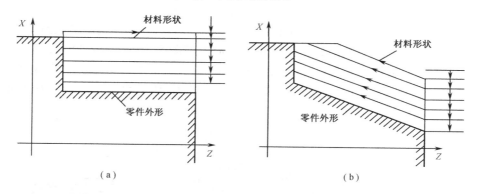

图 4-10 车外圆循环走刀过程

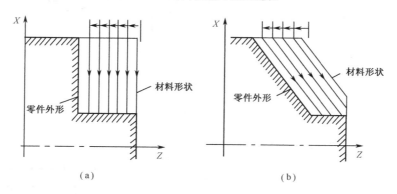

图 4-11 车端面循环走刀过程

(2) 切槽(包括切断)

切槽也是一个循环过程。为了方便断屑、排屑,进刀之后要退刀。如图 4-13 所示是切槽循环走刀过程示意图,图中 F,R 分别表示进给、退刀,$i$ 为 $X$ 轴方向的移动量,$e$ 为退刀量,$k$ 为 $Z$ 轴方向的切削量,$d$ 为切削到终点的退刀量。$i$,$e$,$k$,$d$ 由参数设定。

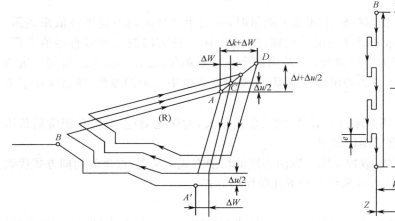

图 4-12　车成形面循环走刀过程

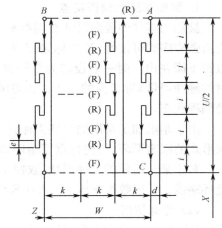

图 4-13　外圆切槽循环走刀过程

（3）车螺纹

在数控车床上可以加工直螺纹、锥螺纹和端面螺纹（见图 4-14）。如图 4-15 所示是车螺纹循环走刀过程示意图，图中 $L$ 为螺纹的导程，$\delta_1$，$\delta_2$ 为切入、切出距离（不完全螺纹长度或退刀槽宽度），$\alpha$ 为锥螺纹的锥角。数控车床还可以加工如图 4-16 所示的变导程螺纹。在数控车床上加工螺纹时，沿螺纹方向的进给速度与主轴转速有严格的匹配关系，为避免在进给机构加、减速过程中切削，要求加工螺纹时，应留有一定的切入、切出距离 $\delta_1$，$\delta_2$，一般取 $\delta_1 = 2\sim 5\text{mm}$，$\delta_2 = (1/4\sim1/2)\delta_1$。

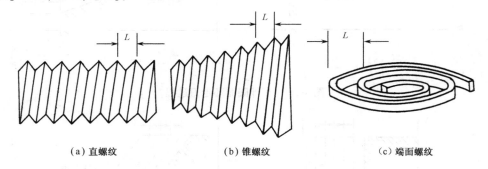

（a）直螺纹　　　　　　　（b）锥螺纹　　　　　　　（c）端面螺纹

图 4-14　切削螺纹种类

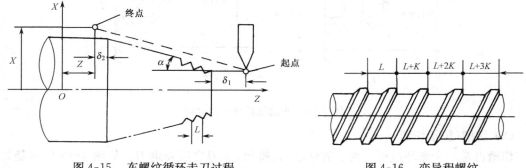

图 4-15　车螺纹循环走刀过程　　　　　　　图 4-16　变导程螺纹

（4）钻孔

切削方式分为高速啄式钻孔固定循环、啄式钻孔固定循环和钻孔固定循环。如图 4-17 所示是高速啄式钻孔固定循环的走刀过程示意图。为了方便断屑、排屑，在钻孔过程中钻头钻到一定深度就退刀，但退刀不必退到孔外，图中 F，R 分别表示进给、退刀，$k$ 为 $Z$ 轴方向的切削量。啄式钻孔固定循环，是在钻孔过程中钻头每一次退刀都退到孔外，生产效率较低。而钻孔固定循环在钻孔过程中没有退刀动作，因此只适合于钻浅孔。

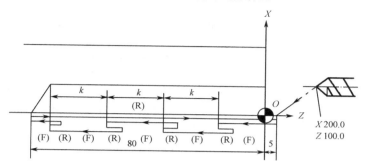

图 4-17　高速啄式钻孔固定循环走刀过程

数控车床一般都配有各种形式的单刀架，如四工位卧式自动转位刀架或多工位转塔式自动转位刀架，图 4-18 是一种示例。开始加工前，一般是用其中一把刀具进行对刀，即把该刀具转到加工位置上，根据其刀尖位置与工件原点的空间位置关系来确定机床坐标系中工件原点的位置，也就是建立工件坐标系。在加工过程中当不同刀位的刀具转到加工位置时，刀具的长度发生了变化，因此，在数控程序中需要考虑到对刀具长度的补偿。

编程时认为车刀的刀尖是一个点，而实际上为了提高刀具寿命和降低工件表面粗糙度，车刀刀尖常磨成一个半径不大的圆弧，一般圆弧半径粗加工为 0.8mm，精加工为 0.4mm 或 0.2mm，因此，编程时需要对刀具半径进行补偿。

2. 编程举例

如图 4-18(a)所示的零件要进行精加工(外圆 $\phi85$mm 不加工)，如图 4-18(b)所示为刀具布置图及刀具安装尺寸，3 把车刀 T01、T02 和 T03 分别用于车外圆、切槽和车螺纹。用 T01 号刀具进行对刀。T03 的刀尖相对于 T01 号刀尖在 Z 轴方向偏置了 15mm。加工程序见表 4-5。

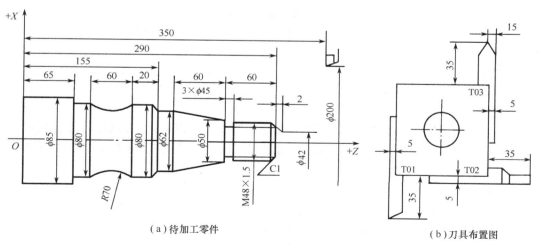

（a）待加工零件　　　　　　　　　　　（b）刀具布置图

图 4-18　数控车加工编程实例图

表 4-5　数控车加工程序

| 程　　序 | 注　释 |
|---|---|
| ‰0103 | 程序代号 |
| N001　G50　X200.0　Z350.0　T0101 | 调 1 号刀(并进行刀具补偿),建立工件坐标系 |
| N002　S630　M03 | 主轴正转,转速 630r/min |
| N003　G00　X42.0　Z292.0　M08 | 快进至 $X=42.0$mm,$Z=292.0$mm,切削液开 |
| N004　G01　X48.34　Z289.0　F0.15 | 工进至 $X=48.34$mm,$Z=289.0$mm,进给速度 0.15mm/r(倒角) |
| N005　Z230.0 | $Z$ 向工进至 $Z=230.0$mm(精车螺纹大径 $\phi48.34$mm) |
| N006　X50.0 | $X$ 向工进至 $X=50.0$mm(退刀) |
| N007　X62.0　W-60.0 | $X$ 向工进至 $X=62.0$mm,$-Z$ 向工进 60mm(精车锥面) |
| N008　Z155.0 | $Z$ 向工进至 $Z=155.0$mm(精车外圆 $\phi62$mm) |
| N009　X78.0 | $X$ 向工进至 $X=78.0$mm(退刀) |
| N010　X80.0　W-1.0 | $X$ 向工进至 $X=80.0$mm,$-Z$ 向工进 1mm(倒角) |
| N011　W-19.0 | $-Z$ 向工进 19mm(精车外圆 $\phi80$mm) |
| N012　G02　W-60.0　I63.25　K-30.0 | $-Z$ 向工进 60mm,顺时针圆弧插补(精车 R70mm 圆弧) |
| N013　G01　Z65.0 | $Z$ 向工进至 $Z=65.0$mm(精车外圆 $\phi80$mm) |
| N014　　　X90.0 | $X$ 向工进至 $X=90.0$mm(退刀) |
| N015　G00　X200.0　Z350.0　T0100　M09 | 返回起刀点(也是换刀点),取消刀具补偿,切削液关 |
| N016　M06　T0202 | 换 2 号刀,并进行刀具补偿 |
| N017　S315　M03 | 主轴正转,转速 315r/min |
| N018　G00　X51.0　Z230.0　M08 | 快进至 $X=51.0$mm,$Z=230.0$mm(即切槽处),切削液开 |
| N019　G01　X45.0　F0.16 | $X$ 向工进至 $X=45.0$mm,速度 0.16mm/r(车槽 $\phi45$mm) |
| N020　G04　U5.0 | 暂停进给 5s |
| N021　G00　X51.0 | $X$ 向快退至 $X=51.0$mm(退刀) |
| N022　　　X200.0　Z350.0　T0200　M09 | 返回换刀点,取消刀具补偿,切削液关 |
| N023　M06　T0303 | 换 3 号刀,并进行刀具补偿 |
| N024　S200　M03 | 主轴正转,转速 200r/min |
| N025　G00　X62.0　Z296.0　M08 | 快进至 $X=62.0$mm,$Z=296.0$mm,切削液开 |
| N026　G92　X47.54　Z231.5　F1.5 | 螺纹切削循环,螺距 1.5mm |
| N027　　　X46.94 | 螺纹切削循环,螺距 1.5mm |
| N028　　　X46.54 | 螺纹切削循环,螺距 1.5mm |
| N029　　　X46.38 | 螺纹切削循环,螺距 1.5mm |
| N030　G00　X200.0　Z350.0　T0300　M09 | 返回换刀点,取消刀具补偿,切削液关 |
| N031　M05 | 主轴停止 |
| N032　M30 | 程序结束 |

**3. 数控车加工计算机辅助编程**

(1) 生成刀位轨迹

当在计算机中建立好工件的几何模型、确定了加工工艺以后,就可以进行刀位轨迹的生成。需要进行的操作是选择切削加工方式,指定加工区域并确定进、退刀点,然后由 CAM 系统生成刀位轨迹。

有 5 种切削加工方式可供选择:轮廓粗车、轮廓精车、切槽、车螺纹与钻孔。

轮廓粗车、轮廓精车和车螺纹的参数表都包括加工参数表、进退刀参数表、切削用量参数表与刀具参数表。切槽与钻孔则不需要规定进退刀参数。

在加工参数表中首先要确定被加工面是外轮廓表面还是内轮廓表面或端面,并设定加工精度、加工余量、切削行距和拐角过渡方式等。

当加工表面是外轮廓表面时,相应地在刀具参数表中要选择外轮廓车刀;加工内轮廓表面时则选择内轮廓车刀;加工端面时选择端面车刀。

用户给出的加工精度是刀具轨迹与加工模型之间的最大允许偏差,数控系统会保证刀具轨迹与实际加工模型之间的偏离不大于加工精度。计算机屏幕上按刀尖位置显示的刀具轨迹,是由一系列有序的刀位点和连接这些刀位点的直线或圆弧组成的,刀具轨迹和实际加工模型的偏差即是加工误差。对于直线和圆弧的加工不存在加工插补误差,加工误差是指对样条曲线进行加工时,由于用折线段来逼近样条曲线而产生的误差。对由样条曲线组成的轮廓,系统将按给定的加工精度把样条曲线转化为折线段。应根据实际工艺要求给定加工精度,例如,在进行粗加工时,加工误差可以较大,否则加工效率会受到不必要的影响,而进行精加工时,需根据零件精度要求给定加工误差。考虑到工艺系统及计算等误差的影响,加工误差(或者称逼近误差)一般取为零件公差的 1/5～1/10。

加工余量是指此切削方式结束后,被加工表面留下的待加工余量。切削加工是一个去余量的过程,即从毛坯开始逐步去除多余的材料。这个过程往往由粗加工和精加工构成,必要时还需要进行半精加工。在前一道工序中,需给下一道工序留下一定的余量。因此,实际的加工模型是零件图样上指定的加工模型按给定的加工余量进行等距偏置得到的模型。

切削行距是加工轨迹中相邻两切削行之间的距离。刀具与工件通常是点接触,由于切削行距造成两刀之间一些材料未切削,这些材料距切削面的高度即是残留高度。可以通过指定刀具轨迹的行距及刀次来控制残留高度,从而控制加工精度。

拐角过渡方式是指在切削过程中遇到拐角时是以圆弧的方式还是以尖角的方式过渡。

进退刀参数表中需要规定的是进、退刀方式。按照进、退刀的角度,有 3 种方式可供选择,分别是与加工表面成定角、垂直或矢量。

切削用量参数表中包括主轴转速(rpm)、接近速度(mm/r)、切削速度(mm/r)和退刀速度(mm/r)等。

主轴转速:切削时机床主轴转动的角速度;

接近速度:刀具接近工件时的进给速度;

切削速度:刀具切削工件时的进给速度;

退刀速度:刀具离开工件的速度。

这些速度参数的给定一般依赖于用户的经验,它们与机床本身、工件材料、刀具材料、工件的加工精度和表面粗糙度要求等相关。速度参数与加工的效率密切相关。

刀具参数包括刀具名、刀具号(用于后置处理的自动换刀指令)、刀具补偿号(刀具补偿值的序列号)、刀刃长度(刀具可用于切削部分的长度)、刀尖半径、刀尖角度、刀柄长度、刀柄宽度等。

数控车削用的车刀一般分为 3 类,即尖形车刀、圆弧形车刀和成形车刀。

尖形车刀的特征是切削刃为直线形,这类车刀的刀尖(同时也为其刀位点)由直线形的主、副切削刃构成,如 90°内、外圆车刀,左、右端面车刀,切槽(切断)车刀。

圆弧形车刀如图 4-19 所示,它是较为特殊的数控加工用车刀,其特征是主切削刃的形状为圆弧,该圆弧刃上每一点都是圆弧形车刀的刀尖,因此刀位点不在圆弧上,而在该圆弧的圆心上。圆弧形车刀可以用于车削内、外表面,特别适宜于车削各种光滑连接(凹形)的成形面。

成形车刀俗称样板车刀,车刀刀刃的形状和尺寸与加工零件的轮廓形状完全相符。常见的成形车刀有小半径圆弧车刀、非矩形车槽刀和螺纹车刀等。在数控加工中应尽量少用成形车刀,当确有必要时需在工艺准备文件或加工程序单上进行详细说明。

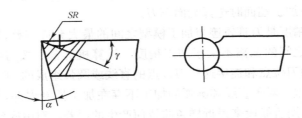

图 4-19　圆弧形车刀

数控机床大都采用已经系列化、标准化的刀具,刀柄和刀头可以进行拼装和组合。刀头包括多种结构如可调镗刀头、不重磨刀片等。如图 4-20 所示为车刀和铣刀用的可转位机夹不重磨刀片。

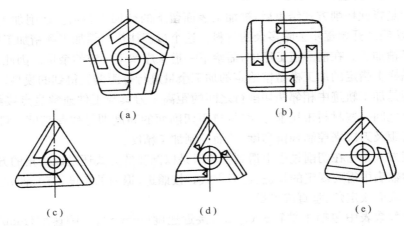

图 4-20　可转位机夹不重磨刀片

在确定各切削加工方式的参数后,需要拾取被加工的轮廓。

指定被加工轮廓后,需要确定进退刀点,即指定刀具加工前和加工后所在的位置。

确定进退刀点后,系统即生成刀位轨迹。

(2) 生成 NC 程序

得到刀位轨迹以后,就可以生成 NC 程序,过程如下。

① 利用"轨迹仿真"功能项观察所生成的刀位轨迹是否合理,若不理想,修改参数后重新进行。

② 后置处理设置,指定加工机床及 NC 程序格式。

③ 在"数控车"菜单区中选取"代码生成"功能项,拾取刚生成的刀位轨迹,当拾取结束后系统即生成 NC 代码。利用系统的"查看代码"功能项可以对所生成的 NC 代码进行查看、编辑和修改。

# 4.4　数控铣削

## 4.4.1　数控铣床加工概述

### 1. 数控铣床简介

数控铣床是数控机床家族中的一个大类,是最常见的一类数控机床。如图 4-21 所示是

XK5040A 型数控铣床的外观图,机床主体包括床身、主轴、纵向工作台、横向溜板、升降台等,伺服装置包括纵向进给伺服电机、横向进给伺服电机、垂直升降进给伺服电机等,数控装置包括 CRT 显示器、控制面板、强电控制系统、数控系统等。

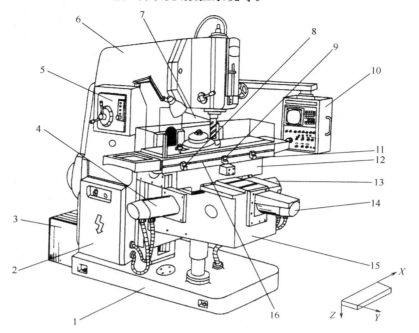

1—底座;2—强电柜;3—变压器箱;4—伺服电机;5—主轴变速手柄和按钮板;6—床身;
7—数控柜;8、11—保护开关;9—挡铁;10—操纵台;12—横向溜板;13—纵向进给伺服电机;
14—横向进给伺服电机;15—升降台;16—纵向工作台

图 4-21　XK5040A 型数控铣床的外观图

对于数控铣床、数控钻床、数控镗床等由主轴带动刀具旋转的机床,$Z$ 坐标轴与主轴轴线平行,$Z$ 坐标的正方向为增大工件与刀具之间距离的方向;$X$,$Y$ 坐标轴在水平面内与 $Z$ 轴垂直,$X$ 坐标的正方向指向右,$Y$ 坐标的正方向根据 $X$ 和 $Z$ 坐标的正方向,按右手直角坐标系来判断。

数控铣床的传动系统包括主传动系统和进给传动系统。

（1）主传动系统

主传动采用专用的无级调速电动机驱动,由带轮将运动传给主轴。主轴转速分为高低两挡,通过更换带轮的方法来实现换挡。每挡的转速选择可由相应指令给定,也可手动操作执行。

（2）进给传动系统

工作台的纵向（$X$ 轴）、横向（$Y$ 轴）、垂直升降方向（$Z$ 轴）进给运动,都是由各自的交流伺服电动机驱动的,分别通过同步齿形带带动带轮传给滚珠丝杠,实现进给。

立式数控铣床是数控铣床中数量最多的一种,应用范围也最为广泛。小型数控铣床一般都采用对工作台进行移动、升降而主轴不动的方式,与普通立式升降台铣床结构相似;中型数控立式铣床一般采用纵向和横向工作台移动方式,而主轴沿垂直溜板上下运动;大型数控立式铣床,因要考虑到扩大行程、机床刚性及缩小占地面积等技术问题,往往采用龙门架移动式,主轴可以在龙门架的横向与垂直溜板上运动,而工作台沿床身做纵向运动。

从机床数控系统控制的坐标数量来看,目前,3 坐标数控立式铣床仍占大多数,一般可进行

$X$，$Y$，$Z$ 3 坐标联动加工，但也有部分机床只能进行 $X$，$Y$ 两个坐标的联动加工（常称为两轴半加工）。此外，还有机床主轴可以绕 $Y$ 轴旋转或工作台绕 $Z$ 轴旋转的 4 坐标、5 坐标数控立式铣床。

卧式数控铣床的主轴轴线平行于水平面，通常采用增加数控转盘或万能数控转盘来实现 4 坐标或 5 坐标加工。这样，不仅工件侧面上的连续回转轮廓可以加工出来，而且可以实现在一次安装中，通过转盘改变工位，进行"四面加工"。尤其是万能数控转盘可以把工件上各种不同空间角度的加工面摆成水平来加工，可以省去许多专用夹具或专用角度成形铣刀。对箱体类零件或需要在一次安装中改变工位的工件来说，选择带数控转盘的卧式铣床进行加工是非常合适的。

此外，还有立、卧两用数控铣床。这类铣床目前正在逐渐增多，它的主轴方向可以更换，能达到在一台机床上既可以进行立式加工，又可以进行卧式加工。主轴方向的更换有手动与自动两种。采用数控万能主轴头的立、卧两用数控铣床，其主轴头可以任意转换方向，加工出与水平面成各种不同角度的工件表面。当立、卧两用数控铣床增加数控转盘后，就可以实现对工件的"五面加工"，即除了工件与转盘贴合的定位面外，其他 5 个面都可以在一次安装中进行加工，因此，其加工性能非常优越。

**2. 数控铣床的应用**

数控铣床可用来加工零件的平面、内外轮廓、孔、螺纹等。通过两轴联动加工零件的平面轮廓，通过二轴半、三轴或多轴联动来加工零件的空间曲面。从机床运动的分布特点来看，数控铣床也可以用做数控钻床或数控镗床，完成铣、镗、钻、扩、铰、攻螺纹等工艺内容。一般数控铣床的坐标定位精度为 ±0.01mm，重复定位精度为 ±0.005mm。数控铣床一般加工的经济精度为 0.1～0.05mm，可达到的精度为 0.02～0.01mm。

① 轮廓加工。采用数控铣床可以轻松地实现模具的轮廓加工，提高加工效率，如冲头、凹模的加工，注塑模镶块的加工。

② 曲面加工。曲面加工是数控铣削最擅长的加工领域。数控铣床可以加工各种复杂的曲面形状，并且在零件表面只留下很少的残余量。在型腔模中用到最多的就是型腔、型芯的加工，以及电极、镶块的加工。

③ 孔系加工。除型腔、型芯的固定孔之外，利用数控铣床或加工中心加工推杆孔、拉杆孔，以及其他有配合要求的孔及孔系，一方面易于保证尺寸精度和位置精度，另一方面也可以减少重复安装找正的时间，有利于缩短模具制造周期。

### 4.4.2　数控铣削编程

通常，立式铣床指定 $X$ 轴正向、$Y$ 轴正向和 $Z$ 轴正向的极限点为参考点，机床启动后，首先要将机床位置"回零"，即执行手动返回参考点，在数控系统内部建立机床坐标系。

**1. 数控铣床的编程特点**

① 在选择工件原点的位置时应注意：

● 为便于在编程时进行坐标值的计算，减少计算错误和编程错误，工件原点应选在零件图的设计基准上；

● 对于对称的零件，工件原点应设在对称中心上；

● 对于一般零件，工件原点设在工件外轮廓的某一角上；

● $Z$ 轴方向上的零点一般设在工件表面；

● 为提高被加工零件的加工精度，工件原点应尽量选在精度较高的工件表面。

② 数控铣床配备的固定循环功能,主要用于孔加工,包括钻孔、镗孔、攻螺纹等。

③ 数控程序中需要考虑到对刀具长度的补偿。

④ 编程时需要对刀具半径进行补偿。

**2. 编程举例**

数控铣削加工如图 4-22 所示的零件,立铣刀直径 $\phi$20mm,加工程序见表 4-6。

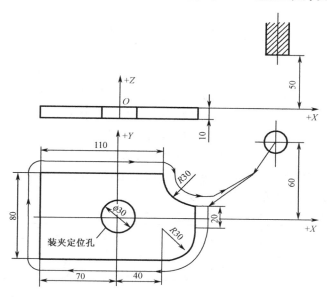

图 4-22  数控铣削加工编程实例

表 4-6  数控铣削加工程序

| 程　　序 | 注　　释 |
|---|---|
| ‰0006 | 程序代号 |
| N01　G00　G90　X120.0　Y60.0　Z50.0 | 绝对尺寸编程,快速进给到 $X=120.0$mm,$Y=60.0$mm,$Z=50.0$mm |
| N02　X100.0　Y40.0　M13　S500 | 快速进给到 $X=100.0$mm,$Y=40.0$mm,切削液开,主轴正转,转速 500rpm |
| N03　Z11.0 | 快速向下进给到 $Z=11.0$mm |
| N04　G01　G41　X70.0　Y10.0　H012　F100 | 直线插补到 $X=70.0$mm,$Y=10.0$mm,刀具半径左补偿 H012=10mm,进给速度 100mm/min |
| N05　Y-10.0 | 直线插补到 $X=70.0$mm,$Y=-10.0$mm |
| N06　G02　X40.0　Y-40.0　R30.0 | 顺时针圆弧插补到 $X=40.0$mm,$Y=-40.0$mm,圆弧半径为 30.0mm |
| N07　G01　X-70.0 | 直线插补到 $X=-70.0$mm,$Y=-40.0$mm |
| N08　Y40.0 | 直线插补到 $X=-70.0$mm,$Y=40.0$mm |
| N09　X40.0 | 直线插补到 $X=40.0$mm,$Y=40.0$mm |
| N10　G03　X70.0　Y10.0　R30.0 | 逆时针圆弧插补到 $X=70.0$mm,$Y=10.0$mm,圆弧半径为 30.0mm |
| N11　G01　X85.0 | 直线插补到 $X=85.0$mm,$Y=10.0$mm |
| N12　G00　G40　X100.0　Y40.0 | 快速进给到 $X=100.0$mm,$Y=40.0$mm,取消刀具半径补偿 |
| N13　X120.0　Y60.0　Z50.0 | 快速进给到 $X=120.0$mm,$Y=60.0$mm,$Z=50.0$mm |
| N14　M30 | 程序结束 |

### 3. 数控铣削加工计算机辅助编程

数控铣削计算机辅助编程的步骤如下。

（1）几何造型

在计算机中，利用 CAD/CAM 软件的造型功能，将零件被加工部位的几何图形准确地绘制出来。

（2）加工工艺分析

数控铣削加工，按照加工时机床坐标轴的运动可分为二维平面加工与三维曲面加工；按照走刀方式可分为环切与行切（单向、往复）。

环切主要用在精加工中。在安排精加工工序时，零件的最终轮廓应由最后一刀连续加工而出，要避免在连续的轮廓中安排切入、切出、换刀及停顿，以免因切削力突然变化而造成刀具弹性变形，致使光滑连接轮廓上产生表面划伤、形状突变或滞留刀痕等弊病。如图 4-23（a）、（b）所示分别为用行切法和环切法加工内槽，行切法的走刀路径比环切法短，但行切法在相连两行的转接处会产生滞留刀痕，而用环切法获得的表面粗糙度要低于行切法。图 4-23（c）则综合了行切法与环切法的优点，先用行切法除去中间部分的加工余量，最后用环切法切一刀，既能使总的走刀路径较短，又能获得较低的表面粗糙度。

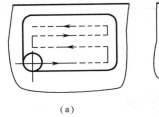 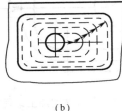 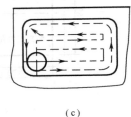

（a）　　　　　　　　（b）　　　　　　　　（c）

图 4-23　铣内槽的 3 种走刀路径

利用行切法可以在两轴半坐标联动机床上实现对空间曲面的分层加工，如图 4-24 所示。在铣削外轮廓时，刀具应沿着切削路径的延伸线或切线方向切入与切出，避免因在外轮廓的法向切入与切出时产生刀痕。另外，在利用行切法加工空间曲面时，球头刀半径应选得大些，以降低表面粗糙度、增加刀具刚度，但所用刀具半径不应大于曲面的最小曲率半径。

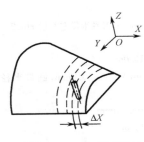

图 4-24　曲面行切

与传统的加工方法相比，数控加工对刀具的要求更高，既要求精度高、刚度好、耐用度高（尺寸稳定），又要求安装调整方便，其中，刚性好与耐用度高是最主要的，一是由于粗加工中为了提高生产率而采用大切削用量；二是为了适应数控加工中实际切削量难以调整的特点。例如，当毛坯各处的加工余量相差悬殊时，在通用铣床上可以采取分层铣削的方法加以解决，而数控铣削就必须按照程序规定的走刀路线前进，遇到余量大时无法像手动操作的通用铣床那样"随机应变"。因此，选择刚性好、耐用度高的铣刀，是充分发挥数控铣床的生产效率和获得满意的加工质量的前提。

常用的铣刀有盘铣刀、端铣刀、立铣刀、片铣刀、球头刀、成形铣刀和鼓形铣刀。在数控雕刻中则用小型锥指铣刀来雕刻细小的文字及花纹。

① 盘铣刀一般采用在盘状刀体上机夹刀片，常用于铣削较大的平面。

② 端铣刀（也称为圆柱铣刀）广泛用于加工平面类零件，除用其端刃铣削外，也常用其侧刃铣削，有时端刃、侧刃同时进行铣削，盘铣刀与端铣刀的区别在于盘铣刀的刀体直径较大，盘状刀体的中心孔也较大。

③ 立铣刀与钻头外形相似，二者区别在于立铣刀的侧向有刀刃，而钻头的侧向开槽只起导向与排屑作用，并没有刃。

④ 片铣刀为圆片状，常用于切槽、切断、铣螺旋槽等。

⑤ 球头刀适用于加工空间曲面，也用于平面类零件较大的转接凹圆弧处的过渡加工。

⑥ 成形铣刀是为特定的工件或加工内容（如角度面、凹槽面等）专门设计制造的。

⑦ 鼓形铣刀主要用于对变斜角面的近似加工。

铣刀按结构形式可分为整体式铣刀、镶嵌式铣刀和可调式铣刀。

① 整体式铣刀的切削刃与刀体做成整体，例如，立铣刀多是整体式，由高速钢制造，不宜采用大的切削用量。

② 镶嵌式铣刀的切削刃采用可转位机夹不重磨刀片，镶嵌在刀体上。可转位机夹不重磨刀片一般采用硬质合金或陶瓷材料制造，刀片的厚度、切削刃角、断屑槽形式等都已经标准化、系列化。例如，端铣刀一般都是镶嵌式，镶装硬质合金刀片，可以进行高速铣削。

③ 可调式铣刀采用模块化刀柄，是将所需刀具的刀柄装入不同锥孔号数或内径的标准刀柄，这样，刀杆的长度和直径就可以是变化的，能够根据加工需要而改变。

在铣削加工中需要注意顺铣和逆铣的不同。在铣刀与工件的相切点，如果刀齿旋转的切线方向与工件的进给方向相同，则为顺铣，如果刀齿旋转的切线方向与工件的进给方向相反，则为逆铣。顺铣和逆铣的切削效果是不一样的。

逆铣时，因为刀齿从已加工表面切入，刀具受到的切入冲击小，所以不会发生崩刃，有利于提高铣刀的耐用度；因为机床进给机构的间隙在逆铣时不会引起振动和爬行，所以，进给运动平稳。顺铣时，进给运动不平稳，而且容易发生扎刀或打刀事故，但顺铣时工件的进给对刀杆没有作用力，刀杆变形小，零件的已加工表面质量好。

当工件表面有硬皮（如粗铣），或者机床的进给机构有间隙时，尽量采用逆铣；在工件表面无硬皮（如精铣），且机床进给机构无间隙时（丝杠与螺母间的间隙小于 0.03mm 的情况下能够保证进给运动精度），尽量采用顺铣。

实际加工中，可能一会儿是顺铣一会儿是逆铣，尤其是行切时；如果是环切（经常用在精加工中走最后一圈刀），则能保证一直是顺铣。

铣削加工中最主要的工艺参数是切削深度、进给速度和切削速度。

① 切削深度。在铣床主体—夹具—工件—刀具这一系统的刚性允许的条件下，尽可能选取较大的切削深度，以减少走刀次数，提高生产效率。

在工件表面粗糙度要求为 $R_a25\sim12.5\mu m$ 时，如果周铣（利用铣刀的侧刃铣削）的加工余量小于 5mm，端铣（利用铣刀的端刃铣削）的加工余量小于 6mm，粗铣一次就可完成。

在工件表面粗糙度要求为 $R_a12.5\sim3.2\mu m$ 时，分粗铣和半精铣两步进行，粗铣后留0.5～1mm 的余量，在半精铣时切除。

在工件表面粗糙度要求为 $R_a3.2\sim0.8\mu m$ 时，分粗铣、半精铣、精铣 3 步进行，半精铣时切削深度取 1.5～2mm，精铣时切削深度取 0.3～0.5mm。

② 进给速度。进给速度是单位时间内刀具沿进给方向移动的距离，一般在20～200mm/min范围内选取。刀具强度低或工件精度要求高时，进给速度取小值。硬质合金铣刀的进给速度高于同类的高速钢铣刀。

③ 切削速度。切削速度是指切削刃上的点的线速度,与主轴转速和铣刀直径成正比。

切削深度大时(如粗铣),进给速度要低,主轴的转速也要低(主轴转速低也叫做低速切削,低速切削时要求铣刀的齿数多、刀具耐用度高)。切削深度小时(如半精铣),可以采用大的进给速度、高的主轴转速。精铣时,为了保证加工表面的精度,进给速度小,但主轴转速高。

切削速度大,可以缩短切削时间,充分发挥刀具性能,但是刀具容易产生高热,影响刀具的寿命,因此切削速度受刀具材质的制约,不同的刀具材料所允许的最高切削速度也不同,例如,高速钢刀具的耐高温切削速度不到 50m/min,碳化物即硬质合金刀具的耐高温切削速度可达100m/min,而陶瓷刀具的耐高温切削速度可高达 1000m/min。另外,同一刀具加工硬材料时切削速度应降低,而加工较软材料时切削速度可以提高。

(3) 刀位轨迹的生成

刀位轨迹有以下几种类型:平面轮廓加工、平面区域加工、参数线加工、限制线加工、曲面轮廓加工、曲面区域加工、曲线加工、粗加工、投影加工、钻孔、等高线加工、等高线补加工等。

在各种轨迹生成功能中,要设置一些通用的选项,如刀具参数、机床参数、进退刀参数、下刀参数、清根参数等。

① 刀具参数包括刀具名、刀具号、刀具补偿号、刀具半径、刃角半径、刀刃长度、刀杆长度等。

② 机床参数(即切削用量参数)包括速度值和高度值,速度值包括主轴转速、接近速度、进给速度、退刀速度和行间连接速度;高度值包括起止高度、安全高度和慢速下刀高度。

如图 4-25 所示,起止高度是进刀时刀具的初始高度,应大于安全高度。安全高度是指保证在此高度以上可以快速走刀而不受干涉的高度,应高于零件的最大高度。在安全高度以上刀具行进的速度取机床的 G00。

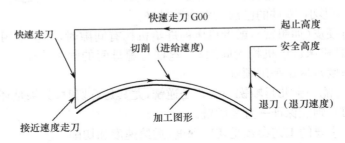

图 4-25　数控铣削中各种速度示意

接近速度为从慢速下刀高度切入工件前刀具行进的速度。每一次下刀,刀具都是快速运动(G00),当距下刀点某一距离值时,刀具以接近速度下降,这个距离值称为慢速下刀高度。进给速度是正常切削工件时刀具行进的速度。退刀速度为刀具离开工件至回到安全高度时刀具行进的速度。行间连接速度用于往复加工时顺逆铣的变换过程中,以避免因机床的进给方向产生急剧变化而对机床及工件造成损坏,此速度一般小于进给速度。

③ 进退刀参数包括进刀方式的规定与退刀方式的规定,有以下几种方式可供选择。

垂直:刀具在工件的第一个切削点处直接开始切削或在最后一个切削点直接退刀。

直线:刀具按给定长度、以相切方式向工件的第一个切削点前进或从工件的最后一个切削点退刀。

圆弧:刀具按给定半径、以 1/4 圆弧(需要给定圆弧所在平面与 $Z$ 轴的夹角)向工件的第一个切削点前进或从工件的最后一个切削点退刀。

强制:刀具从给定点向工件的第一个切削点前进或从工件的最后一个切削点向给定点退刀。

各种进退刀方式如图 4-26 所示。

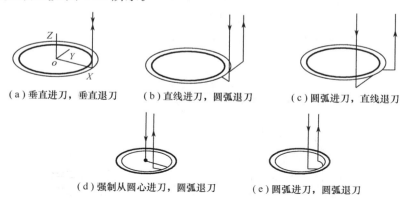

（a）垂直进刀，垂直退刀　　（b）直线进刀，圆弧退刀　　（c）圆弧进刀，直线退刀

（d）强制从圆心进刀，圆弧退刀　　（e）圆弧进刀，圆弧退刀

图 4-26　进退刀方式

④ 下刀参数包括下刀切入方式与下刀点位置的规定。下刀切入方式指在两个切削层之间刀具从上一层高度切入下一层高度的方式，有垂直方式、螺旋方式和倾斜方式。

⑤ 清根参数包括选择轮廓(指外轮廓)是否清根、岛(即内轮廓)是否清根，以及清根时的进退刀方式。

（4）后置处理

后置处理过程原则上是解释执行，即每次读出刀位文件中的一个完整的记录，然后分析该记录的类型，确定是进行坐标变换还是进行文件代码转换，生成一个完整的数控程序段，如此直到刀位文件结束，输出一个适应于指定机床的 NC 程序。

（5）程序输出

对于有标准通信接口的机床控制系统可以和计算机直接联机，由计算机将 NC 程序直接送给机床控制系统。现在的 CNC 系统功能已经十分完善，一般都支持 RS-232 通信功能，即通过 RS-232 口接收或发送加工程序。

# 4.5　加 工 中 心

## 4.5.1　加工中心概述

加工中心(Machining Center, MC)是由机械设备与数控系统组成的，适用于加工复杂工件的高效率自动化机床。加工中心是从数控铣床发展而来的，与数控铣床相同的是，加工中心同样是由计算机数控系统、伺服系统、机床本体、液压系统等部分组成，但加工中心又不同于数控铣床，二者最大的区别在于加工中心具有自动交换刀具的功能，通过在刀库上安装不同用途的刀具，可在一次装夹中通过自动换刀装置改变主轴上的加工刀具，实现铣、扩、钻、镗、铰、攻螺纹、切槽及曲面加工等多种加工功能，加工中心机床又称多工序自动换刀数控机床。

有些加工中心以回转体零件为加工对象(如车削中心)，但大多数加工中心机床以非回转体零件为加工对象(如立式加工中心和卧式加工中心)。

**1. 加工中心的分类**

（1）立式加工中心

立式加工中心的主轴处于垂直状态，如图 4-27 所示，多为固定立柱式，工作台为长方形，无分度回转功能，适合加工盘、套、板类零件。目前精密的立式加工中心，如雕刻机、高速加工中心，基本采用龙门式，以增加主轴运转的刚度和稳定性。一般具有 3 个直线运动坐标，如果在工作台上安装一个数控回转台，则可以实现 4 轴联动加工。

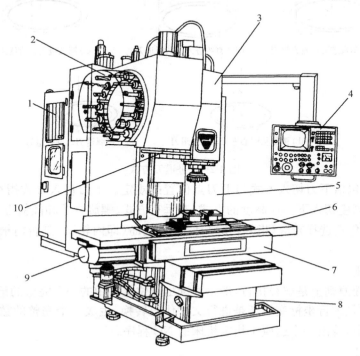

1—数控柜；2—刀库；3—主轴箱；4—操纵台；5—驱动电源柜；
6—纵向工作台；7—滑座；8—床身；9—$X$ 轴进给伺服电机；10—换刀机械手

图 4-27　TH5632 立式加工中心

立式加工中心的结构简单，占地面积小，而且装夹工件方便，便于操作，易于观察加工情况，因此应用广泛。但受立柱高度及换刀装置的限制，不能加工太高的零件。另外在加工内凹的形面时切屑不易排除，影响加工的顺利进行。

（2）卧式加工中心

卧式加工中心的主轴处于水平状态，如图 4-28 所示，通常带有可进行分度回转运动的正方形工作台。一般具有 3～5 个运动坐标，常见的是 3 个直线运动坐标加 1 个回转运动坐标，它能够使工件在一次装夹后完成除安装面和顶面以外的其余 4 个面的加工，最适合加工箱体类零件。

有的卧式加工中心带有自动交换工作台，在对位于工作位置的工作台上的工件进行加工的同时，可以对位于装卸位置的工作台上的工件进行装卸，从而大大缩短辅助时间，提高加工效率。

与立式加工中心相比较，卧式加工中心的结构复杂，占地面积大，价格也较高，而且卧式加工中心在加工时不便观察，零件装夹和测量时不方便，但加工时排屑容易，对加工有利。

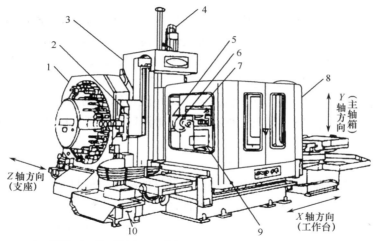

1—刀库；2—换刀装置；3—支座；4—Y轴伺服电动机；5—主轴箱；
6—主轴；7—数控装置；8—防溅挡板；9—回转工作台；10—切屑槽

图 4-28    TH6350 卧式加工中心

（3）龙门式加工中心

龙门式加工中心的形状与龙门铣床相似，主轴多为垂直设置，除自动换刀装置外，还带有可更换的主轴附件，数控装置的功能也较齐全，能够一机多用，尤其适用于加工大型或形状复杂的零件。

（4）五轴加工中心

工件一次安装后能完成除安装面以外的所有侧面和顶面等 5 个面的加工。根据坐标轴的配置，五轴加工中心基本上可分为两种结构形式。一种是 3 个直线轴（$X/Y/Z$）用于刀具运动和两个附加旋转轴（$A$ 和 $C$）用于工件的回转和摆动的结构形式。另一种是 5 个坐标轴中的一个摆动轴（$A$）设置在主轴头上的结构形式，通过叉形主轴头实现主轴刀具的摆动，而摆动主轴头也可通过牢固夹紧，使其定位在摆动角度范围内的任意位置上。也有个别机床把摆动轴和回转轴均设置在主轴头上。

**2. 加工中心的主要加工对象**

加工中心的坐标定位精度一般为 ±0.005～±0.0015mm，重复定位精度为 ±0.002～±0.001mm。加工中心适用于形状复杂，工序多，精度要求高，在普通机床上加工需进行多次装夹找正和多次换刀才能完成加工的零件。其主要加工对象有以下 5 类。

（1）箱体类零件

箱体类零件一般是指具有一个以上孔系，内部有一定型腔，在长、宽、高方向有一定比例的零件。这类零件在机械、汽车、飞机等行业应用较多，如汽车的发动机缸体、变速箱体，机床的床头箱、主轴箱，柴油机缸体，齿轮泵壳体等。

箱体类零件一般都需要进行多工位孔系及平面加工，形位公差要求较为严格，通常要经过钻、扩、铰、锪、镗、攻丝、铣等工序。这类零件在加工中心上加工，一次装夹便可完成 90% 的工序内容，零件各项精度指标一致性好，质量稳定，同时能够显著缩短生产周期，降低成本。

（2）复杂曲面

复杂曲面，如飞机、汽车形面、叶轮、螺旋桨、各种曲面成形模具等，在机械制造业，特别是航空航天、汽车、船舶、国防工业中占有重要地位。复杂曲面采用普通机床是难以完成甚至是无法完成的，这类零件也是数控机床的主要加工对象。

复杂曲面型腔模具如注塑模具、橡胶模具、吸塑模具、发泡模具、压铸模具等，采用加工中心加工，由于工序高度集中，动模、定模零件等关键的精加工基本上可以在一次安装中完成全部机加工内容，可减少尺寸累计误差，减少修配工作量，凡刀具可及之处，尽可能由机加工完成，这样，模具钳工的工作量主要是抛光。

在不出现加工干涉区或加工盲区时，复杂曲面一般可以采用球头铣刀进行 3 坐标联动加工，加工精度较高，但效率较低；如果工件存在加工干涉区或加工盲区，就必须考虑采用 4 坐标或 5 坐标联动的机床。

（3）异形件

异形件是外形不规则的零件，例如支架。异形件的刚性一般较差，在普通机床上加工时装夹变形及切削变形难以控制，加工精度也很难保证，这时就可充分发挥加工中心的工序集中的特点，通过采用合理的工艺措施，以一两次装夹来完成多道工序或全部的加工内容。

（4）盘、套、板类零件

如带法兰的轴套，带有键槽、径向孔或方头的轴类零件，带有较多孔的板类零件等。端面有分布孔系或曲面的盘、板类零件宜选用立式加工中心，有径向孔的套类零件可选用卧式加工中心。

（5）特殊加工

配合一定的工装和专用工具，利用加工中心可完成一些特殊的工艺内容。例如，在金属表面上刻字、刻图案；在加工中心的主轴上装上高频电火花电源，还可对金属表面进行线扫描表面淬火；在加工中心上装上高速磨头，则可进行各种曲线、曲面的磨削。

### 4.5.2　加工中心自动换刀

#### 1. 自动换刀

加工中心的自动换刀装置由刀库和刀具交换装置组成，用于交换主轴与刀库中的刀具或工具。

自动换刀装置应该满足如下基本要求：刀库容量适当，换刀时间短，换刀所需空间小，动作可靠、使用稳定，刀具重复定位精度高，刀具识别准确。

目前使用的刀库主要有两种，一种是盘式刀库，这种刀库装刀容量相对较小，一般装有 1～24 把刀具，主要适用于小型加工中心；另一种是链式刀库，其装刀容量大，一般装有 1～48 或 64、100 把刀具，主要适用于大、中型加工中心。

（1）换刀方式

加工中心的换刀方式一般有两种：机械手换刀和主轴换刀。

① 机械手换刀：由刀库选刀，再由机械手完成换刀动作，这是加工中心普遍采用的形式。机械手将刀具连同刀柄从主轴孔中拉出，经转动、平移送至刀库，同时将新刀插入主轴孔。机床结构不同，机械手的形式及动作也不相同。

② 主轴换刀：通过刀库和主轴箱的配合动作来完成换刀，适用于刀库中刀具位置与主轴上刀具位置一致的机床。一般把盘式刀库设置在主轴箱可以运动到的位置，或者整个刀库能移动到主轴箱可以到达的位置。换刀时，主轴运动到刀库上方的换刀位置，由主轴直接取走或放回刀具。这种方式多用于中、小型加工中心。

（2）刀具识别

加工中心刀库中有多把刀具时，为了从刀库中调出所需刀具，就必须对刀具进行识别，刀具识别的方法有以下两种。

① 刀座编码:这种方法是在刀库的刀座上编有号码,在装刀之前,首先对刀库进行重整设定,设定完后,使刀具号和刀座号一致,此时 1 号刀座对应的就是 1 号刀具,经过换刀之后,1 号刀具并不一定放回 1 号刀座中(刀库一般采用就近放刀原则),此时数控系统自动记忆 1 号刀具所放刀座号。数控系统采用循环记忆方式来记忆动态刀具的分布。

② 刀柄编码:这种方法是在刀柄上设置编码,将刀具号和刀柄号对应起来,把刀具装在刀柄上,再装入刀库,在刀库中装有刀柄感应器。当需要的刀具从刀库中转到感应器的位置,被感应器检测到,即从刀库中调出交换到主轴上。

**2. 机外对刀**

在加工中心加工形状复杂的零件,往往需要使用较多的刀具,这些刀具如果都采用机上对刀,势必会造成辅助时间的成倍增加,严重影响加工中心的利用率。为有效缩短辅助时间,实现加工中心快速自动换刀,一般使用刀具预调仪进行机外对刀。

刀具预调仪是一种可预先调整和测量刀尖直径、装夹长度,并能将刀具数据输入加工中心数控程序的测量装置。常用的刀具预调仪测量方式有投影式、光栅数显式、容栅数显式及刻度尺配千分表测量式等,一般来说,容栅数显式和刻度尺配千分表测量式的测量精度为 0.01mm,而投影式和光栅数显式的测量精度为 0.001mm。

投影式刀具预调仪适用于测量数控机床(包括加工中心和柔性制造单元等)上所使用的镗铣类刀具及车刀类刀具切削刃的精确坐标位置,并能检查刀具的刃口质量,测量刀尖角度、圆弧半径及盘类刀具的径向跳动等。预调仪的 $X$ 向、$Z$ 向或 $Y$ 向坐标测量系统采用光栅数显读数。数显表一般具有公、英制转换及刀具半径与直径自动转换功能,并备有 RS-232 接口,可根据用户需求配备打印机或使用微机进行数据处理、存储、CRT 显示及与 CNC 系统联机通信。

数控加工对刀具预调仪的需求在不断扩大。汽车、半导体等行业要求刀具预调仪产品具有更高的精度和效率。可实现更高测量精度的 CCD 式刀具预调仪(见图 4-29)正在取代传统的投影式刀具预调仪成为主流产品。为了追求加工的高效化、高精度化和提高加工中心的使用效率,越来越多的用户将装有 CCD 数码相机的刀具预调仪作为高精产品使用,而把使用方便、通用性好的投影式刀具预调仪作为标准产品使用。

图 4-29　CCD 式刀具预调仪

### 4.5.3　加工中心编程

加工中心的加工能力特别强,正是因为如此,在加工中心上加工零件,从加工工序的确定,刀具的选择,加工路线的安排,到数控程序的编制,都要比其他数控机床复杂一些。由于零件的加工工序多,使用的刀具种类多,甚至要在一次装夹后完成粗加工、半精加工及精加工,所以周密合理地安排各工序加工的顺序有利于提高加工精度和加工效率。

加工中心的选刀与换刀是分开进行的,选刀可与机床加工重合进行,即利用切削时间进行选刀;换刀动作则必须在主轴停转条件下进行,主轴返回换刀点(通常立式加工中心规定换刀点位置在机床 Z 轴零点处,卧式加工中心规定在机床 Y 轴零点处),换刀完毕后启动主轴,方可进行后面程序段的加工内容。除换刀程序外,加工中心的编程方法与数控铣床基本相同。但由于增加了换刀环节,在划分工序内容时可以有如下几种方法。

(1) 按所用的刀具划分工序

减少换刀次数可以减少空程时间和定位误差,因此,可采用按刀具集中工序的方法,即用同一把刀加工完成工件上加工要求相同的表面后,再更换另一把刀来加工其他表面。

(2) 按粗、精加工划分工序

当工件形状、尺寸精度及工件的刚度和变形等许可时,可按粗、精加工分开的原则划分工序,先进行粗加工,后进行精加工。

(3) 按先面后孔的原则划分工序

在工件上既有面加工又有孔加工时,要采用先加工面后加工孔的工序划分方法,这样可以提高孔的加工精度。

(4) 按程序长短划分工序

复杂模具型腔要加工的表面很多,如果要加工全部表面,可能造成程序长度过长,导致计算机内存不足。因此,在划分工序时要合理控制加工程序的长度。

另外,当工件加工工序较多时,为了便于程序的调试,一般将各工序内容分别安排在不同的子程序中,主程序主要完成换刀及子程序的调用。这种安排便于按每一工序独立地调试程序,也便于加工顺序的调整。

加工如图 4-30(a)所示的零件,在零件的孔系中,♯1、♯5、♯7 的孔径都是 $\phi$6mm,孔深都为 10mm,♯2、♯6、♯8 的孔径都是 $\phi$11mm,孔深为 10mm,♯3、♯9 的孔径是 $\phi$6mm,为通孔,♯4 的孔径是 $\phi$11mm,为通孔。选择的刀具如图 4-30(c)所示。加工程序见表 4-7。

**表 4-7　加工中心的数控程序**

| 程　　　序 | 注　　　释 |
|---|---|
| ％1111 | 程序号 |
| N01　T01　M06 | 调 1 号刀 |
| 　　　G91　G00　G45　X0　H01 | 沿 X 轴正向快速移动(H01＝350mm) |
| 　　　G46　Y0　H02 | 沿 Y 轴负向快速移动(H02＝280mm) |
| 　　　G92　X0　Y0　Z0 | 程序的零点设定 |
| 　　　S1500　M03 | 主轴正转,转速 1500rpm |
| 　　　G00　X-30.0　Y40.0　M08 | 快进至 X＝−30.0mm,Y＝40.0mm,1 号切削液开 |
| 　　　G01　Z0　F150 | 工进至 Z＝0 处,进给速度 150mm/min |
| 　　　　　X80.0 | 铣 Z＝0 的平面 |
| 　　　　　Y20.0 | |
| 　　　　　X-30.0 | |

| 程　序 | 注　释 |
|---|---|
| G28　Z10.0 | 快速移至 $Z=10.0mm$ |
| G00　X0　Y0 | 快速移至 $X=0$, $Y=0$ 处, 然后返回参考点 |
| M00 | 程序段结束 |
| N02　T02　M06 | 调 2 号刀 |
| G92　X0　Y0　Z0 | 程序的零点设定 |
| G90　G44　Z10.0　H04 | 移至 $Z=10mm$, 进行刀具长度补偿, 刀具补偿号 04 |
| S1000　M03 | 主轴正转, 转速 1000rpm |
| G00　X9.0　Y-12.0　M08 | 快进至 $X=9.0mm$, $Y=-12.0mm$, 1 号切削液开 |
| G01　Z-8.0　F150 | 工进至 $Z=-8.0mm$ 处, 进给速度 150mm/min |
| Y76.0 | 铣 $Z=-8.0mm$ 的平面 |
| X22.0 |  |
| Y-12.0 |  |
| G28　Z10.0 | 快速移至 $Z=10.0mm$ |
| G00　X0　Y0 | 快速移至 $X=0$, $Y=0$ 处, 然后返回参考点 |
| M00 | 程序段结束 |
| N03　T03　M06 | 调 3 号刀 |
| G92　X0　Y0　Z0 | 程序的零点设定 |
| G90　G44　Z10.0　H05　M08 | 进行刀具长度补偿, 刀具补偿号 05, 1 号切削液开 |
| S1000　M03 | 主轴正转, 转速 1000rpm |
| G99　G83　X16.0　Y18.0　Z-27.0 | 钻孔加工: 进给速度 100mm/min, 每向前 5mm 的深度将刀退出 |
| R-6.0　Q5　F100 | 孔外。钻 #3 孔时刀退至 $Z=-6.0mm$ 处 |
| G98　Y46.0　Z-18.0 | 钻 #1 孔(每次退刀至 $Z=-6.0mm$ 处) |
| G99　X64.0　R2.0　Z-10.0 | 钻 #7 孔(每次退刀至 $Z=2.0mm$ 处) |
| X48.0　Y32.0　Z-10.0 | 钻 #5 孔(每次退刀至 $Z=2.0mm$ 处) |
| X64.0　Y18.0　Z-27.0 | 钻 #9 孔(每次退刀至 $Z=2.0mm$ 处) |
| G00　G80　X0　Y0 | 固定循环注销, 快速移至 $X=0$, $Y=0$ 处 |
| G28　Z50.0 | 快速移至 $Z=50.0mm$, 然后返回参考点 |
| M00 | 程序段结束 |
| N04　T04　M06 | 调 4 号刀 |
| G92　X0　Y0　Z0 | 程序的零点设定 |
| G90　G44　Z10.0　H06　M08 | 进行刀具长度补偿, 刀具补偿号 06, 1 号切削液开 |
| S700　M03 | 主轴正转, 转速 700rpm |
| G99　G83　X64.0　Y32.0　Z-10.0 | 钻孔加工: 进给速度 100mm/min, 每向前 5mm 的深度将刀退出 |
| R2.0　Q5　F100 | 孔外。钻 #8 孔时刀退至 $Z=2.0mm$ 处 |
| X48.0　Y18.0 | 钻 #6 孔(每次退刀至 $Z=2.0mm$ 处) |
| Y46.0　Z-27.0 | 钻 #4 孔(每次退刀至 $Z=2.0mm$ 处) |
| G98　X16.0　Y32.0　R-6.0　Z-18.0 | 钻 #2 孔(每次退刀至 $Z=-6.0mm$ 处) |
| G00　G80 | 固定循环注销 |
| G28　Z50.0 | 快速移至 $Z=50.0mm$ |
| G28　X0　Y0 | 快速移至 $X=0$, $Y=0$ 处, 然后返回参考点 |
| M30 | 程序结束 |

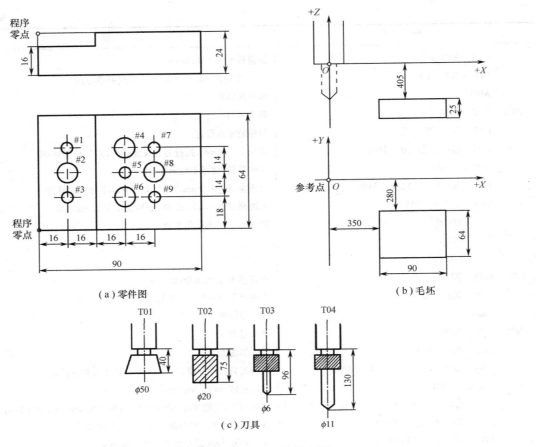

（a）零件图    （b）毛坯

（c）刀具

图 4-30    加工中心编程实例

# 4.6    高速加工技术

## 4.6.1    高速加工的概念及特点

高速加工（High Speed Machine，主要指高速切削加工）源于德国的 Carl. J. Salomon 博士1924 年开始进行的一系列实验，以他于 1931 年 4 月发表的超高速加工理论为标志。

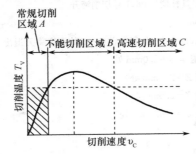

图 4-31    Salomon 曲线

Salomon 博士原则上探明：对于每一种材料，都存在一个切削速度"死谷"地带，在这个速度范围内，因任何刀具都无法承受太高的切削温度，切削加工不可能进行。但当切削速度超过这个范围后，切削温度反而降低，切削力也随之下降，如图 4-31 所示。

高速加工中切削力减少是此项技术应用发展的物理基础。对于为什么会产生切削力减小的问题，有人认为是由于工件材料软化所致，这种软化可以理解为切削速度增高，切削剪切区温度升高，材料屈服强度降低。也有人认为切削加工所需的切削能量在某一速度范围达到平衡点，随着切削速度进一步增高，切削力随之降低,并在某一速度后保持不变。但这些推断都还不能从材料变形的机理上予以确切说明。可以说,迄今为止,对于高速切削的机理研究还停留在实验观察、推断摸索阶段,还不能从理性上确切把握最佳切削方案。

经过几十年技术的发展,目前广泛提到的高速加工是指使用超硬材料刀具,在高转速、高进给速度下提高加工效率和加工质量的现代加工技术。由于这种加工方法可以高效率地加工出高精度及高表面质量的零件,因此,在模具加工中得到广泛的应用。

**1. 高速加工定义**

高速切削目前没有一个统一的定义。对于不同的加工方式、不同的工件材料,高速切削的速度是不同的。通常高速切削的切削速度比常规切削速度高出 5～10 倍以上。常用材料铝合金为 1000～7000m/min,铜为 900～5000m/min,钢为 500～2000m/min,灰铸铁为 800～3000m/min,钛合金为 100～1000m/min,镍基合金为 50～500m/min。

不同加工方式的高速切削速度范围为:车削 700～7000m/min,铣削 200～7000m/min,钻削 100～1000m/min,铰削 20～500m/min,拉削 30～75m/min,磨削 5000～10000m/min。与之对应的进给速度一般为 2～25m/min,高的可达 60～80m/min。

高速铣削加工与传统数控铣削加工方法的主要区别在于进给速度、切削速度和切削深度的工艺参数值不同。高速铣削加工采用高进给速度和小切削参数;而传统数控铣削加工则采用低进给速度和大切削参数,如图 4-32 所示。具体地说,从切削用量的选择看,高速铣削加工的工艺特点表现在以下几个方面。

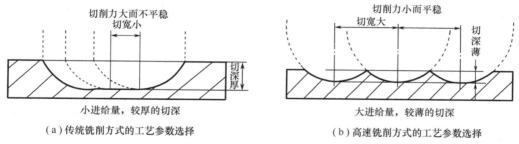

（a）传统铣削方式的工艺参数选择　　　　（b）高速铣削方式的工艺参数选择

图 4-32　模具铣削加工的比较

（1）主轴转速（切削速度）高

在高速加工中,主轴转速能够达到 10000～30000rpm,甚至更高,一般在 20000rpm 以上。高速加工的这个特点必须依赖于良好的机床设备,特别是高质量的机床主轴和主轴轴衬。

（2）进给速度快

典型的高速加工进给速度对切削钢材而言在 5m/min 以上。目前开发的数控机床的切削进给速度远远超过这个值,已高达 50～120m/min。

（3）切削深度小

高速加工的切削深度一般为 0.3～0.6mm,在特殊情况下切削深度也可以达到 0.1mm 以下。小的切削深度可以减小切削力,降低加工过程中产生的切削热,延长刀具的使用寿命。从加工方式上讲,小的切削深度和快的进给速度能够获得加工时更好的刀具长径比 $L/D$（其中 $L$ 指刀具长度,$D$ 指刀具直径）,使得许多深度很大的零件也能完成加工。

（4）切削行距小

高速铣削加工采用的刀具轨迹行距一般在 0.2mm 以下。一般来说,小的刀具轨迹行距可以降低加工后工件的表面粗糙度,提高加工质量,大幅度减少后续的抛光等精加工过程。

**2. 高速加工的优点**

高速切削时,刀具高速旋转,而轴向、径向切入量小,大量的切削热量被高速离去的切屑带走,因此切削温度及切削力会小。刀具的磨损小也使得加工精度进一步提高。在高速加工中加入高压的切削液或压缩空气,不仅可以冷却,而且将切屑排出加工表面,避免刀具的损坏。

(1) 加工效率高

高速切削的加工效率高,极大地缩短了模具制造周期,主要表现在以下几个方面。

① 高速切削加工允许使用较大的进给率,比常规切削加工提高 5～10 倍,单位时间材料切除率可提高 3～6 倍,加工时间可大大减少。

② 为避免应力集中,高速加工时先对金属材料整体淬火,再利用硬质合金刀具直接切除多余材料,并获得最终加工尺寸,与传统粗加工—淬火—精加工的工艺过程相比省去了许多工序,因此加工效率大幅度提高。

③ 高速加工中通常选用的刀具较少,选用小直径的刀具,一次性安装就可以完成粗加工和精加工。省去手工操作,减少了刀具的准备时间。

(2) 加工质量高

一方面由于切削速度高,剪切变形区窄,剪切角增大,切削力可降低 30%～90%,切屑和加工表面塑性变形小;另一方面,95% 以上的切削热量被切屑带离工件,工件积聚热量极少,切削热影响小,使得刀具、工件变形小,保持了尺寸的精确性。所以刀具与工件间的摩擦减小,高速切削的刀具磨损小,切削破坏层变薄,可以获得高精度、低粗糙度的加工质量,几乎不需要手工研抛。同时在高速切削下,积屑瘤、鳞刺、表面残余应力和加工硬化均受到抑制。一般来说,高速加工精度为 $10\mu m$,甚至更高,而且表面粗糙度 $R_a$ 小于 $1\mu m$。铣削铝合金时可达 $R_a 0.4$～$0.6\mu m$,铣削钢件时可达 $R_a 0.2$～$0.4\mu m$。

(3) 刀具磨损小

从理论上说,随着刀具切削速度提高,刀具使用寿命会降低,但高速切削时使用专用的高速切削刀具,刀具的磨损反而减小,延长了刀具的使用寿命。高速切削与传统加工相比,不仅切削条件得到极大的改善,而且刀具本身无论是材料还是结构都具有不可比拟的优越性,高速切削的刀具材料常用陶瓷、立方氮化硼(CBN)、涂层硬质合金等,这些材料稳定性好,硬度高,耐热性好,具有良好的耐磨性,与工件材料有较小的化学亲和力;结构上,刀具切削角度和刀尖、刃形结构都做了优化,使其具有足够的抗磨损能力。高速切削刀具的前角比常规切削刀具的前角要小,后角稍大。为防止刀尖处的热磨损,主副切削刃连接处修圆或倒角,以增大刀尖角,加大刀尖附近切削刃的长度和刀具材料体积,提高刀具刚性。另外,由于高速切削条件下,刀具受热小,排屑通畅,切削条件得到改善。典型的高速铣削加工参数见表 4-8。

**表 4-8　典型的高速铣削加工参数**

| 材　料 | 切削速度(m/min) | 进给速度(m/min) | 刀具/刀具涂层 |
|---|---|---|---|
| 铝 | 2000 | 12～20 | 整体硬质合金/无涂层 |
| 铜 | 1000 | 6～12 | 整体硬质合金/涂层 |
| 钢(42～52HRC) | 400 | 3～7 | 整体硬质合金/TiCH-TiAlCN涂层 |
| 钢(54～60HRC) | 200 | 3～4 | 整体硬质合金/TiCH-TiAlCN涂层 |

### 4.6.2　高速加工设备与 CAM 系统

#### 1. 高速加工设备

实现高速切削的最关键技术是研究开发性能优良的高速切削机床,自 20 世纪 80 年代中期以来,开发高速切削机床便成为国际机床工业技术发展的主流。高速切削机床的主要特征如下。

（1）床身本体

高速切削具有很高的加速度,所以高速切削对机床本体(床身、立柱等)的动、静态特性有很高要求。机床床身等大件必须具有足够的强度、刚度和高水平的阻尼特性。近年来,高速机床的床身材料采用聚合物混凝土(或称人造花岗岩),这种材料阻尼特性为铸铁的 7～10 倍,比重只有铸铁的 1/3,非常适合于高速加工系统。主体结构以龙门式为主。

（2）控制系统

高速切削加工要求 CNC 系统具有高精度、快速数据处理能力。为了保证在高速切削,尤其是在切削加工复杂曲面轮廓时,完成高速插补和待加工轨迹监控功能,使之具有良好的加工性能,许多高速切削设备 CNC 系统采用 64 位 CPU。另外,多数高速加工 CNC 系统具有专用的功能模块,如高速插补及程序段处理,以及有效的超前处理能力。

（3）主轴单元

为了适应高速切削加工,主轴设计必须采用高速大功率主轴单元。一般高速加工系统主轴单元将主轴电机和主轴合二为一,制成电主轴。电主轴可实现无中间环节的直接传动,在极短时间内实现升降速,在指定位置快速准停,具有很高的角加(减)速度,而且采用主轴矢量闭环控制调速和监控系统。对于主轴轴承、润滑、散热等方面采用了许多新技术,如主轴轴承通常采用陶瓷滚动轴承、磁浮轴承、液体静压轴承或空气静压轴承等,如图 4-33 所示。

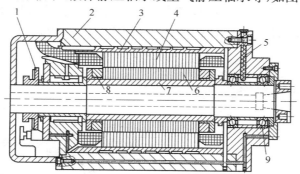

1—编码盘；2—电主轴壳体；3—冷却水套；4—电动机定子；5—油气喷嘴；6—电动机转子；
7—阶梯过盈套；8—平衡盘；9—角接触陶瓷球轴承

图 4-33　电主轴

（4）进给驱动系统

高速加工机床目前一般采用带有内冷却的高速、耐磨、低惯性大导程滚珠丝杠传动的和用直线电机直接驱动的驱动系统。直线电机直接驱动的驱动系统无间隙,惯性小,刚度较大而无磨损,通过控制电路可实现高速度和高精度驱动,目前进给速度已达 120m/min 以上,如图 4-34所示。

直线电机进给单元优点有:①无旋转运动,故不受离心力作用,可容易地实现高速直线运动;②启动推力大,结构简单,可实现灵敏的加速与减速;③无机械传动装置,响应速度快,加上精确的闭环控制,可实现很高的定位精度与刚度;④行程不受限制。由于次级是一段一段

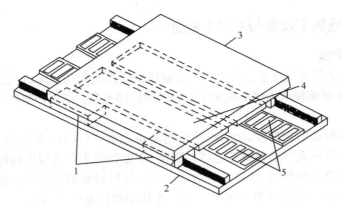

1—直线滚动导轨；2—床身；3—工作台；4—直线电机动件(绕组)；5—直线电机定件(永久磁钢)

图 4-34　直线电机传动示意图

地连续铺在机床床身上的，次级铺到哪里，初级就运动到哪里，不管有多远，对整个系统的刚性不会产生任何影响，这点是滚珠丝杠传动望尘莫及的。

（5）刀具夹持系统

高速铣床的刀具夹持系统要求具有很高的动平衡性。主轴要求具有 30000rpm 以上的动平衡能力，且具有绝对的定心性。主轴、刀柄、刀具在旋转时应具有极高的同心度，这样才能保证高速、高精度加工。

刀柄系统与主轴锥孔应结合紧密，现在刀柄一般都采用锥部与主轴端面同时接触的双定位锥柄，如日本的 BBT 刀柄，德国的 HSK 空心刀柄。刀杆夹紧刀具的方式主要有侧固式、弹性夹紧式、液压夹紧式和热膨胀式等，如图 4-35 所示。侧固式难以保证刀具动平衡，在高速铣削式不宜采用。在其他 3 种夹紧方式中，热膨胀式结构简单，夹紧可靠，同心度高，传递扭矩和径向力大，刚性足，动平衡性好，是目前最具发展潜力的刀杆结构。

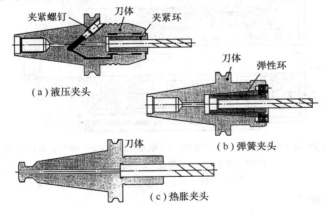

图 4-35　刀具夹持系统

热膨胀式刀杆夹头的刀孔与刀柄为过盈配合，必须采用专用热膨胀装置装卸刀具，一般使用电感加热或热空气加热刀杆，使刀孔直径膨胀，然后将刀柄插入刀，冷却后孔径收缩将刀柄紧紧夹住。

在以上几种刀具装夹方式中，以热膨胀装夹的刀具安装精度最高，刀具圆跳动不大于 0.003mm，同时能提供更大的扭矩。特别是在应用小直径刀具进行高速加工时，热膨胀装夹更具优势。

（6）冷却系统及温控系统

高速切削中的热源主要有两个，一是高速切削条件下产生的大量的切削热，二是切削过程中机床的主轴电机发热及滚珠丝杠、导轨由于摩擦等产生的热。

为了改善高速加工机床的热特性，大多采用强力高压、高效的冷却系统，使用温控循环水、压缩空气或其他介质来冷却主轴电动机、主轴轴承、滚珠丝杠、直线电动机、液压油箱等。其他还有导轨润滑脂、低膨胀系数铸铁的应用等。

**2. CAM 系统**

高速切削加工时，要求切削速度稳定，保持一种有规律的匀速，避免不连续和突然的加速度变化，刀具路径应尽可能圆滑，切削量均匀，无异常刀位点，同时，CAM 系统应能够保证高速加工的高速进给和切削安全，因此，高速切削加工对 CAM 系统具有以下几个要求。

（1）CAM 系统应具有很高的计算速度

高速加工中采用非常小的进给量与切削厚度，对 NC 程序的要求比对传统的 NC 程序要求严格得多，要求计算速度快、方便、节约编程时间等。

（2）全程自动过切处理能力及自动刀柄干涉检查

高速加工以高出传统加工近 10 倍的切削速度加工，一旦发生过切，其后果不堪设想，故 CAM 系统必须具有全程自动防过切处理能力。

高速加工的一个重要特征是能够使用较小直径的刀具加工模具的细节结构，这就要求 CAM 系统能够自动提示最短夹刀长度并自动进行刀具干涉检查。

（3）进给率优化处理功能

为了能够确保最大的切削效率，并保证在高速切削时加工的安全性，CAM 系统应根据加工瞬时余量的大小自动对进给率进行优化处理。

（4）符合高速加工要求的丰富的加工策略

① 刀具轨迹编辑优化功能。可通过对刀具轨迹的复制、旋转、裁剪、修复等操作来避免重复计算，减少多余空刀，提高效率；

② 提供较强的插补功能，在直线、圆弧插补基础上应用样条、渐开线、极坐标、圆柱、指数函数和三角函数等特殊曲线插补。这样可用一条加工指令来表示原来可能需要几十段 NC 代码才能表示的图形，以减小 NC 代码文件；

③ 应具有"加工残余分析"功能，使得系统准确地知道每次切削后加工残余所在的位置。

目前，已有一些适用于高速加工编程的 CAM 系统，如英国 DelCAM 公司的 PowerMill、以色列 Cimatron 公司的 Cimatron E9、美国 UGS 公司的 UGII 等。

### 4.6.3　高速加工应用

如今，各种商业化高速机床已经进入市场，应用于飞机、汽车及模具制造。

模具型腔一般是形状复杂的自由曲面，材料硬度高。常规的加工方法是粗切削加工后进行热处理，然后进行磨削或电火花精加工，最后手工打磨、抛光，这样使得加工周期很长。高速切削加工可以达到模具加工的精度要求，减少甚至取消了手工加工，而且采用新型刀具材料（如 PCD、CBN、金属陶瓷等），高速切削可以加工硬度达到 60HRC 甚至硬度更高的工件材料，可以加工淬硬后的模具。高速铣削加工在模具制造中具有高效、高精度及可加工高硬材料的优点，在模具加工中得到广泛的应用。将高速切削加工技术引进模具加工，主要应用于以下几个方面。

（1）淬硬模具型腔的直接加工

由于高速切削采用极高的切削速度和超硬刀具，可直接加工淬硬材料，因此，高速铣削可以在某些情况下取代电火花型腔加工。与电火花相比，其加工质量和加工效率都不逊色，甚至更优，而且省略了电极的制造。

（2）特殊零件的加工

① 复杂形状零件的加工：由于高速加工可以很好地保证零件轮廓的精度，零件变形很小，所以高速加工比传统的加工更适合复杂零件的加工。

② 薄壁零件的加工：高速加工切削力小，工件变形小，因此适合薄壁零件的加工。目前高速铣削加工出的壁厚可达到 1mm 以下。

（3）电火花加工用电极制造

应用高速切削技术加工电极可以获得很高的表面质量和精度，提高电火花的加工效率。

（4）快速模具制造

由于高速切削技术具有很高的加工效率，可以使模具型腔的三维实体模型快速转化为满足设计要求的模具，真正实现快速制模。

# 复习思考题

4-1　什么是数控机床？数控机床的加工特点有哪些？

4-2　数控机床由哪几部分组成？各部分的基本功能是什么？

4-3　试述闭环控制数控机床的控制原理，以及其与开环控制数控机床的差异。

4-4　简述计算机辅助数控编程的基本步骤。

4-5　数控车床的编程特点有哪些？

4-6　加工中心同数控铣床的区别是什么？适合加工中心加工的对象有哪些？

4-7　加工中心有哪些工艺特点？

4-8　简述高速铣削加工的工艺特点。

4-9　简述高速切削加工技术在模具加工中的应用。

# 第5章  模具的特种加工

特种加工,也称非传统加工,与机械加工有本质不同,它一般不要求工具材料比工件材料更硬,也不需要在加工过程中施加明显的机械力,而是直接利用电能、化学能、光能或声能对工件进行加工,以达到一定的形状尺寸和表面粗糙度要求。特种加工的种类很多,主要包括电火花成形加工、电火花线切割加工、电解加工、电铸、化学与电化学加工、激光加工和超声波加工等。

随着工业生产的发展和科学技术的进步,具有高熔点、高硬度、高强度、高韧性的新型模具材料不断涌现,而且结构复杂和工艺要求特殊的模具也越来越多。这样仅仅采用传统的机械加工方法来加工各种模具,就会感到十分困难,甚至无法加工,只有借助于特种加工技术。因此,特种加工技术已广泛应用于模具企业,成为模具制造中一种必不可少的重要加工方法。

## 5.1  电火花成形加工

### 5.1.1  电火花成形机床概述

#### 1. 电火花加工原理

电火花加工又称放电加工(Electrical Discharge Machining,EDM),是利用工具电极和工件之间在一定工作介质中产生脉冲放电的电腐蚀作用而进行加工的一种方法。如图5-1所示,工具电极和工件分别接在脉冲电源的两极,两者之间经常保持一定的放电间隙。工作液具有很高的绝缘强度,多数为煤油、皂化液和去离子水等。当脉冲电源在两极加载一定的电压时,介质在绝缘强度最低处被击穿,在极短的时间内,很小的放电区相继发生放电、热膨胀、抛出金属和消电离等过程。当上述过程不断重复时,就实现了工件的蚀除,以达到对工件的尺寸、形状及表面质量预定的加工要求。加工中工件和电极都会受到电腐蚀作用,只是两极的蚀除量不同,这种现象称为极性效应。工件接正极的加工方法称为正极性加工;反之,称为负极性加工。

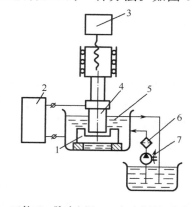

1—工件;2—脉冲电源;3—自动进给调节装置;
4—工具电极;5—工作液;
6—过滤器;7—工作液泵
图5-1  电火花加工原理图

电火花加工的质量和加工效率不仅与极性选择有关,还与电规准(即电加工的主要参数,包括脉冲宽度、峰值电流和脉冲间隔等)、工作液、工件、电极的材料、放电间隙等因素有关。

电火花加工具有如下特点。

① 可以加工难切削材料。由于可加工性与材料的硬度无关,所以模具零件可以在淬火以后安排电火花成形加工。

② 可以加工形状复杂、工艺性差的零件。可以利用简单电极的复合运动加工复杂的型腔、型孔、微细孔、窄槽，甚至弯孔等。

③ 电极制造麻烦，加工效率较低。

④ 存在电极损耗，影响质量的因素复杂，加工稳定性差。

电火花放电加工按工具电极和工件的相互运动关系的不同，可以分为电火花穿孔成形加工、电火花线切割、电火花磨削、电火花展成加工、电火花表面强化和电火花刻字等。其中，电火花穿孔成形加工和电火花线切割在模具加工中应用最广泛。

### 2. 电火花成形加工机床的组成

如图 5-2 所示，电火花成形加工机床通常包括：床身、立柱、工作台及主轴头等主机部分，液压泵(油泵)、过滤器、各种控制阀、管道等工作液循环过滤系统，脉冲电源、伺服进给(自动进给调节)系统和其他电气系统等电源箱部分。

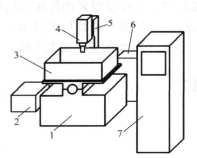

1—床身；2—过滤器；3—工作台；
4—主轴头；5—立柱；6—液压泵；
7—电源箱

图 5-2　电火花成形加工机床

工作台内容纳工作液，使电极和工件浸泡在工作液里，以起到冷却、排屑和消电离等作用。高性能伺服电机通过转动纵横向精密滚珠丝杠，移动上下滑板，改变工作台及工件的纵横向位置。

主轴头由步进电动机、直流电动机或交流电动机伺服进给。主轴头的主要附件如下。

(1) 可调节工具电极角度的夹头

在加工前，工具电极需要调节到与工件水平基准面垂直，而且在加工型腔时，还需在水平面内转动一个角度，使工具电极的截面形状与要加工出的工件的型腔预定位置一致。前者的垂直度调节功能，常用球面铰链来实现，后者的水平面内转动功能，则靠主轴与工具电极之间的相对转动机构来调节。

(2) 平动头

平动头包括两部分，一是电动机驱动的偏心机构，二是平动轨迹保持机构。通过偏心机构和平动轨迹保持机构，平动头将伺服电动机的旋转运动转化成工具电极上每一个质点都在水平面内围绕其原始位置做小圆周运动(见图 5-3)，各个小圆的外包络线就形成加工表面，小圆的半径即平动量 $\Delta$ 通过调节可由零逐步扩大，$\delta$ 为放电间隙。

采用平动头加工的特点：用一个工具电极就能由粗至精直接加工出工件(由粗加工转至精加工时，放电规准、放电间隙要减小)，在加工过程中，工具电极的轴线偏移工件的轴线，这样，除了处于放电区域的部分外，在其他地方工具电极与工件之间的间隙都大于放电间隙，这有利于电蚀产物的排出，提高加工稳定性，但由于有平动轨迹半径的存在，因此，无法加工出有清角直角的型腔。

工作液循环过滤系统中，冲油的循环方式比抽油的循环方式更有利于改善加工的稳定性，所以大都采用冲油方式，如图 5-4 所示。电火花成形加工中随着深度的增加，排屑困难，应使间隙尺寸、脉冲间隔和冲液流量逐渐加大。

脉冲电源的作用，是把工频交流电流转换成一定频率的单向脉冲电流。脉冲电源的电参数包括脉冲宽度、脉冲间隔、脉冲频率、峰值电流、开路电压等。

① 脉冲宽度是指脉冲电流的持续时间。在其他加工条件相同的情况下，蚀除速度随着脉冲宽度的增加而增加，但电蚀物也随之增加。

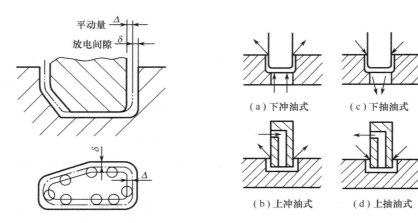

图 5-3　平动加工时电极的运动轨迹　　　图 5-4　冲油和抽油方式

② 脉冲间隔是指相邻两个脉冲之间的间隔时间。在其他条件不变的情况下,减少脉冲间隔相当于提高脉冲频率,增加单位时间内的放电次数,使蚀除速度提高,但脉冲间隔减少到一定程度之后,电蚀物不能及时排除,工具电极与工件之间的绝缘强度来不及恢复,将破坏加工的稳定性。

③ 峰值电流是指放电电流的最大值,它影响单个脉冲能量的大小。增大峰值电流将提高蚀除速度。

④ 如果想提高工具电极与工件之间的加工间隙,可以通过提高开路电压来实现。加工间隙增大,会使排屑容易;如果工具电极与工件之间的加工间隙不变,则开路电压的提高会使峰值电流提高。

伺服进给(自动进给调节)系统的作用是自动调节进给速度,使进给速度接近并等于蚀除速度,以保证在加工中具有正确的放电间隙,使电火花加工能够正常进行。

### 3. 电火花成形加工的控制参数

控制参数可分为离线参数和在线参数。离线参数是在加工前设定的,加工中基本不再调节,如放电电流、开路电压、脉冲宽度、电极材料、极性等;在线参数是加工中常需调节的参数,如进给速度(伺服进给参考电压)、脉冲间隔、冲油压力与冲油油量、抬刀运动等。

(1) 离线控制参数

虽然这类参数通常在加工前预先选定,加工中基本不变,但在下列一些特定的场合,它们还是需要在加工中改变。

① 加工起始阶段。这时的实际放电面积由小变大,过程扰动较大,因此,先采用比预定规准较小的放电电流,以使过渡过程比较平稳,等稳定加工几秒钟后再把放电电流调到设定值。

② 加工深型腔。通常开始时加工面积较小,所以,放电电流必须选较小值,然后,随着加工深度(加工面积)的增加而逐渐增大电流,直至达到为了满足表面粗糙度、侧面间隙所要求的电流值。另外,加工深度、加工面积的增加,或者被加工型腔复杂程度的增加,都不利于电蚀产物的排出,不仅降低加工速度,而且影响加工稳定性,严重时将造成拉弧。为改善排屑条件,提高加工速度和防止拉弧,常采用强迫冲油和工具电极定时抬刀等措施。

③ 补救过程扰动。加工中一旦发生严重干扰,往往很难摆脱,例如,当拉弧引起电极上的积碳沉积后,放电就很容易集中在积碳点上,从而加剧拉弧状态,为摆脱这种状态,需要把放电电流减少一段时间,有时还要改变极性,以消除积碳层,直到拉弧倾向消失,才能恢复原规准加工。

（2）在线控制参数

它们对表面粗糙度和侧面间隙的影响不大，主要影响加工速度和工具电极相对损耗速度。

① 伺服参考电压。伺服参考电压与平均端面间隙呈一定的比例关系，这一参数对加工速度和工具电极相对损耗的影响很大。一般来说，其最佳值并不正好对应于加工速度的最佳值，而是应当使间隙稍微偏大些。因为小间隙不但引起工具电极相对损耗加大，还容易造成短路和拉弧，而稍微偏大的间隙在加工中比较安全（在加工起始阶段更为必要），工具电极相对损耗也较小。

② 脉冲间隔。过小的脉冲间隔会引起拉弧。只要能保证进给稳定和不拉弧，原则上可选取尽量小的脉冲间隔，当脉冲间隔减小时，加工速度提高，工具电极相对损耗比减小。但在加工起始阶段应取较大的值。

③ 冲液流量。只要能使加工稳定，保证必要的排屑条件，应使冲液流量尽量小，因为电极损耗随冲液流量（压力）的增加而增加。在不计电极损耗的场合另当别论。

④ 伺服抬刀运动。抬刀意味着时间损失，因此，只有在正常冲液不够时才使用，而且要尽量缩短电极上抬刀和加工的时间比。

## 5.1.2 电火花成形加工的工艺规律

如前所述，电火花加工是把电能瞬时转换成热能，通过熔化和气化来去除金属，与切削加工的原理、规律完全不同。只有了解和掌握电火花加工中的基本工艺规律，才能针对不同工件材料正确地选用合适的工具电极材料；只有合理地选择粗、中、精加工的控制参数，才能充分发挥电火花机床的作用。这里主要就电火花加工时影响工件的加工速度和工具电极的损耗速度、工件加工精度和工件表面质量的因素进行论述。

### 1. 影响工件加工速度的主要因素

电火花加工时工件和工具同时遭到不同程度的电蚀。单位时间内工件的电蚀量称为加工速度，即生产率；单位时间内工具的电蚀量称为损耗速度。它们是一个问题的两个方面。在生产实际中，衡量工具电极是否耐损耗，不只看工具损耗速度，还要看同时能达到的加工速度，因此，采用工具电极相对损耗速度或称相对损耗比（工具损耗速度与加工速度之比）作为衡量工具电极耐损耗的指标。

（1）极性效应的影响

产生极性效应的原因是：正、负电极表面分别受到负电子和正离子的轰击和瞬时热源的作用，在两极表面所分配到的能量不一样，因而熔化、气化抛出的电蚀量也就不一样。电子的质量和惯性较小，容易获得很高的速度和加速度，在击穿放电的初始阶段就有大量的电子奔向正极，把能量传递给正极表面，使正极材料迅速熔化和气化；而正离子由于质量和惯性较大，启动和加速较慢，在击穿放电的初始阶段只有小部分正离子来得及到达负极表面并传递能量。所以在用短脉冲加工时，正极材料的蚀除速度大于负极材料的蚀除速度，这时工件应接正极；当采用长脉冲加工时，质量和惯性大的正离子将有足够的时间加速，到达并轰击负极表面，由于正离子的质量大，对负极表面的轰击破坏作用强，故采用长脉冲时负极的蚀除速度要比正极大，工件应接负极。

（2）电参数的影响

无论工具电极是正是负，都存在单个脉冲的蚀除量与单个脉冲的能量在一定范围内成正比的关系，某一段时间内的总蚀除量等于这段时间内各单个脉冲蚀除量的总和，故正、负极的蚀除速度与单个脉冲能量、脉冲频率成正比。所以提高电蚀量和生产率的途径在于：

① 通过减小脉冲间隔,提高脉冲频率;

② 通过增加放电电流及脉冲宽度,增加单个脉冲能量。

实际生产时要考虑到这些因素之间的相互制约关系和对其他工艺指标的影响。例如,脉冲间隔时间过短,会使加工区的工作液来不及消电离、排除电蚀产物及气泡,形成破坏性的电弧放电;如果加工面积较小,而采用的加工电流较大,会使局部电蚀产物浓度过高,并且放电后的余热来不及扩散而积累起来,造成过热,容易形成电弧,破坏加工的稳定性;增加单个脉冲能量,会恶化加工表面质量,降低加工精度,因此,一般只用于粗加工和半精加工的场合,在精加工中为降低表面粗糙度则需要显著降低加工速度。

**2. 影响工件加工精度的主要因素**

（1）放电间隙的大小

电火花加工时,工具电极的凹角与尖角很难精确地复制在工件上,因为在棱角部位电场分布不均,间隙越大,这种现象越严重。当工具电极为凹角时,工件上对应的尖角处由于放电蚀除的概率大,容易遭受腐蚀而成为圆角;当工具电极为尖角时,一则由于放电间隙的等距性,工件上只能加工出以尖角顶点为圆心、以放电间隙值为半径的圆弧,二则工具上的尖角本身因尖端放电蚀除的概率大而容易耗损成圆角。

为了减少加工误差,应该采用较弱的加工规准,缩小放电间隙。精加工由于采用高频脉冲（即窄脉宽）,放电间隙小,从而提高仿形的精度,可获得圆角半径小于 0.1mm 的尖棱。

精加工的单面放电间隙一般只有 0.01～0.05mm,粗加工时则为 0.2～0.5mm。

（2）工具电极的损耗

假设工具电极从上往下做进给运动,工具电极下端由于加工时间长,所以绝对损耗较上端大。另外,在型腔入口处由于电蚀产物的存在而容易产生二次放电（由于已加工表面与电极的空隙中进入电蚀产物而再次进行非必要的放电）,结果是在加工深度方向上产生斜度,上宽下窄,俗称喇叭口。

为了减少加工误差,需要对工具电极各部分的损耗情况进行预测,然后对工具电极的形状和尺寸进行补偿修正。

**3. 影响工件表面质量的主要因素**

电火花加工的表面和机械加工的表面不同,它是由无方向性的无数小坑和硬凸边所组成的,特别有利于保存润滑油;而机械加工表面则存在着切削或磨削刀痕,具有方向性。两者相比,电火花加工表面的润滑性能和耐磨损性能均比机械加工的表面好。电火花加工的表面质量主要包括表面粗糙度和表面力学性能。

（1）表面粗糙度

对表面粗糙度影响最大的是单个脉冲能量。脉冲能量大,则每次脉冲放电的蚀除量也大,放电凹坑既大又深,从而使表面粗糙度恶化。

电火花加工的表面粗糙度可以分为底面粗糙度和侧面粗糙度。侧面粗糙度由于有二次放电的修光作用,往往要稍好于底面粗糙度。用平动头或数控摇动工艺能进一步修光侧面。

平动是利用平动头使工具电极逐步向外运动,而摇动是通过数控工作台两轴或三轴联动而使工件逐步向外运动。摇动加工与平动相同的特点是:可以修光型腔侧面和底面的粗糙度到 $R_a 0.8～0.2\mu m$,变全面加工为局部面积加工,有利于排屑和稳定加工。与平动不同的是:摇动模式除了小圆轨迹运动外,还有方形、菱形、叉形、十字形运动,尤其是可以做到尖角处的清根。通过数控摇动可以加工出清棱、清角的侧壁和底边。

近年来出现了数控平动头系统,能够完成与数控摇动相同的加工。

工件材料对加工表面的粗糙度也有影响。熔点高的工件材料(如硬质合金),单脉冲形成的凹坑较小,在相同能量下加工,其表面粗糙度要比熔点低的工件材料(如钢)好。当然,其加工速度也相应下降。

工具电极的表面粗糙度也影响到加工表面的粗糙度。由于加工石墨电极时很难得到非常光滑的表面,因此,与纯铜电极相比,用石墨电极加工出的工件表面粗糙度较差。

另外,在实践中发现,即使单脉冲能量很小,但在电极面积较大时,表面粗糙度也差。这是因为在煤油工作液中的工具和工件相当于电容器的两个极,当小能量的单个脉冲到达工具和工件时,电能被此电容"吸收",只起"充电"作用而不会引起火花放电。只有当经过多个脉冲充电到较高的电压、积累了较多的电能后,才能引起击穿放电,打出较大的放电凹坑。这种由于加工面积较大而引起表面质量恶化的现象,称为"电容效应"。近年来出现了"混粉加工"新工艺,可以较大面积地加工出 $R_a0.1\sim0.05\mu m$ 的表面,其方法是在工作液中混入硅或铝等导电微粉,使工作液的电阻率降低,而且,从工具到工件表面的放电通道被微粉颗粒分割,形成多个小的火花放电通道,到达工件表面的脉冲能量被"分散"得很小,相应的放电痕也就小,可以获得大面积的光整表面。

(2)表面力学性能

电火花加工过程中,在火花放电的瞬时高温高压,以及工作液的快速冷却作用下,材料的表面层发生了很大的变化。工件的表面变质层分为熔化凝固层和热影响层。

熔化凝固层位于表面最上层,是表层金属被放电时的瞬间高温熔化后大部分抛出,小部分滞留下来,并受工作液快速冷却而凝固形成的。显微裂纹一般在熔化凝固层内出现。由于熔化凝固层和基体的接合不牢固,容易剥落而加快磨损。

热影响层位于熔化凝固层与基体之间。热影响层的金属材料并没有熔化,只是受到高温的影响,使材料的金相组织发生了变化。对淬火钢,热影响层包括再淬火区、高温回火区和低温回火区,再淬火区的硬度稍高或接近于基体硬度,回火区的硬度则比基体材料低;对未淬火钢,热影响区主要为淬火区,热影响层的硬度比基体材料高。

电火花表面由于瞬间的先热胀后冷缩,因此加工后的表面存在残余拉应力,使抗疲劳强度减弱,比机械加工表面低了许多。采用回火热处理来降低残余拉应力,或者进行喷丸处理把残余拉应力转化为压应力,能够提高其耐疲劳性能。另外,试验表明,当表面粗糙度达到 $R_a0.32\mu m$ 时,电火花加工表面的耐疲劳性能与机械加工表面相近,这是因为电火花精微加工所使用的加工规准很小,熔化凝固层和热影响层均非常薄,不出现微裂纹,而且表面的残留拉应力也较小。

### 5.1.3 电火花加工用电极材料

#### 1. 电极材料的选择

在电火花加工中,要求电极材料具有良好的导电性和机械加工性,电极耗损要小,放电加工稳定性要好,加工速度要高,价格要适宜,以及来源丰富等特点。

耐蚀性高的电极材料有钨、钼、铜钨合金、银钨合金、纯铜(紫铜)及石墨电极等。钨、钼的熔点和沸点都较高,损耗小,但其机械加工性能不好,价格又贵,所以除线切割加工有些场合采用钨、钼丝外,其他场合很少采用。铜钨、银钨合金等复合材料,熔点高,并且导热性好,因而电极损耗小,但也由于成本高且机械加工比较困难,一般只在少数的超精密电火花加工中采用。故常用的是纯铜和石墨。

### 2. 铜电极

铜的熔点虽然低,但其导热性好,会使电极表面保持较低温度,从而减少损耗。纯铜(紫铜)有如下优点:不易产生电弧,在较困难的条件下也能实现稳定加工;精加工时比石墨电极损耗小;易于加工成精密、微细的花纹,采用精微加工能达到优于 $R_a1.25\mu m$ 的表面粗糙度;用过的电极经锻造后还可加工为其他形状的电极,材料利用率高。纯铜的缺点是机械加工性能不如石墨好。

### 3. 石墨电极

近年来,随着石墨成形工艺的发展,以及组织致密、颗粒均匀、气孔率小、灰粉少、强度高的高纯石墨的问世,石墨作为放电加工电极材料,以其良好的切削性、重量轻、成形快、膨胀率低、损耗小和修整容易等特点,在模具行业已得到广泛应用。

目前已有在 3 个方向等强度加压烧结的高性能石墨,它各向同性、均匀细密,加工中任何方向的表面不会脱层、剥落,在制造重要的模具时应选购这类优质石墨作为工具电极。

(1)加工速度快、切削性好、修整容易

石墨电极加工速度快,一般为铜电极的 3～5 倍,精加工速度尤为突出,且其强度很高,对于超厚(50～90mm)、超薄(0.2～0.5mm)的电极,加工时不易变形。而且在很多场合,产品都需要有很好的纹面效果,这就要求在做电极时尽量做成整体电极,而整体电极制作时存在种种隐形清角,石墨的易修整的特性,使得这一难题很容易得到解决,并且大大减少了电极的数量,而铜电极则很难满足同样的要求。

(2)快速放电成形、热膨胀小、损耗低

由于石墨的导电性比铜好,所以其放电速度比铜快,为铜的 1.5～3 倍,且其放电时能承受较大电流,电火花粗加工时更为有利。

石墨的升华温度为 4200℃,几乎为铜的 4 倍(铜的升华温度为 1100℃),热膨胀系数仅是铜的 1/4,在高温下,变形极小,不软化,可以高效、低耗地将放电能量传送到工件上。

由于石墨在高温下强度反而增强,能有效地降低放电损耗。

(3)重量轻、成本低

同等体积下,石墨重量约为铜的 1/5,从而大大减轻了机床主轴的负荷,在加工能力允许的条件下,可以在小型号机床上使用较大型电极,充分挖掘机床潜力。

高品质石墨的每千克单价要比一般纯铜高出很多,但因为其质轻,同样体积大小的电极,石墨电极的材料费还是要低于纯铜电极;而且加工石墨的速度要比加工铜的速度高出很多倍;同时,磨损极小的特性与整体石墨电极的制作,都能减少电极的数量,也就减少了电极的耗材与机加工时间。所有这些都大大降低了模具的制造成本。

## 5.1.4　电极的设计与制造

电火花型腔加工是电火花成形加工的主要应用形式,具有以下一些特点:型腔形状复杂、精度要求高、表面粗糙度低;型腔加工一般属于盲孔加工,工作液循环和电蚀物排除都比较困难,电极的损耗不能靠进给补偿;加工面积变化较大,加工过程中电规准的调节范围大,电极损耗不均匀,对精加工影响大。

**1. 型腔电火花加工的工艺方法**

常用的加工方法有单电极平动法、多电极更换法和分解电极加工法等。

**(1) 单电极平动法**

单电极加工是指用一个电极加工出所需的型腔。它可以直接加工形状简单、精度要求不高的型腔，当型腔要求较高时，通常采用先预加工再放电加工的方法完成型腔加工。

为提高放电加工效率，型腔在电火花加工前一般先采取机械切削方法进行预加工，留出电火花加工余量，待型腔淬火后进行精加工。留出的余量要均匀、适当。一般情况下，侧面单边余量留 0.2～0.5mm，底面余量留 0.2～0.7mm，对于多台阶复杂型腔的电加工余量还应适当加大。

单电极平动法使用一个电极完成型腔的粗加工、半精加工和精加工。加工时依照先粗后精的顺序改变电规准，同时加大电极的平动量，以补偿前后两个加工规准之间的放电间隙差和表面误差，实现型腔侧向"仿形"，完成整个型腔的加工（参见图 5-3）。

单电极平动法加工只需一个电极，一次装夹，便可达到较高的加工精度；同时，由于平动头改善了工作液的供给及排屑条件，使电极损耗均匀，加工过程稳定。缺点是不能免除平动本身造成的几何形状误差，难以获得高精度，特别是难以加工出清棱、清角的型腔。

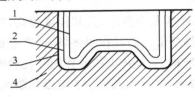

1—粗加工电极；2—精加工电极；
3—精加工后的型腔轮廓；4—型腔模块

图 5-5 多电极更换法

**(2) 多电极更换法**

多电极更换法使用多个形状相似、尺寸有差异的电极依次更换来加工同一个型腔，如图 5-5 所示。每个电极都对型腔的全部被加工表面进行加工，但采用不同的电规准，各个电极的尺寸需根据所对应的电规准和放电间隙确定。由此可见，多电极更换法是利用工具电极的尺寸差异，逐次加工掉上一次加工的间隙和修整其放电痕迹。

多电极更换法一般用两个电极进行粗、精加工即可满足要求，只有当精度和表面质量要求都很高时才用 3 个或更多个电极。多电极更换法加工型腔的仿形精度高，尤其适用于多尖角、多窄缝等精密型腔和多型腔模具的加工。这种方法加工精度高、加工质量好，但它要求多个电极的尺寸一致性好，制造精度高，更换电极时要求保证一定的重复定位精度。

**(3) 分解电极法**

分解电极法是单电极平动法和多电极更换法的综合应用。它是根据型腔的几何形状把电极分成主副电极分别制造。先用主电极加工型腔的主体，后用副电极加工型腔的尖角、窄缝等，如图 5-6 所示。这种方法加工精度高、灵活性强，适用于复杂模具型腔的加工。

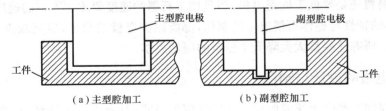

（a）主型腔加工　　　　　（b）副型腔加工

图 5-6 分解电极法

这种方法的优点是可根据主、副型腔不同的加工条件，选择不同的电极材料和加工规准，有利于提高加工速度和改善表面质量，同时还可以简化电极制造，便于电极修整。缺点是主型腔和副型腔间定位精度要求高,当采用高精度的数控机床和完善的电极装夹系统时,这一缺点是不难克服的。目前类似加工中心那样具有电极库及电极自动交换系统的 3～5 坐标数控电火花机床已可以很好地解决上述问题。把复杂型腔分解为简单表面和相应的简单电极,编制好程序,加工过程中自动更换电极和转换放电规准,实现复杂型腔的加工。同时配合一套高精度辅助工具、夹具系统,可以大大提高电极的装夹定位精度,使采用分解电极法加工的模具精度大为提高。

### 2. 型腔电极的设计

型腔电极设计的主要内容是选择电极材料,确定结构形式和尺寸等。

型腔电极尺寸根据所加工型腔的大小与加工方式、放电间隙和电极损耗决定。当采用单电极平动法时,其电极尺寸的计算方法如下。

（1）电极的水平尺寸

型腔电极的水平尺寸是指电极与机床主轴轴线相垂直的断面尺寸,如图 5-7 所示。考虑到平动头的偏心量可以调整,可用下式确定电极水平尺寸

$$a = A \pm k \times b$$
$$b = \delta + H_{max} - h_{max}$$

式中　$a$——电极水平方向尺寸;

　　　$A$——型腔的基本尺寸;

　　　$k$——与型腔尺寸标注有关的系数;

　　　$b$——电极单边缩放量;

　　　$\delta$——粗规准加工的单面脉冲放电间隙;

　　　$H_{max}$——粗规准加工时表面粗糙度的最大值;

　　　$h_{max}$——精规准加工时表面粗糙度的最大值。

式中“±”号的选取原则是:电极凹入部分的尺寸应放大(对应型腔凸出部分),取“+”号;电极凸出部分的尺寸(对应型腔凹入部分)应缩小,取“−”号。

式中 $k$ 值按下述原则确定:当型腔尺寸两端以加工面为尺寸界线时,蚀除方向相反,取 $k=2$,如图 5-7 所示的 $A_1$,$A_2$;当蚀除方向相同时,取 $k=1$,如图 5-7 所示的 $E$;当型腔尺寸以中心线之间的位置及角度为尺寸界线时,取 $k=0$,如图 5-7 所示的 $R_1$,$R_2$ 的圆心位置。

（2）电极垂直尺寸

型腔电极的垂直尺寸是指电极与机床主轴轴线相平行的尺寸,如图 5-8 所示。

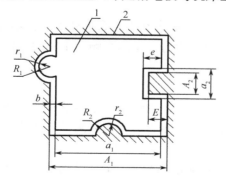

1—型腔电极;2—型腔

图 5-7　型腔电极的水平尺寸

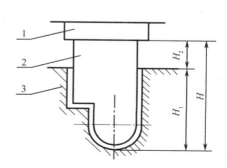

1—电极固定板;2—型腔电极;3—工件

图 5-8　型腔电极的垂直尺寸

型腔电极在垂直方向的有效工作尺寸 $H_1$ 用下式确定

$$H_1 = H_0 + C_1 H_0 + C_2 S - \delta$$

式中　$H_0$——型腔的垂直尺寸；

　　　$C_1$——粗规准加工时电极端面的相对损耗率，其值一般小于 $1\%$，$C_1 H_0$ 只适用于未进行预加工的型腔；

　　　$C_2$——中、精规准加工时电极端面的相对损耗率，其值一般为 $20\% \sim 25\%$；

　　　$S$——中、精规准加工时端面总的进给量，一般为 $0.4 \sim 0.5\text{mm}$；

　　　$\delta$——最后一挡精规准加工时端面的放电间隙，可忽略不计。

用上式计算型腔的电极垂直尺寸后，还应考虑电极重复使用造成的垂直尺寸损耗，以及加工结束时电极固定板与工件之间应有一定的距离，以便于工件装夹和冲液等。所以，型腔电极的垂直尺寸还应增加一个高度 $H_2$，型腔电极在垂直方向的总高度为：$H = H_1 + H_2$。而实际生产时，由于考虑到 $H_2$ 的数值远大于 $(C_1 H_0 + C_2 S)$，所以，计算公式可简化为 $H = H_0 + H_2$。

### 3. 型腔电极的制造

纯铜电极主要采用机械加工方法，还可采用线切割、电铸、挤压成形和放电成形，并辅之以钳工修光。线切割法特别适于异形截面或薄片电极；对型腔形状复杂、图案精细的纯铜电极也可以用电铸的方法制造；挤压成形和放电成形加工工艺比较复杂，适用于同品种大批量电极的制造。

石墨材料的机械加工性能好，机械加工后修整、抛光都很容易。因此，目前主要采用机械加工法。因加工石墨时粉尘较多，最好采用湿式加工（把石墨先在机油中浸泡）。目前普遍采用石墨专用加工中心加工。这种机床各方面密封性好，可避免石墨粉尘侵入机床的导轨丝杠和主轴，导致相关零部件的磨损，以及对人体的伤害。

## 5.1.5　工件和电极的装夹与定位

### 1. 工件的装夹与定位

电火花加工前，工件的型腔部分最好加工出预孔，并留适当的电火花加工余量，余量的大小应能补偿电火花加工的定位、找正误差及机械加工误差。一般情况下，单边余量以 $0.3 \sim 1.5\text{mm}$ 为宜，并力求均匀。对形状复杂的型孔，余量要适当加大。

在电火花加工前，必须对工件进行除锈、去磁，以免在加工过程中造成工件吸附铁屑，拉弧烧伤，影响成形表面的加工质量。

小型工件可用精密平口钳装夹，较大的工件可用压板固定在工作台或垫块上。不推荐用电磁吸盘固定工件，因磁力的影响，对电蚀产物的排出多少有一定的影响。工件的定位找正，一般用百分表（千分表）（参见图 3-18）。

### 2. 电极装夹通用夹具

电火花加工时，电极必须安装在机床主轴头上，并使电极轴线平行于主轴头的轴线，一般还应使电极的基准边或基准面与机床的纵横滑板相平行或垂直。为快速满足上述要求，电极装夹夹具是电火花加工中必不可少的工装之一。

小型电极大多数是用通用夹具直接装夹在机床主轴头下端，如用钻夹头装夹回转体电极。对于不规则电极可用如图 5-9 所示的方式，以电极夹具上 $a$、$b$、$c$ 这 3 个面为基准，通过紧固螺钉来夹紧电极。

较大型的电极,可在其上攻内螺纹,直接拧紧在螺纹夹头上,螺纹夹头插入机床主轴孔中固定,如图 5-10 所示。

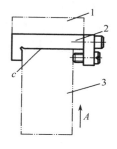
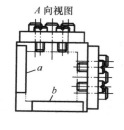
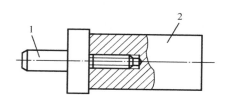

1—主轴法兰;2—电极夹具;3—电极

图 5-9　不规则电极装夹

1—螺纹夹具;2—电极

图 5-10　螺纹夹头夹具

**3. 电极装夹的调节装置**

电火花加工中,主轴伺服进给是沿着 $Z$ 轴进行的,因此电极的工艺基准必须平行于机床主轴头的轴线。为达到目的,有如下方法。

① 让电极柄部的定位面与电极的成形部位使用同一工艺基准。这样可以将电极柄直接固定在主轴头的定位元件(垂直 V 形体和自动定心夹头可以定位圆柱电极,圆锥孔可以定位锥柄电极)上,电极自然找正。

② 对于无柄的电极,让电极的水平定位面与其成形部位使用同一工艺基准。电火花成形机床的主轴头(或平动头)都有水平基准面,将电极的水平定位面贴置于主轴头(或平动头)的水平基准面,电极即实现了自然找正。

③ 如果因某种原因,电极的柄部、电极的水平面均未与电极的成形部位采用同一工艺基准,那么无论采用垂直定位元件还是采用水平基准面,都不能获得自然的工艺基准找正,这种情况下,必须采取人工找正,此时,需要具备如下条件:要求电极的吊装装置上配备具有一定调节量的万向装置(见图 5-11),万向装置上有可供方便调节的环节(例如图 5-11 中的调节螺钉);要求工具电极上有垂直基准面或水平基准面。找正操作时,将千分表或百分表顶在工具电极的工艺基准面上,通过移动坐标(如果是找正垂直基准就移动 $Z$ 坐标,如果是找正水平基准就移动 $X$ 和 $Y$ 坐标),观察表上读数的变化估测误差值,不断调节万向装置的方向来补偿误差,直到找正为止。

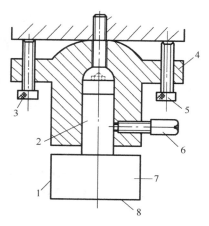

1—垂直基准面;2—电极柄;3、5—调节螺钉;
4—万向装置;6—固定螺钉;7—工具电极;
8—水平基准面

图 5-11　人工校正时工具
电极的吊装装置

**4. 高精度电极夹具**

目前已可以利用高精度电极夹具来简化以上的电极装夹和找正过程。电极可直接装上而不需要调整电极的垂直度和回转角度,就能保证电极的装夹精度。

快速卡盘(也称基准座)、定心板、电极夹及夹紧插销的不同组合即构成一套完整的电极夹具系统。实际生产中可按需求选用。

不仅在电火花加工中可使用快速卡盘来装夹电极,而且电极的加工也完全可以利用快速卡盘。其前提是,在电火花、线切割及金属切削加工机床上均事先安装有快速卡盘,先将被加工电极材料装夹在电极夹上,将其一并装夹在加工中心、铣床、磨床、车床和线切割等机床上的快速卡盘上加工。加工完成后,不拆卸电极,而是连同电极夹一起转移到电火花机床的快速卡盘上对工件进行电火花加工。因而可以实现电极制造和电极使用的一体化,使电极在不同机床之间转换时不必再费时找正,既精确又快捷。

# 5.2　电火花线切割加工

## 5.2.1　电火花线切割工作原理与特点

线切割加工(Wire Electrical Discharge Machining,WEDM)是电火花线切割加工的简称,它是用线状电极(钼丝或铜丝)靠电火花放电对工件进行切割,其工作原理如图 5-12 所示,被切割的工件接脉冲电源的正极,电极丝作为工具接脉冲电源的负极,电极丝与工件之间充满具有一定绝缘性能的工作液,当电极丝与工件的距离小到一定程度时,在脉冲电压的作用下工作液被击穿,电极丝与工件之间产生火花放电而使工件的局部被蚀除,若工作台按照规定的轨迹带动工件不断地进给,就能切割出所需的工件形状。

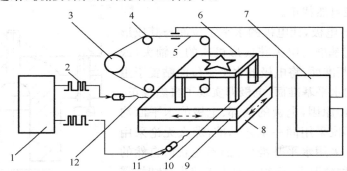

1—数控装置;2—信号;3—贮丝筒;4—导轮;5—电极丝;6—工件;
7—脉冲电源;8—下工作台;9—上工作台;10—垫铁;11—步进电机;12—丝杠
图 5-12　线切割加工的工作原理

线切割机床通常分为两类:快走丝与慢走丝。前者是贮丝筒带动电极丝做高速往复运动,走丝速度为 8～10m/s,电极丝基本上不被蚀除,可使用较长时间,国产的线切割机床多是此类机床。由于快走丝线切割的电极丝是循环使用的,为保证切割工件的质量,必须规定电极丝的损耗量,避免因电极丝损耗过大导致电极丝在导轮内窜动。提高走丝速度有利于电极丝将工作液带入工件与电极丝之间的放电间隙、排出电蚀物,并且提高切割速度,但加大了电极丝的振动。慢走丝机床的电极丝做低速单向运动,走丝速度一般低于 0.2m/s,为保证加工精度,电极丝用过以后不再重复使用。

快走丝线切割的加工精度为 0.02～0.01mm,表面粗糙度一般为 $R_a5.0～2.5\mu m$,最低可达 $R_a1.0\mu m$。慢走丝线切割的加工精度为 ±0.005～0.001mm,表面粗糙度一般为 $R_a0.63～1.25\mu m$,最低可达 $R_a0.1\mu m$。

线切割机床的控制方式有靠模仿形控制、光电跟踪控制和数字程序控制等方式。目前,国内外 95％以上的线切割机床都已经数控化,所用数控系统有不同水平,如单片机、单板机、微机。微机数控是当今的主要趋势。

快走丝线切割机床的数控系统大多采用简单的步进电机开环系统,慢走丝线切割机床的数控系统大多是伺服电机加编码盘的半闭环系统,在一些超精密线切割机床上则使用伺服电机加磁尺或光栅的全闭环数控系统。

数控电火花线切割加工具有如下特点。

① 直接利用线状的电极丝做电极,不需要制作专用电极,可节约电极设计、制造费用。

② 可以加工用传统切削加工方法难以加工或无法加工出的形状复杂的工件,如凸轮、齿轮、窄缝、异形孔等。由于数控电火花线切割机床是数字控制系统,因此加工不同的工件只需编制不同的控制程序,对不同形状的工件都很容易实现自动化加工。很适合于小批量形状复杂的工件、单件和试制品的加工,加工周期短。

③ 电极丝在加工中不接触工件,二者之间的作用力很小,因此工件以及夹具不需要有很高的刚度来抵抗变形,可以用于切割极薄的工件及在采用切削加工时容易发生变形的工件。

④ 电极丝材料不必比工件材料硬,可以加工一般切削方法难以加工的高硬度金属材料,如淬火钢、硬质合金等。

⑤ 由于电极丝直径很细(0.1~0.25mm,甚至 0.03mm),切屑极少,且只对工件进行切割加工,故余料还可以使用,对于贵重金属加工更有意义。

⑥ 与一般切削加工相比,线切割加工的效率低,加工成本高,不宜大批量加工形状简单的零件。

⑦ 不能加工非导电材料。

由于数控电火花线切割加工具有上述优点,因此电火花线切割广泛用于加工硬质合金、淬火钢模具零件、样板、各种形状复杂的细小零件、窄缝等,特别是冲模、挤压模、塑料模、电火花加工型腔模所用电极的加工。

线切割加工的切割速度以单位时间内所切割的工件面积来表达($mm^2/min$)。它是一个生产指标,常用来估算工件的切割时间,以便安排生产计划及估算成本,综合考虑工件的质量要求。

## 5.2.2　电火花线切割加工规准的选择

脉冲电源的波形与参数对材料的电蚀过程影响极大,它们决定着放电痕(表面粗糙度)、蚀除率、切缝宽度的大小和电极丝的损耗率,进而影响加工的工艺指标。目前广泛使用的脉冲电源波形是矩形波。

一般情况下,电火花线切割加工脉冲电源的单个脉冲放电能量较小,除受工件表面粗糙度要求的限制外,还受电极丝允许承载放电电流的限制。欲获得较好的表面粗糙度,每次脉冲放电的能量不能太大。表面粗糙度要求不高时,单个脉冲放电的能量可以取大些,以便得到较高的切割速度。

### 1. 短路峰值电流的选择

当其他工艺条件不变时,短路峰值电流大,加工电流峰值就大,单个脉冲放电的能量也大,所以放电痕大,切割速度高,表面粗糙度差,电极丝损耗变大,加工精度降低。

### 2. 脉冲宽度的选择

在一定的工艺条件下,增加脉冲宽度,单个脉冲放电能量也增大,则放电痕增大,切割速度提高,但表面粗糙度变差,电极丝损耗变大。

通常当电火花线切割加工用于精加工和半精加工时，单个脉冲放电能量应控制在一定范围内。当短路峰值电流选定后，脉冲宽度要根据具体的加工要求来选定。精加工时脉冲宽度可小一些；半精加工时脉冲宽度可大一些。

### 3. 脉冲间隔的选择

在一定的工艺条件下，脉冲间隔对切割速度影响较大，对表面粗糙度影响较小。因为在单个脉冲放电能量确定的情况下，脉冲间隔较小，频率提高，单位时间内放电次数增多，平均加工电流增大，故切割速度提高。

实际上，脉冲间隔太小，放电产物来不及排除，放电间隙来不及充分消电离，这将使加工变得不稳定，易烧伤工件或断丝；脉冲间隔太大，会使切割速度明显降低，严重时不能连续进给，加工变得不稳定。

选择脉冲间隔和脉冲宽度与工件厚度有很大关系，一般来说，工件厚，脉冲间隔也要大，以保持加工的稳定性。

### 4. 开路电压的选择

在一定的工艺条件下，随着开路电压峰值的提高，加工电流增大，切割速度提高，表面粗糙度增大。因电压高使加工间隙变大，所以加工精度略有降低。但间隙大有利于电蚀产物的排除和消电离，可提高加工稳定性和脉冲利用率。

综上所述，在工艺条件大体相同的情况下，利用矩形波脉冲电源进行加工时，电参数对工艺指标的影响有如下规律：

① 切割速度随着加工电流峰值、脉冲宽度、脉冲频率和开路电压的增大而提高，即切割速度随着平均加工电流的增加而提高；

② 加工表面粗糙度随着加工电流峰值、脉冲宽度、开路电压的减小而减小；

③ 加工间隙随着开路电压的提高而增大；

④ 工件表面粗糙度的改善有利于提高加工精度；

⑤ 在电流峰值一定的情况下，开路电压的增大有利于提高加工稳定性和脉冲利用率。

实践表明，改变矩形波脉冲电源的一项或几项电参数，对工艺指标的影响很大，需根据具体的加工对象和要求，全面考虑诸因素及其相互影响关系。选取合适的电参数，既要满足主要加工要求，又得兼顾各项加工指标。例如，加工精密小型模具或零件时，为满足尺寸精度高、表面粗糙度低的要求，选取较小的加工电流的峰值和较窄的脉冲宽度，这必然带来加工速度的降低。又如，加工中、大型模具或零件时，对尺寸精度和表面粗糙度要求低一些，故可选用加工电流峰值高、脉冲宽度大些的电参数值，尽量获得较高的切割速度。此外，不管加工对象和要求如何，还需选择适当的脉冲间隔，以保证加工稳定进行，提高脉冲利用率。

## 5.2.3 电火花线切割加工的工艺特性

### 1. 电极丝的准备

电极丝的直径一般按下列原则选取：

① 当工件厚度较大、几何形状简单时，宜采用较大直径的电极丝；当工件厚度较小、几何形状复杂时（特别是对工件凹角要求较高时），宜采用较小直径的电极丝；

② 当加工的切缝的有关尺寸被直接利用时，根据切缝尺寸的需要确定电极丝的直径。

## 2. 穿丝孔的准备

电极丝通常是从工件上预制的穿丝孔处开始切割。在不影响工件要求和便于编程的位置上加工穿丝孔(淬火的工件应在淬火前钻孔),穿丝孔直径一般为 2~10mm。凹模类工件在切割前必须加工穿丝孔,以保证工件的完整性。凸模类工件的切割也需要加工穿丝孔,如果没有设置穿丝孔,那么在电极丝从坯料外部切入时,一般都容易产生变形,变形量大小与工件回火后内应力的消除程度、切割部分在坯料中的相对位置、切割部分的复杂程度及长宽比有关。

对于线切割硬质材料或小孔、窄缝所需的细小穿丝孔(小于 $\phi1.0$ mm),可采用专用的电火花穿孔机床加工,穿孔所用为管状电极,外径最小为 $\phi0.3$ mm,加工出的孔径为 $\phi0.45$ mm 左右。

## 3. 工件的装夹与找正

工件的装夹正确与否,除影响工件的加工质量外,还关系到切割工作能否顺利进行,为此,工件装夹应注意以下两点:

① 装夹位置要适当,工件的切割范围应在机床纵、横工作台的行程之内,并使工件与夹具等在切割过程中不会碰到丝架的任何部分;

② 为便于工件装夹,工件材料必须有足够的夹持余量。

目前已有线切割机床专用的商品化工件夹具,使用这种夹具可使工件完全处在机床纵、横工作台的行程之内,而不必留出夹持余量。

找正时一般以工件的外形为基准;工件的加工基准可以为外表面(见图 5-13(a)),也可以为内孔(见图 5-13(b))。对于高精度加工,多采用基准孔作为加工基准,孔由坐标镗或坐标磨加工,以保证孔的圆度、垂直度和位置精度。外形的找正可用百分表。对于慢走丝线切割来讲,位置可用电极丝自动寻边的功能;内孔的找正可利用线切割机床的自动找中心功能。

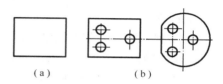

图 5-13　工件的找正和加工基准

## 4. 切割路线的选择

加工路线应先使远离工件夹具处的材料被割离,靠近工件夹具处的材料最后被割离。

待加工表面上的切割起点(并不是穿丝点,因为穿丝点不能设在待加工表面上),一般也是其切割终点。由于加工过程中存在各种工艺因素的影响,电极丝返回到起点时必然存在重复位置误差,造成加工痕迹,使精度和外观质量下降。为了避免和减小加工痕迹,当工件各表面粗糙度要求不同时,应在粗糙度要求较低的面上选择切割起点;当工件各表面粗糙度要求相同时,则尽量在截面图形的相交点上选择切割起点;如果有若干个相交点,则尽量选择相交角较小的交点作为切割起点。

对于较大的框形工件,因框内切去的面积较大,会在很大程度上破坏原来的应力平衡,内应力的重新分布将使框形尺寸产生一定变形甚至开裂。对于这种凹模,一是应在淬火前将中部镂空,给线切割留 2~3mm 的余量,可有效地减小切割时产生的应力;二是在清角处增设适当大小的工艺圆角,以缓和应力集中现象,避免开裂。

对于高精度零件的线切割加工,必须采用二次或多次切割方法。第一次切割后诸边留余量 0.1~0.5mm,让工件将内应力释放出来,然后进行第二次或多次切割,这样可以达到较满意的效果。如果是切割没有内孔的工件的外形,第一次切割时不能把夹持部分完全切掉,要保留一小部分,在第二次切割时最后切掉。

### 5.2.4 数控电火花线切割加工编程

#### 1. 数控电火花线切割加工的编程特点

① 与其他数控机床一样，数控线切割机床的坐标系符合国家标准。当操作者面对数控线切割机床时，电极丝相对于工件的左、右运动（实际为工作台面的纵向运动）为 $X$ 坐标运动，且运动正方向指向右方；电极丝相对于工件的前、后运动（实际为工作台面的横向运动）为 $Y$ 坐标运动，且运动正方向指向后方。在整个切割加工过程中，电极丝始终垂直贯穿工件，不需要描述电极丝相对于工件在垂直方向的运动，所以，$Z$ 坐标省去不用。

② 工件坐标系的原点常取为穿丝点的位置。当加工大型工件或切割工件外表面时，穿丝点可选在靠近加工轨迹边角处，使运算简便，缩短切入行程；当切割中、小型工件的内表面时，将穿丝点设置在工件对称中心会使编程计算和电极丝定位都较为方便。

③ 当机床进行锥度切割时，上丝架导轮做水平移动，这是平行于 $X$ 轴和 $Y$ 轴的另一组坐标运动，称为附加坐标运动。其中，平行于 $X$ 轴的为 $U$ 坐标，平行于 $Y$ 轴的为 $V$ 坐标。

④ 线切割的刀具补偿只有刀具半径补偿，是对电极丝中心相对于工件轮廓的偏移量的补偿，偏移量等于电极丝半径加上放电间隙。没有刀具长度补偿。

⑤ 数控线切割的程序代码有 3B 格式、4B 格式及符合国际标准的 ISO 格式。

3B 格式是无间隙补偿格式，不能实现电极丝半径和放电间隙的自动补偿，因此，3B 程序描述的是电极丝中心的运动轨迹，与切割所得的工件轮廓曲线要相差一个偏移量。

4B 格式是有间隙补偿格式，具有间隙补偿功能和锥度补偿功能。间隙补偿指电极丝中心运动轨迹能根据要求自动偏离编程轨迹一段距离，即补偿量；当补偿量设定为所需偏移量时，编程轨迹即为工件的轮廓线，当然，按工件的轮廓编程要比按电极丝中心运动轨迹编程方便得多。锥度补偿是指系统能根据要求，同时控制 $X,Y,U,V$ 轴的运动，使电极丝偏离垂直方向一个角度即锥度，切割出上大下小或上小下大的工件来，$X,Y$ 为机床工作台的运动即工件的运动，$U,V$ 为上丝架导轮的运动，分别平行于 $X,Y$。

ISO 格式的数控程序习惯上称为 G 代码。

目前快走丝线切割机床多采用 3B 格式和 4B 格式，而慢走丝线切割机床通常采用国际上通用的 ISO 格式。

⑥ 数控电火花线切割加工的程序中，直线坐标以 $\mu m$ 为单位。

#### 2. 编程举例

数控电火花线切割加工如图 5-14 所示的零件，穿丝孔中心的坐标为(5,20)，按顺时针切割。表 5-1 以绝对坐标方式（G90）进行编程，对应图 5-14(a)；表 5-2 以增量（相对）坐标方式（G91）进行编程，对应图 5-14(b)。可以发现，采用增量（相对）坐标方式输入程序的数据可简短些，但必须先计算出各点的相对坐标值。

**表 5-1　数控电火花线切割加工的绝对坐标方式编程**

| 程　　序 | | | 注　　释 |
|---|---|---|---|
| N01　G92 | X5000 | Y20000 | 给定起始点(穿丝点)的绝对坐标 |
| N02　G01 | X5000 | Y12500 | 直线②终点的绝对坐标 |
| N03 | X-5000 | Y12500 | 直线③终点的绝对坐标 |
| N04 | X-5000 | Y32500 | 直线④终点的绝对坐标 |

| 程　　序 | 注　　释 |
|---|---|
| N05　　X5000　　Y32500 | 直线⑤终点的绝对坐标 |
| N06　　X5000　　Y27500 | 直线⑥终点的绝对坐标 |
| N07　G02　X5000　Y12500 I0 J-7500 | 顺时针方向圆弧插补,X,Y之值为顺圆弧⑦终点的绝对坐标,I,J之值为圆心对圆弧⑦起点的相对坐标 |
| N08　G01　X5000　　Y20000 | 直线⑧终点的绝对坐标 |
| N09　M02 | 程序结束 |

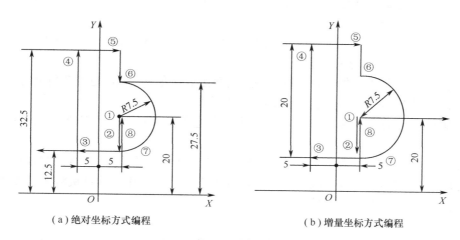

（a）绝对坐标方式编程　　　　　　　　　　（b）增量坐标方式编程

图 5-14　数控电火花线切割加工实例

表 5-2　数控电火花线切割加工的增量坐标方式编程

| 程　　序 | 注　　释 |
|---|---|
| N01　G92 X5000 Y20000　G91 | 给定起始点(穿丝点)的绝对坐标 |
| N02　G01　X0　　Y-7500 | 直线②终点的增量坐标 |
| N03　　X-10000　Y0 | 直线③终点的增量坐标 |
| N04　　X0　　Y20000 | 直线④终点的增量坐标 |
| N05　　X10000　Y0 | 直线⑤终点的增量坐标 |
| N06　　X0　　Y-5000 | 直线⑥终点的增量坐标 |
| N07　G02　X0　　Y-15000 I0 J-7500 | 顺时针方向圆弧插补,X,Y之值为顺圆弧⑦终点的增量坐标,I,J之值为圆心对圆弧⑦起点的相对坐标 |
| N08　G01　X0　　Y7500 | 直线⑧终点的增量坐标 |
| N09　M02 | 程序结束 |

**3. 数控电火花线切割加工的计算机辅助编程**

数控线切割编程是根据图样提供的数据,经过分析和计算,编写出线切割机床能接受的程序单。数控编程可分为人工编程和自动编程两类。

为简化编程工作,利用计算机进行自动编程是必然趋势。自动编程使用专用的数控语言及各种输入手段,向计算机输入必要的形状和尺寸数据,利用专门的应用软件即可编写出数控加工程序,并直接将程序传输给线切割机床。

（1）几何造型

线切割加工零件基本上是平面轮廓图形，一般不切割自由曲面类零件，因此工件图形的计算机化工作基本上以二维为主。

对于常见的齿轮、花键的线切割加工，只要输入模数、齿数等相关参数，软件会自动生成齿轮、花键的几何图形。

（2）刀位轨迹的生成

线切割轨迹生成参数表中需要填写的项目有切入方式、切割次数、轮廓精度、锥度角度、支撑宽度、补偿实现方式、刀具半径补偿值等。

切入方式，指电极丝从穿丝点到工件待加工表面加工起始段的运动方式，有直线切入方式、垂直切入方式和指定切入点方式。

轮廓精度，即加工精度。对于由样条曲线组成的轮廓，CAM系统将按照用户给定的加工精度把样条曲线离散为多条折线段。

锥度角度，指进行锥度加工时电极丝倾斜的角度。一般，当输入的锥度角度为正值时，采用左锥度加工；当输入的锥度角度为负值时，采用右锥度加工。

支撑宽度，用于在进行多次切割时，指定每行轨迹的始末点之间所保留的一段未切割部分的宽度。

在填写完参数表后，拾取待加工的轮廓线，指定刀具半径补偿方向，指定穿丝点位置及电极丝最终切到的位置，就完成了线切割加工轨迹生成的交互操作。计算机将会按要求自动计算出加工轨迹，并可以对生成的轨迹进行加工仿真。

（3）后置处理

通用后置处理一般分为两步，一是机床类型设置，它完成数控系统数据文件的定义，即机床参数的输入，包括确定插补方法、补偿控制、冷却控制、程序启停及程序首尾控制符等；二是后置设置，它完成后置输出的NC程序的格式设置，即针对特定的机床，结合已经设置好的机床配置，对将输出的数控程序的程序段行号格式、程序大小、数据格式、编程方式、圆弧控制方式等进行设置。

# 5.3 激光加工

激光技术是20世纪60年代初发展起来的一门学科，在材料加工方面，目前已形成一种新的加工方法——激光加工（Laser Beam Machining，LBM）。

激光是一种强度高、方向性好、单色性好的相干光。由于激光的发散角小和单色性好，理论上可以聚焦到尺寸与光的波长相近的（微米甚至亚微米）小斑点上，加上它本身强度就高，故可以使其焦点处的功率密度达到 $10^7 \sim 10^{11}\,\mathrm{W/cm^2}$，温度可高达 10000℃ 以上。在这样的高温下，任何材料都将瞬时急剧熔化和气化，并爆炸性地高速喷射出来，同时产生方向性很强的冲击波。激光加工就是在高温熔融蒸发和冲击波的同时作用下实现对工件的打孔和切割。

激光加工具有如下特点：

① 由于其功率密度高，光能转化为热能，几乎可以熔化、气化任何材料，因此几乎能加工所有的材料，特别如耐热合金、陶瓷、石英、金刚石等硬脆材料的加工；

② 加工所用工具是激光束,是非接触加工,没有明显的机械力,不存在刀具磨损问题,加工速度快,效率高,热影响区小,容易实现加工过程自动化;

③ 激光光斑大小可以聚焦到微米级,输出功率可以调节,因此可用于精密微细加工;

④ 可以透过透明体对工件进行加工,如对真空管内部进行焊接加工等;

⑤ 和电子束加工等相比,激光加工设备相对简单,不需要复杂的抽真空装置;

⑥ 激光加工是一种瞬时、局部熔化、气化的热加工,影响因素多,因此,精微加工时,精度尤其是重复精度和表面粗糙度不易保证,必须进行反复试验,寻找合理的参数,才能达到一定的加工要求;

⑦ 由于光的反射作用,对于表面光亮或透明材料的加工,必须预先进行色化或打毛处理,使更多的光能被吸收后转化为热能用于加工;

⑧ 加工中产生的金属气体及火星等飞溅物,要注意通风抽走,操作者注意做好防护。

### 5.3.1 激光加工设备

激光加工设备主要包括激光器、电源、光学系统和机械系统等 4 大部分,如图 5-15 所示。

（1）激光器

激光器是激光加工的重要设备,其任务是把电能转变成光能,并产生所需的激光束。激光器按其工作物质的种类可以分为固体激光器、气体激光器、液体激光器和半导体激光器等 4 大类。由于激光加工要求输出功率与能量大,目前广泛采用的是 $CO_2$ 气体激光器和红宝石、钕玻璃、YAG（掺钕钇铝石榴石）等激光器。

（2）激光器电源

激光器电源是根据加工工艺的要求,为激光器

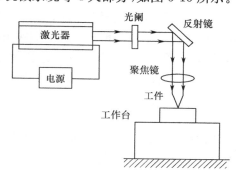

图 5-15　固体激光器的结构示意图

提供所需的能量的装置,包括电压控制、储能电容组、时间控制和触发器等。

（3）光学与机械系统

光学系统的作用在于把激光引向聚焦物镜并聚焦在加工工件上。为使激光束准确地聚焦在加工位置,要有焦点位置调节及其观察显示系统。

机械系统主要包括床身、能在 3 坐标或多坐标范围内移动的工作台及机电控制系统等。目前一般采用计算机来控制工作台或激光器的移动。

### 5.3.2 激光加工工艺规律

激光加工虽然也有生产率和表面粗糙度的要求,但主要的还是加工精度,如孔和窄缝大小、深度及其几何形状等。由于工艺对象的最小尺寸只有几十微米,因而其尺寸误差就必然在微米级。为了达到这样高的精度要求,除了保证光学和机械系统方面的精度外,还必须根据激光加工的一般原理和激光的特点,分析影响激光加工的几种主要因素。

（1）焦距与发散角

发散角小、焦距短时,在焦面上可以获得更小的光斑及更高的功率密度。光斑直径越小,可以打的孔也越小;而且,由于功率密度大,激光束对工件的穿透力也大,打出的孔不仅深,而且锥度小。所以,要千方百计减小激光束的发散角,并尽可能地采用短焦距物镜（约 20mm）。

（2）焦点位置

焦点位置对加工孔的形状和深度都有很大影响，一般焦点落在工件表面或略微低于工件表面为宜，过高或过低都会导致工件表面的光斑面积增大而影响加工深度，并产生很大的锥度（即形成喇叭口）。

（3）输出能量与照射时间

实践表明，当焦点固定在工件表面时，输出的激光能量越大，所打的孔就越大而深，且锥度小。激光的照射时间一般为几分之一到几毫秒。当能量一定时，时间太长会使能量传散到非加工区，时间太短则因功率密度过高而使蚀除物都以高温气体喷出，二者都会使能量的使用效率降低。

（4）光斑内的能量分布

在基模光束聚焦的情况下，焦点中心的光强度最大，而远离中心点的地方逐渐减弱，能量对称分布，这种光束加工出的孔必然是正圆形的。当激光束不是基模输出时，其能量分布不对称，打出的孔必然是单边形状或其他形状。

（5）激光的多次照射

用激光脉冲式地照射一次，所加工的深度大约为直径的 5 倍，而且会有较大锥度。如果在焦点位置保持不变的情况下进行多次照射，则深度可以增加，锥度相应减小，而直径几乎不变。但是，孔的深度不是与照射次数成比例增加的。由于孔内壁的反射、透射，以及激光的散射或吸收等，会使能量密度不断减小，排屑困难，加工量逐渐减小，以致不能继续加工下去。

（6）工件材料

经透镜聚焦后的激光束功率密度很高，如果都能被工件吸收，打孔效率肯定很高。但如果工件材料对激光波长吸收率很低，则激光能量被反射或透射而散失，打孔效率就低。因此，必须根据工件材料吸收光谱的性能去选用适当的激光器；或者对一些反射率和透射率高的工件表面打毛或进行色化处理，以增大其对激光的吸收。

### 5.3.3　激光加工的应用

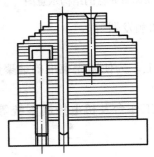

图 5-16　用薄板叠加的凸模

激光加工作为一种精密微细的加工方法，现已广泛用于陶瓷、玻璃等非金属材料和硬质合金、不锈钢等金属材料的小孔加工、多种材料的成形切割，以及焊接、表面处理等。在模具制造领域应用广泛。

#### 1. 激光叠加制造

激光叠加制造的原理为：将激光切割的、按立体造型剖切的、形状逐渐发生变化的多层薄板叠加，并使其形成所需的模具几何形体，可制成拉深模、冲裁模、成形模、塑料模、压铸模和橡胶模

等，如图 5-16 所示。激光叠加模具制造工艺流程如图 5-17 所示，所制造的模具尺寸精度已达到±0.01mm。

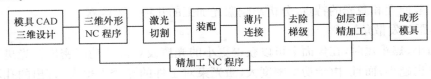

图 5-17　激光叠加模具制造工艺流程

这种制模工艺在大型模具的制造中有一定优势。在注塑模制造中,由于是分层制造,可加工出一些异型的水道,这是常规制造方法所无法比拟的。

### 2. 激光快速成形及快速模具制造

激光快速成形及快速模具制造是 20 世纪 90 年代兴起的一项新兴技术,有关内容详见第 6 章。

### 3. 激光表面强化与修复

（1）激光表面相变硬化

对钢铁材料而言,激光表面相变硬化是在固态下经受激光辐照,其表层被迅速加热至奥氏体温度以上,并在激光停止辐射后快速自淬火得到马氏体组织的一种工艺方法,又称激光淬火。

主要目的:在工件表面有选择地局部产生硬化带以提高耐磨性,还可以通过在表面产生压力来提高疲劳强度。这种工艺简便易行,强化后工件表面光滑,硬度高,变形小,基本上不用再加工即可用于装配,特别适合于形状复杂、体积大、精加工后不易采用其他方法强化的工件,如结构与形状复杂的汽车覆盖件模具成形部位的表面硬化处理。

（2）激光表面合金化

激光表面合金化是用镀膜或喷涂等技术把所需合金元素涂敷在金属表面,再通过激光照射使涂敷层合金元素与基体表面层熔化、混合,形成物理状态、组织结构和化学成分不同的新表层,从而提高表层的耐磨性、耐蚀性和高温抗氧化性等。

主要特点:可使工件的局部区域合金化,能准确地控制功率密度和加热深度,从而减小工件变形;利用激光的深聚焦能力,可在不规则的零件上得到均匀的合金层。

### 4. 小孔模加工

激光打孔可用于发动机燃料的喷嘴加工,化工纤维喷丝头模具打孔,钟表中的宝石轴承打孔,金刚石拉丝模打孔等。激光打孔的孔径可小到 $10\mu m$ 左右,且深度与孔径之比可达 5～30。

### 5. 冲模开发

冲模制作中,需确定拉深加工后的工件切边尺寸。拉深加工后的切边若为三维形状的冲切,则比加工平面坯料形状要困难。若切边后凸缘需要弯曲,则需对切边尺寸进行检验后再进行修正。进行这类操作要求有熟练的技巧和耗费大量工时,如使用三维激光加工机,则可以进行数值处理,这样不仅可以缩短加工时间,还可以减少试加工的次数,如图 5-18 所示。

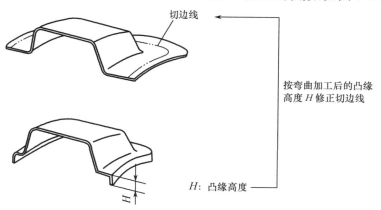

图 5-18　确定三维形状的切边线和获得形状信息

这种方式在新产品开发过程中已得到应用。在新产品研发阶段,不必开发全套的拉深、落料、切边等模具,只需先制作拉深等成形模具,而样品的落料、切边等工作由激光加工机来完成,待新产品定型后再制作其他所需模具。特别是在汽车覆盖件模具的开发过程中,利用此种方法可以大大降低开发成本。

### 6. 表面纹饰加工

现有的商品化数控激光加工机可对模具表面进行激光蚀刻加工,可以得到平面或立体的纹饰表面。

利用激光蚀刻,过程看似非常简单,如同使用计算机和打印机在纸张上打印,即点阵蚀刻。激光头左右摆动,每次蚀刻出一条由一系列点组成的一条线,然后激光头上下移动蚀刻出多条线,最后构成整版的图像或文字。扫描的图形、文字及矢量化图文都可使用点阵蚀刻。

## 复习思考题

5-1 电火花加工的基本原理是什么?具有哪些特点?

5-2 脉冲电源的电参数主要有哪些?简述各参数对放电加工的影响。

5-3 简述石墨电极的特点。

5-4 简述型腔电火花加工的工艺方法。

5-5 电火花线切割加工具有哪些特点?

5-6 简述激光加工在模具领域的应用。

# 第6章　快　速　制　模

随着科学技术的进步,市场竞争日趋激烈,产品更新换代周期越来越短,因此,缩短新产品的开发周期,降低开发成本,是每个制造厂商亟待解决的问题,对模具快速制造的要求便应运而生。

快速制模技术包括传统的快速制模技术,如低熔点合金模具、电铸模具等,和以快速成形技术(Rapid Prototyping,RP),也即目前称之为 3D 打印技术为基础的快速制模技术。

## 6.1　快　速　成　形

### 6.1.1　快速成形技术的基本原理与特点

快速成形技术的具体工艺方法很多,但其基本原理都是一致的,即以材料添加法为基本方法,将三维 CAD 模型快速(相对机加工而言)转变为由具体物质构成的三维实体原型。首先在 CAD 造型系统中获得一个三维 CAD 模型,或者通过测量仪器测取实体的形状尺寸,转化为 CAD 模型,再对模型数据进行处理,沿某一方向进行平面"分层"离散化,然后通过专用的 CAM 系统(成形机)对胚料分层成形加工,并堆积成原型。

快速成形技术开辟了不用任何刀具而迅速制造各类零件的途径,并为用常规方法不能或难于制造的零件或模型提供了一种新的制造手段,它在航天航空、汽车外形设计、轻工产品设计、人体器官制造、建筑美工设计、模具设计制造等技术领域已展现出良好的应用前景。归纳起来,快速成形技术有如下应用特点。

① 由于快速成形技术采用将三维形体转化为二维平面分层制造机理,对工件的几何构成复杂性不敏感,因而能制造复杂的零件,充分体现设计细节,并能直接制造复合材料零件。

② 快速制造模具。

● 能借助电铸、电弧喷涂等技术,由塑料件制造金属模具;

● 将快速制造的原型当做消失模(也可通过原型翻制制造消失模的母模,用于批量制造消失模),进行精密铸造;

● 快速制造高精度的复杂木模,进一步浇铸金属件;

● 通过原型制造石墨电极,然后由石墨电极加工出模具型腔;

● 直接加工出陶瓷型壳进行精密铸造。

③ 在新产品开发中的应用,通过原型(物理模型),设计者可以很快地评估一次设计的可行性并充分表达其构思。

● 外形设计。虽然 CAD 造型系统能从各个方向观察产品的设计模型,但无论如何也比不上由 RP 所得原型的直观性和可视性,对复杂形体尤其如此。制造商可用概念成形的样件作为产品销售的宣传工具,即采用 RP 原型,可以迅速地让用户对其开发的新产品进行比较评价,确定最优外观。

● 检验设计质量。以模具制造为例,传统的方法是根据几何造型在数控机床上开模,这对昂贵的复杂模具而言,风险太大,设计上的任何不慎,都可能造成不可挽回的损失。采用 RPM 技术,可在开模前精确地制造出将要注射成形的零件,设计上的各种细微问题和错误都能在模型上一目了然,大大减少了盲目开模的风险。RP 制造的模型又可作为数控仿形铣床的靠模。

● 功能检测。利用原型快速进行不同设计的功能测试,优化产品设计。如风扇等的设计,可获得最佳扇叶曲面、最低噪声的结构。

④ 快速成形过程是高度自动化,长时间连续进行的,操作简单,可以做到昼夜无人看管,一次开机,可自动完成整个工件的加工。

⑤ 快速成形技术的制造过程不需要工装模具的投入,其成本只与成形机的运行费、材料费及操作者工资有关,与产品的批量无关,很适宜于单件、小批量及特殊、新试制品的制造。

⑥ 快速成形中的反求工程具有广泛的应用。激光三维扫描仪、自动断层扫描仪等多种测量设备能迅速高精度地测量物体内外轮廓,并将其转化成 CAD 模型数据,进行 RP 加工。应用包括:

● 现有产品的复制与改进,先对反求而得的 CAD 模型在计算机中进行修改、完善,再用成形机快速加工出来;

● 医学上,将 RP 与 CT 扫描技术结合,能快速、精确地制造假肢、人造骨骼、手术计划模型等;

● 进行人体头像立体扫描,数分钟内即可扫描完毕,由于采用的是极低功率的激光器,对人体无任何伤害。正因为反求法和 RPM 的结合有广泛的用途,RPM 服务机构一般都配有激光扫描仪。

### 6.1.2 快速成形技术的典型方法

#### 1. 光固化立体成形

光固化立体成形(Stereo Lithography Apparatus,SLA)的工作原理如图 6-1 所示。在液槽中盛满液态光敏树脂,该树脂可在紫外光照射下快速固化。开始时,可升降的工作台处于液面下一个截面层(CAD 模型离散化后的截面层)厚的高度,聚焦后的激光束,在计算机的控制下,在截面轮廓范围内,对液态树脂逐点进行扫描,使被扫描区域的树脂固化,从而得到该截面轮廓的塑料薄片。然后,升降机构带动工作台下降一层薄片的高度,已固化的塑料薄片就被一层新的液态树脂覆盖,以便进行第二层激光扫描固化,新固化的一层牢固地黏结在前一层上,如此重复直到整个模型成形完毕。一般截面薄片的厚度为 0.07~0.4mm。目前,截面厚度最薄可达到 0.025mm,可成形的最小壁厚已达到 0.7mm。

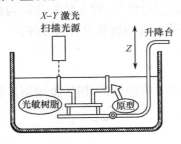

图 6-1 光固化立体成形示意图

工件从液槽中取出后还要进行后固化,工作台上升到容器上部,排掉剩余树脂,从 SLA 机取走工作台和工件,用溶剂清除多余树脂,然后将工件放入后固化装置,经过一段时间紫外曝光后,工件完全固化。固化时间由零件的几何形状、尺寸和树脂特性确定,大多数零件的固化时间不小于 30min。从工作台上取下工件,去掉支撑结构,进行打光、电镀、喷漆或着色即成。

紫外光可以由 HeCd 激光器,或者 UV argon-ion 激光器产生。激光的扫描速度可由计算机自动调整,以使不同的固化深度有足够的曝光量。X-Y 扫描仪的反射镜控制激光束的最终落点,并可提供矢量扫描方式。

SLA 是第一种投入商业应用的 RPM 技术,其特点是技术日臻成熟,能制造精细的零件,尺寸精度较高,可确保工件的尺寸精度在 0.1mm 以内;表面质量好,工件的最上层表面很光滑;可直接制造塑料件,产品为透明体。不足之处有:设备昂贵,运行费用很高;可选的材料种类有限,必须是光敏树脂;工件成形过程中不可避免地使聚合物收缩产生内部应力,从而引起工件翘曲和其他变形;需要设计工件的支撑结构,确保在成形过程中工件的每一结构部位都能可靠定位。

### 2. 叠层制造

叠层制造(Laminated Object Manufacturing,LOM)是通过对原料纸进行层合与激光切割来形成零件,如图 6-2 所示。LOM 工艺先将单面涂有热熔胶的胶纸带通过加热辊加热加压,与先前已形成的实体黏结(层合)在一起,此时,位于其上方的激光器按照分层 CAD 模型所获得的数据,将一层纸切割成所制零件的内外轮廓。轮廓以外不需要的区域,则用激光切割成小方块(废料),这些小方块在成形过程中可以起支撑和固定作用。该层切割完后,工作台下降一个纸厚的高度,然后新的一层纸再平铺在刚成形的面上,通过热压装置将它与下面已切割层黏合在一起,激光束再次进行切割。经过多次循环工作,最后形成由许多小废料块包围的三维原型零件。然后取出原型,将多余的废料块剔除,就可以获得三维产品。胶纸片的厚度一般为 0.07~0.15mm。由于 LOM 工艺不需要激光扫描整个模型截面,只要切出内外轮廓即可,因此,制模的时间取决于零件的尺寸和复杂程度,成形速度比较快,制成模型后用聚氨酯喷涂即可使用。

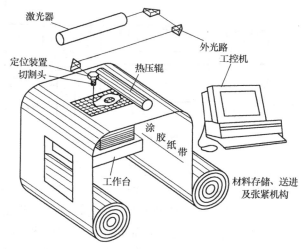

图 6-2　叠层制造原理图

LOM 的优点是:

① 设备价格低廉(与 SLA 相比),采用小功率 $CO_2$ 激光器,不仅成本低廉,而且使用寿命也长,造型材料成本低;

② 造型材料一般是涂有热熔树脂及添加剂的纸,制造过程中无相变,精度高,几乎不存在收缩和翘曲变形,原型强度和刚度高,几何尺寸稳定性好,可用常规木材加工的方法对表面进行抛光;

③ 采用 SLA 方法制造原型,需对整个截面扫描才能使树脂固化,而 LOM 方法只需切割截面轮廓,成形速度快,原型制造时间短;

④ 无须设计和构建支撑结构；

⑤ 能制造大尺寸零件，工业应用面广；

⑥ 代替蜡材，烧制时不膨胀，便于熔模铸造。

该方法也存在一些不足：

① 可供应用的原材料种类较少，尽管可选用若干原材料，如纸、塑料、陶土及合成材料，但目前常用的只是纸，其他箔材尚在研制中；

② 纸质零件很容易吸潮，必须立即进行后处理、上漆；

③ 难以制造精细形状的零件，即仅限于结构简单的零件；

④ 由于难以（虽然并非不可能）去除里面的废料，该工艺不宜制造内部结构复杂的零件。

**3. 选择性激光烧结**

选择性激光烧结（Selected Laser Sintering, SLS）采用 $CO_2$ 激光器对粉末材料（塑料粉、陶瓷与黏结剂的混合粉、金属与黏结剂的混合粉等）进行选择性烧结，是一种由离散点一层层堆积成三维实体的工艺方法，如图 6-3 所示。

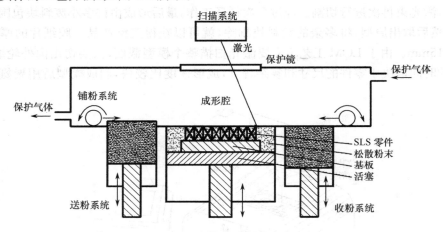

图 6-3　选择性激光烧结原理图

选择性激光烧结在开始加工之前，先将充有氮气的工作室升温，并保持在粉末的熔点以下。成形时，送料筒上升，铺粉滚筒移动，先在工作台上均匀地铺上一层很薄的（$100\sim200\,\mu m$）粉末材料，然后，激光束在计算机的控制下按照 CAD 模型离散后的截面轮廓对工件实体部分所在的粉末进行烧结，使粉末熔化继而形成一层固体轮廓。一层烧结完成后，工作台下降一层截面的高度，再铺上一层粉末进行烧结，如此循环，直至整个工件完成为止。最后经过 $5\sim10$ 小时冷却，即可从粉末缸中取出零件。未经烧结的粉末能承托正在烧结的工件，当烧结工序完成后，取出零件，未经烧结的粉末基本可自动脱落（必要时可用低压压缩空气清理），并重复利用。

SLS 与其他快速成形工艺相比，能制造很硬的零件；可以采用多种原料，如绝大多数工程用塑料、蜡、金属和陶瓷等；无须设计和构建支撑结构。

SLS 的缺点是预热和冷却时间长，总的成形周期长；零件表面粗糙度的高低受粉末颗粒及激光点大小的限制；零件的表面一般是多孔性的，后处理较为复杂。

选择性激光烧结工艺适合成形中小型零件，零件的翘曲变形比液态光固化成形工艺要小，适合于产品设计的可视化表现和制造功能测试零件。由于它可采用各种不同成分金属粉末进行烧结,进行渗铜后置处理,因而其制成的产品具有与金属零件相近的力学性能,故可用于制造 EDM 电极和金属模及小批量零件生产。

### 4. 熔丝堆积成形

熔丝堆积成形(Fused Deposition Modeling,FDM)工艺是一种不依靠激光作为成形能源,而将各种丝材加热熔化的成形方法,如图 6-4 所示。

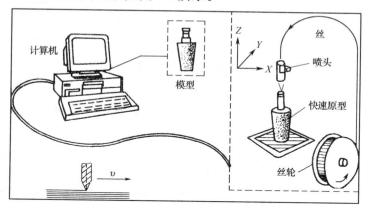

图 6-4　熔丝堆积成形原理图

熔丝堆积成形的原理是:加热喷头在计算机的控制下,根据产品零件的截面轮廓信息,做 X-Y 平面运动,热塑性丝材由供丝机构送至喷头,并在喷头中被加热至略高于其熔点,呈半流动状态,从喷头中挤压出来,很快凝固后形成一层薄片轮廓。一层截面成形完成后,工作台下降一层高度,再进行下一层的熔覆,一层叠一层,最后形成整体。每层厚度范围在 0.025～0.75mm 之间。

FDM 可快速制造瓶状或中空零件,工艺相对简单,费用较低;但精度较低,难以制造复杂的零件,且与截面垂直的方向强度小。

这种方法适合于产品概念建模及功能测试。FDM 所用材料为聚碳酸酯、铸造蜡材和 ABS,可实现塑料零件无注塑模成形制造。

### 5. 三维印刷

三维印刷与选择性激光烧结有些相似,不同之处在于它的成形方法是用黏结剂将粉末材料黏结,而不是用激光对粉末材料进行烧结,在成形过程中没有能量的直接介入。由于它的工作原理与打印机或绘图仪相似,因此,通常称为三维印刷(Three Dimensional Printing,TDP),如图 6-5 所示。这也就是传统意义上的 3D 打印,但近些年几乎将各种快速成形方法都称为 3D 打印。

TDP 的工作过程是:含有水基黏结剂的喷头在计算机的控制下,按照零件截面轮廓的信息,在铺好一层粉末材料的工作平台上,有选择性地喷射黏结剂,使部分粉末黏结在一起,形成截面轮廓。一层粉末成形完成后,工作台下降一个截面层高度,再铺上一层粉末,进行下一层轮廓的黏结,如此循环,最终形成三维产品的原型。为提高原型零件的强度,可用浸蜡、树脂或特种黏结剂做进一步的固化。

TDP 具有设备简单,粉末材料价格较便宜,制造成本低和成形速度快(高度方向可达 25～50mm/h)等优点,但 TDP 制成的零件尺寸精度较低(为 0.1～0.2mm),强度较低。TDP 法适用的材料范围很广,甚至可以制造陶瓷模,主要问题是表面粗糙度较差。

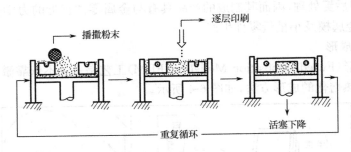

图 6-5　三维印刷原理图

# 6.2　基于 RP 的快速制模技术

应用快速成形技术制造快速模具(RP＋RT),在最终生产模具之前进行新产品试制与小批量生产,可以大大提高产品开发的一次成功率,有效地缩短开发时间和降低成本。

RP＋RT 技术提供了一种从模具 CAD 模型直接制造模具的新的概念和方法,它将模具的概念设计和加工工艺集成在一个 CAD/CAM 系统内,为并行工程的应用创造了良好的条件。RT 技术采用 RP 多回路、快速信息反馈的设计与制造方法,结合各种计算机模拟与分析手段,形成了一整套全新的模具设计与制造系统。

利用快速成形技术制造快速模具可以分为直接模具制造和间接模具制造两大类。

基于快速成形技术的各种快速制模技术如图 6-6 所示。

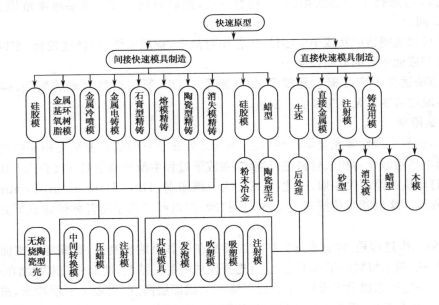

图 6-6　快速制模技术

## 6.2.1　直接快速模具制造

直接快速模具制造指的是利用不同类型的快速原型技术直接制造出模具,然后进行一些必要的后处理和机加工以获得模具所要求的力学性能、尺寸精度和表面粗糙度。目前,能够直接制造金属模具的快速成形工艺包括:选择性激光烧结(SLS)、形状沉积制造(SDM)和三维焊接(3D Welding)等。

直接快速模具制造环节简单,能够较充分地发挥快速成形技术的优势,特别是与计算机技术密切结合,快速完成模具制造。对于那些需要复杂形状的、内流道冷却的注塑模具,采用直接快速模具制造有着其他方法不能替代的优势。

运用 SLS 直接快速模具制造工艺方法能在 5～10 天之内制造出生产用的注塑模,其主要步骤是:

① 利用三维 CAD 模型先在烧结站制造产品零件的原型,进行评价和修改,然后,将产品零件设计转换为模具型芯设计,并将模具型芯的 CAD 文件转换成 STL 格式,输入烧结站;

② 烧结站的计算机系统对模具型芯 CAD 文件进行处理,然后,烧结站按照切片后的轮廓将粉末烧结成模具型芯原型;

③ 将制造好的模具型芯原型放进聚合物溶液中,进行初次浸渗,烘干后放入气体控制熔炉,将模具型芯原型内含有的聚合物蒸发,然后渗铜,即可获得密实的模具型芯;

④ 修磨模具型芯,将模具型芯镶入模坯,完成注塑模的制造。

采用直接 RT 方法在模具精度和性能控制方面比较困难,特殊的后处理设备与工艺使成本提高较大,模具的尺寸也受到较大的限制。与之相比,间接快速模具制造可以与传统的模具翻制技术相结合,根据不同的应用要求,使用不同复杂程度和成本的工艺,一方面可以较好地控制模具的精度、表面质量、力学性能与使用寿命,另一方面也可以满足经济性的要求。因此,目前研究的侧重点是间接快速模具制造技术。

## 6.2.2　间接快速模具制造

用快速原型制母模,浇注蜡、硅橡胶、环氧树脂或聚氨酯等软材料,可构成软模具。用这种合成材料制造的注射模,其模具使用寿命可达 50～5000 件。

用快速原型制母模或软模具与熔模铸造、陶瓷型精密铸造、电铸或冷喷等传统工艺结合,即可制成硬模具,能批量生产塑料件或金属件。硬模具通常具有较好的机械加工性能,可进行局部切削加工,获得更高的精度,并可嵌入镶块、冷却部件和浇道等。

下面简单介绍几种常用的间接快速模具制造技术。

### 1. 硅胶模

以原型为样件,采用硫化的有机硅橡胶浇注,直接制造硅橡胶模具。由于硅橡胶具有良好的柔性和弹性,对于结构复杂、花纹精细、无拔模斜度或具有倒拔模斜度,以及具有深凹槽的零件来说,制品成形后均可顺利脱模,这是其相对于其他模具的独特之处。

### 2. 金属冷喷模

先加工一个 RP 原型,再将雾状金属粉末喷涂到 RP 原型上产生一个金属硬壳,将此硬壳分离下来,用填充铝的环氧树脂或硅橡胶支撑并埋入冷却管道,即可制造出精密的注塑模具。其特点是工艺简单,周期短,型腔及其表面精细花纹一次同时形成。这一方法省略了传统加工工艺中详细画图、机械加工及热处理等 3 个耗时费钱的过程。模具寿命可达 10000 次。

### 3. 熔模精铸(失蜡铸造)

熔模精铸的长处就是利用模型制造复杂的零件,RP 的优势是能迅速制造出模型。二者的结合就可制造出无须机加工的复杂零件。其制造过程是在 RP 原型的表面涂覆陶瓷耐火材料,熔烧时烧掉原型而剩下陶瓷型壳;向型壳中浇注金属液,冷却后即可得金属件,该法制造的制件表面光洁。如批量较大,可由 RPM 原型制得硅橡胶模,再用硅橡胶模翻制多个消失模,用于精密铸造。

### 4. 陶瓷型或石膏型精铸

其工艺过程为:

① 用快速成形系统制造母模,浇注硅橡胶、环氧树脂或聚氨酯等软材料,构成软模;

② 移去母模,在软模中浇注陶瓷或石膏,得到陶瓷或石膏模;

③ 在陶瓷或石膏模中浇注钢水,得到所需要的型腔;

④ 型腔经表面抛光后,加入相关的浇注系统或冷却系统等后,即成为可批量生产用的注塑模。

# 6.3 熔模铸造

熔模铸造是用易熔材料制成精确的一次性模型,铸造出尺寸精度和表面粗糙度要求较高的铸件,因此也称为熔模精密铸造。由于一次性模型常用蜡模,故又常称为失蜡铸造。

熔模铸造有以下几个特点:

● 铸件尺寸精度高,表面光洁;

● 几乎无切削余量,能生产形状复杂的零件;

● 铸件材料几乎不受限制,有利于加工超高强度合金、耐热合金及难加工材料;

● 适应各种批量的生产。

熔模铸造每生产一个铸件就要消耗一个熔模。对于批量生产制取熔模的方法是采用压型(模具),而单件或小批量生产则可采用快速成形方法获得熔模。熔模的质量直接影响铸件的质量。图 6-7 为熔模铸造工艺流程图。

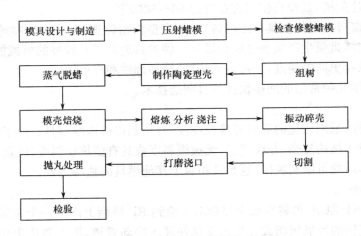

图 6-7 熔模铸造工艺流程图

### 1. 熔模的制造

(1) 模料要求

合理选用熔模材料对于制备高质量的熔模是十分重要的。为了适应产品及工艺过程的需要,用于熔模铸造的熔模材料(简称模料)应符合下列基本要求:

① 模料的熔点在 60～100℃ 范围内,模料的软化点不低于 35～40℃;

② 具有良好的流动性和成形性;

③ 具有一定的强度和表面硬度;

④ 焊接性和涂挂性良好;

⑤ 灰分少。

此外还应具备稳定性好、制备简便、回收方便、复用性好、无公害和模料资源丰富等特点。

模料配制工艺的正确与否将直接影响模料的性能,从而影响熔模与铸件的质量。为使模料获得最佳性能,在配制模料时,要求各组分混合均匀,防止各组分烧损与变质。

（2）压注熔模

压注熔模是把配制好的模料在一定温度和压力下注入压型,经一定时间的保压与冷却后起型,制得所需的熔模。模料的温度、压型温度、压力大小和保压时间等均影响熔模质量。

（3）组合

熔模在组合前需清理与修整,对于尺寸要求高的零件,必须对熔模的几何形状及尺寸进行检验,然后按浇铸工艺要求,用浇注系统将熔模焊接成模组。焊接一般采用烙铁或电热刀手工操作。

**2. 制壳**

熔模铸造的铸型大体上可分为实体型壳与多层型壳两种,当前国内普遍采用的是多层型壳。多层型壳又分为装箱填砂和不装箱填砂两种,后者常称为高强度型壳。

（1）对型壳基本性能的要求

为了获得表面光洁、尺寸精确的熔模铸件,除首先要获得优质的熔模外,还必须制成优质的型壳。型壳应强度高、透气性好、热膨胀性小、热稳定性好、高温化学稳定性好。

（2）耐火材料及黏结剂

① 耐火材料。耐火材料为制壳的基本材料,按其高温下的化学性质分为酸性、碱性及两性等 3 种。熔模铸造中常用的耐火材料及其性能见表 6-1。

表 6-1　熔模铸造中常用的耐火材料及其性能

| 材料名称 | 化学性质 | 熔化温度(℃) | 耐火度/(℃) | 密度(g/cm³) | 线膨胀系数 $\alpha$(1/℃) 20～1000℃ | 导热系数 $\lambda$/(W/(m·℃)) 400℃ | 1200℃ |
|---|---|---|---|---|---|---|---|
| 石英 | 酸性 | 1713 | 1680 | 2.7 | | | |
| 熔融石英 | 酸性 | 1713 | | 2.2 | $0.5×10^{-6}$ | 1.591 | |
| 电熔石英 | 两性 | 2050 | 2000 | 4.0 | $8.6×10^{-6}$ | 12.6 | 5.023 |
| 耐火石英 | 酸性 | | 1670～1710 | | | | |
| 莫米石英 | 两性 | 1810 | | 3.16 | $4.5×10^{-6}$ | 1.214 | 1.549 |
| 硅线石英 | 弱酸 | 1545 | | 3.25 | $3.3～6×10^{-6}$ | | |
| 锆英石 | 弱酸 | 1775 | | 4.5 | $5.1×10^{-6}$ | | 2.09 |

② 黏结剂。黏结剂的种类很多,常用的有水玻璃、硅酸乙酯和硅溶胶。水玻璃与硅溶胶是以水为溶剂的碱性溶胶,硅酸乙酯是以乙醇为溶剂的酸性溶胶,但它们本质上均为硅酸溶胶,只要满足一定条件均可析出硅胶并具有一定强度,使耐火材料牢固地黏结在一起。

（3）制壳工艺

将模组浸入由黏结剂及耐火材料组成的涂料中，使模组沾上一层均匀的涂料，然后再撒上一定粒度的干砂，经硬化干燥后便得到一层型壳，这样重复操作即获得所需厚度的多层型壳。其工艺流程为：涂料配制—涂挂及撒砂—型壳的干燥和硬化—熔失模料。

### 3. 型壳焙烧与浇注

型壳需经高温焙烧后方可进行浇注。焙烧的作用有：烧掉型壳中残存的模料；去除型壳中的水分；提高型壳的透气性；提高金属液体在型壳中的流动性。

对于高膨胀率的耐火材料，如硅系耐火材料，焙烧工艺宜采用缓慢升温方式，进炉的温度不宜超过 500℃，进炉后缓慢升温到 850～950℃，保温 2～4h 后即可浇注。

合金浇入型壳的方法有重力浇注、压力浇注和离心浇注等 3 种。绝大多数零件均采用重力浇注，其浇注形式多用浇包浇注，但也有用熔化炉直接浇注的，如用小型回转电弧炉及真空感应炉等直接浇注。

### 4. 铸件的处理

铸件的处理主要有以下内容。

（1）脱壳

浇注冷却后的铸件必须清除型壳，这是熔模铸造中较为繁重的工序。清除方法有振动、喷丸、高压水、电液压和化学清理等几种方法，其中振动脱壳方法在生产中应用较为普遍。

（2）切割

脱壳后的铸件要切除浇冒口，切割的方法有气割、砂轮切割、压力机切割和阳极切割等。碳素钢及低合金钢的零件常用氧-乙炔切割，它对有两个以上内浇口的零件尤为合适；高合金钢或不锈钢的零件宜用砂轮切割；较小的熔模铸件采用易割浇口时，则可用压力机冲压或其他办法切除。

（3）碱洗

清除铸件上残存的型壳一般用碱洗来完成，用苛性钠或苛性钾溶液，使黏附在铸件表面的黏砂生成硅酸钠或硅酸钾，从而达到化学清砂的目的。苛性钠溶液的浓度一般控制在 20%～30%；苛性钾溶液的浓度一般控制在 40%～50%。铸件经碱洗后必须清洗，以去除残存的碱液，碱洗对于铝合金铸件是不适用的，它会造成表面严重腐蚀而导致零件报废。钢合金零件虽可进行碱洗，但随后需进行中和处理，防止铸件产生锈斑。

（4）热处理

熔模铸件与其他铸件一样，铸态晶粒粗大且具有内应力，特别对于结构复杂或经过矫正的铸件，其内应力更大。因此必须通过热处理加以消除，以提高机械性能并有利于机械加工。常用的热处理方法有正火、退火、渗碳、调质和时效等。

碳素钢铸件一般在浇注的冷却过程中就产生了表面脱碳，不能满足模具型腔零件对疲劳强度和耐磨性的要求，为此必须增加表面加工余量或进行渗碳处理。用于模具上的铸件经清理及热处理后，加工外形、导柱导套孔、螺钉孔和水道等，再精加工型腔即可进行装配。

# 6.4　硅橡胶模具

## 6.4.1　硅橡胶模具材料的类型与特点

目前，制模用的硅橡胶是双组分的液体硅橡胶，分为缩合型和加成型两类。

缩合型模具硅橡胶的主要组分包括：端基和部分侧基为羟基的聚硅氧烷（生胶）、填料、交联剂和硫化促进剂。

加成型模具硅橡胶的主要组分包括：端基和部分侧基为乙烯基的聚硅氧烷（生胶）、含氢硅油（交联剂）、铂触媒（催化剂）、白炭黑（填料）。

目前，这两种模具硅橡胶材料已在国内外许多行业获得了广泛应用。一般来说，缩合型模具硅橡胶的撕裂强度较低，在模具制造与使用过程中易被撕破，因此很难适用于花纹深且形状复杂的模具。在用缩合型模具胶制造厚模具的过程中，由于缩合交联过程中产生的乙醇等低分子物质难于完全排出，致使模具在受热时硅橡胶降解老化而显著影响其使用寿命；同时由于乙醇等低分子物质的排出致使硫化胶的体积收缩。因此，缩合型模具硅橡胶大多用做塑料与人造革生产中的高频压花模具或用于一些尺寸要求不精密的工艺品制造。

由于采用加成硫化体系，加成型模具硅橡胶在硫化时不产生低分子化合物，因而具有极低的线收缩率，胶料可以深部固化，而且物理性能、力学性能和耐热老化性能优异，成为了模具胶中正在大力发展的品种。加成型模具硅橡胶适用于制造精密模具和铸造模具，而且模具制造工艺简单，不损伤原型，仿真性好。

缩合型与加成型模具硅橡胶的具体比较见表 6-2 和表 6-3。

表 6-2　从硫化机理看体系的特征

| 特 征 指 标 | 缩 合 型 | 加 成 型 |
|---|---|---|
| 硫化速度的调整方法 | 硫化剂种类、用量 | 加热 |
| 硫化时的副产物 | 乙醇等 | 无 |
| 阻碍硫化的因素 | 无 | 有 |
| 电绝缘性 | 在硫化过程中会暂时下降 | 稳定 |
| 对原型的腐蚀性 | 有 | 无 |
| 耐热性 | 优良 | 优良 |
| 深度硫化 | 大部分可硫化 | 能 |
| 耐寒、耐水、耐候性 | 两者大致相同 | 两者大致相同 |
| 强度 | 低 | 高 |

表 6-3　从组成看体系的特征

| 组 　 成 | 加 成 型 | 缩 合 型 |
|---|---|---|
| 主成分 | 含乙烯基的聚硅氧烷 | 含硅醇基的聚硅氧烷 |
| 交联剂 | 含氢聚硅氧烷 | 烷氧基硅烷或烷氧基聚硅氧烷 |
| 催化剂 | 铂化合物 | 有机锡化合物 |
| 深部硬化剂 | 不必要 | 水、醇、多元醇等 |
| 反应抑制剂 | 四甲基四乙烯基环四硅氧烷、炔属醇等 | 含低分子硅烷醇的化合物 |
| 补强剂 | 补强白炭黑，乙烯基硅树脂 | 补强白炭黑 |
| 添加剂 | 颜料、脱模剂、耐热剂 | 颜料、脱模剂、耐热剂 |

### 6.4.2 硅橡胶模具制作方法

由于浇注普通硅橡胶时,会产生较多的气泡,从而影响成形品质,为此,常常采用真空浇注法进行浇注。根据硅橡胶的种类、零件的复杂程度和分型面的形状规则情况,这种方法又可以分为以下两种。

**1. 刀割分型面制作法**

这种方法适用于透明硅橡胶、分型面形状比较规则的情况,如图 6-8 所示,其硅橡胶模具制作的步骤如下。

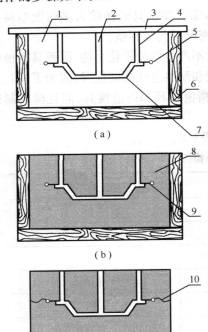

1—模框与原型样件的间距;2—浇注系统;
3—制成模具的横梁;4—排气口;
5—着色胶带标志的分模线;6—模框;
7—原型样件;8—透明 RTV 硅橡胶;
9—着色胶带;
10—锁栓和定位线用于切成分模线
图 6-8　使用透明硅橡胶
浇注模具的步骤

① 彻底清洁定型样件,即快速原型零件。

② 用薄的透明胶带建立分型线。首先要分析原型,选择分型面,硅橡胶模具分型面的选择较为灵活,有很多种不同的选择方法。根据原型零件的形状特点,硅橡胶模具可以有上下两个型腔。选择不同分型面的目的就是要使得脱模较为方便,不损伤模具,避免模具变形或影响模具应有的寿命。

③ 利用彩色、清洁胶带纸将定型样件边缘围上,以做后期分模用。

④ 利用薄板围框,将定型样件固定在围框内,必要时在定型样件上黏结固定一些通气杆。根据原型零件的不同,应选择、制作合适的模框,首先模框不能太小,如果太小,模具制作出来以后侧壁太薄,分模时容易造成模具损坏,并且影响模具的寿命。当然模框过大也会造成不必要的浪费,增加成本。

⑤ 计算硅胶、固化剂用量,称重、混合后放入真空注型机中抽真空,并保持真空 10min。

⑥ 将抽真空后的硅胶倒入构建的围框内,之后,将其放入压力罐内,在 0.4~0.6MPa 压力下,保持 15~30min 以排除混入其中的空气。

⑦ 浇注好的硅橡胶,要在室温 25℃左右放置 4~8h,待硅橡胶不黏手后,再放入烘箱内 100℃保持 8h 左右,这样即可使硅橡胶充分固化。

⑧ 待完全固化后拆除围框,随分模边界用手术刀片对硅胶模分型。

⑨ 把定型样件完全外露并取走,得到硅胶模。如果发现模具有少量缺陷,可以用新配的硅橡胶修补,并经同样固化处理即可。

**2. 哈夫式制作法**

这种方法适用于不透明硅橡胶或分型面形状比较复杂的情况,采用刀割分型面的方法很难使刀割的轨迹与实际要求的分型面相吻合,因此,采用哈夫式制作法,如图 6-9 所示,其硅橡胶模具的制作步骤如下。

① 彻底清洁定型件,即快速原型零件。

② 分析原型,选择分型面。

③ 利用薄板围框,根据原型零件的不同,应选择、制作合适的模框,首先模框不能太小,如果太小,模具制作出来后侧壁太薄,分模时容易造成模具损坏,并且影响模具的寿命。当然模框过大也会造成不必要的浪费,增加成本。

④ 用橡皮泥将定型样件固定在围框之内,橡皮泥的厚度约占围框高度的 1/2,并使橡皮泥与定型样件的相交线为分型面的部位。

⑤ 在橡皮泥的上平面上,挖 2~4 个定位凹坑,用于上、下模合模时定位用。

⑥ 计算半模(如上模)所需的硅橡胶、固化剂用量,称重、混合后放入真空注塑机中抽真空,并保持真空 10min。

⑦ 将抽真空后的硅橡胶倒入构件的围框内,将其放入压力罐内,在 0.4~0.6MPa 压力下,保持 15~30min 以排除混入其中的空气。

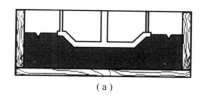

（a）

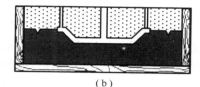

（b）

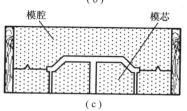

模腔　　　　　　　　　模芯

（c）

图 6-9　哈夫式制作法

⑧ 浇注好的硅橡胶,要在室温 25℃ 左右放置 4~8h,待硅橡胶不黏手后,再放入烘箱内 100℃ 下保持 8h 左右,这样即可使硅橡胶充分固化。

⑨ 待硅橡胶完全固化后,将围框翻转 180°,取出橡皮泥,重新清洁定型样件,重复步骤⑥~⑧,做出硅橡胶模具的另一部分。

⑩ 拆除围框,把定型样件完全外露并取走,得到硅胶模。如果发现模具有少量缺陷,可以用新配的硅橡胶修补,并经同样固化处理即可。

上述方法能得到无气孔的硅橡胶模,但是需要配备真空成形箱。而且,大部分的操作都必须在真空中进行,比较麻烦,特别是制作大型硅橡胶模时尤其不方便。

### 6.4.3　硅橡胶模具的特点

硅橡胶具有良好的仿真性、较高的强度和较低的收缩率(1%~2%)。硅橡胶模具由于具有良好的柔性和弹性,对于结构复杂、花纹精细、无拔模斜度或具有倒拔模斜度,以及具有深凹槽的零件来说,在制品浇注完成后均可以直接取出,这是硅橡胶模具相对于其他模具来说具有的独特优点,同时由于硅橡胶具有耐高温的性能和良好的复制性和脱模性,因此它在塑料制品和低合金件的制作中具有广泛的用途。

硅橡胶模具可用做试制和小批量生产用注塑模、精铸蜡模和其他间接快速模具制造技术的中间过渡模,用做注塑模时其寿命一般为 10~80 件。

虽然硅橡胶模已得到很大的应用,但是,硅橡胶模仍存在一些问题,如强度较低,硅橡胶在长期加热后产生收缩现象等,这些问题有待今后在实践中进一步解决。

面对当今的市场竞争,企业要生存发展,要在整个市场中占有一席之地,就必须寻求一种快捷的生产方式。因此,大力发展硅橡胶快速制模具有巨大的市场前景。

# 6.5 电铸模具

## 6.5.1 电铸成形的原理和特点

### 1. 电铸成形基本原理

电铸的基本原理与电镀相同,如图 6-10 所示。它是在母模表面上,通过电铸获得适当厚度的金属沉积层,然后将这层金属沉积层从母模上分离下来,形成所需型腔或形面的一种加工方法。电镀与电铸的区别是:电镀镀层与基体牢固结合,而电铸的金属沉积层要便于与基体剥离;电镀镀层通常较薄,而电铸层较厚。

电铸工艺除用来制造模具型腔外,还可用于制造 EDM 用的电极等。电铸的材料可分为电铸镍、电铸铜和电铸铁 3 种。

电铸镍适用于小型拉深模和塑料模型腔。其成形清晰、复制性好,具有较高的机械强度和硬度,表面粗糙度低,但制造周期较长,成本较高。

电铸铜适用于塑料模、玻璃模型腔和电铸镍壳加固层。其导电性能好,操作方便,成本低,但机械强度和耐磨性较差,不耐酸,易氧化。

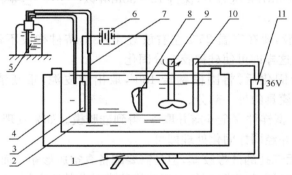

1—加热器(电炉);2—电铸液;3—阳极;4—电铸槽;5—蒸馏水瓶;6—直流电源;
7—玻璃管;8—母模;9—搅拌器;10—温度计;11—恒温控制器

图 6-10 电铸成形原理

电铸铁虽然成本低,但是质地松软,易腐蚀,电铸过程有气味,一般用于电铸镍壳加固层,修补磨损的机械零件。

### 2. 电铸成形的特点

在型腔模制造中,电铸工艺已得到广泛的应用,其特点如下:

① 电铸型腔与母模的尺寸误差小(复制性好),误差只有几微米,表面粗糙度二者相当或电铸型腔比母模略低一些;

② 从工艺上,把难以加工或不可能直接加工的内形(如斜齿轮模具型腔)转化为电铸母模的外形面加工,降低了加工难度;

③ 可直接用制品做母模来制造型腔;也可用电铸方法复制出已有的模具型腔,减少了很多工艺环节,提高了效率;

④ 电铸获得的型腔或电极可以满足使用要求,一般不需要修整。电铸镍型腔有较好的强度和硬度(抗拉强度 1400~1600MPa,硬度 35~50HRC),可以不进行热处理,避免变形。电铸铜电极纯度较高,有利于电加工;

⑤ 电铸时金属沉积速度缓慢,制造周期长,如电铸镍一般需要 1 周左右;

⑥ 电铸层厚度较薄(一般为 4～8mm),不易均匀,具有较大的内应力,大型电铸件变形显著,且不能承受大的冲击载荷。

虽然电铸成形本身的加工时间较长,但由于其工艺的独到之处,使模具的整体制造周期大为缩短,所以电铸模具也属于快速制模技术。

### 3. 电铸设备

电铸设备主要包括电铸槽、直流电源、恒温控制器和搅拌器等,如图 6-10 所示。

根据加热的方式不同,电铸槽有内热式和外热式两种,图 6-10 为外热式。

电铸槽材料的选择应以不与电解液发生化学反应引起腐蚀为原则。常用耐酸搪瓷或硬聚氯乙烯,也可用陶瓷。电铸槽容积按生产需要而定,其底部应装有阀门以便于换液,在上面四周应装有挂置阳极或母模用的框架。

由于电铸时间很长,所以必须设置恒温控制装置,包括加热器、水银导电温度计和恒温控制器等。为改善电铸时尖端放电现象,可以定期改变阳极和母模的电流方向(可采用电子换向器实现)。为加大电流密度,提高生产率,应具有搅拌器和循环过滤系统。为便于观察加工情况应采用特殊照明灯管等。

## 6.5.2 电铸成形的工艺过程

### 1. 工艺过程

电铸成形工艺不仅是指电沉积过程,还包括母模的制造、母模的脱出等过程。其流程可表示如下:

产品图样—母模设计—母模制造—前处理—电沉积—背衬加固—脱模—精加工—电铸件成品

### 2. 母模设计与制造

母模是为了得到电铸型腔而专门制造的一种模型。母模的外形与所需的型腔形状正好相反。电铸结束后,取出或破坏母模,即可得到电铸型腔。母模设计与制造应掌握以下几个原则:

① 母模尺寸要考虑到型腔尺寸的成形收缩率;

② 对于非破坏性母模应带有 $15'～30'$ 的脱模斜度,同时需考虑脱模措施;

③ 承受电铸部分应按制品需要加长 3～5mm,以备电铸后因端部粗糙时割除用;

④ 母模上应尽量避免出现尖角、尖棱和深槽;

⑤ 母模材料可以是金属,如钢、铜、铝或合金,也可以是非金属,如玻璃、塑料和蜡等;

⑥ 母模设计要便于采用常规手段加工制造。

### 3. 前处理

电铸前处理包括金属母模的镀脱模层、非金属母模的镀导电层、防水处理等。

(1) 镀脱模层

金属母模在抛光、除油、清洗之后,需镀上一层厚度为 $8～10\mu m$ 的脱模层。脱模层不能超过这个范围,以防止产品尺寸失真和影响电流通过。脱模层材料有硫化物、铬酸盐和碘化物等。如将钢、纯铜或镍制母模放在 $0.1\%$(质量分数)重铬酸钾溶液中处理,其表面会生成硫化物膜。

(2) 防水处理

用石膏或木材等制成的母模,在使用前可用喷漆或浸漆的方法进行防水处理。石膏还可以采用浸石蜡的方法进行防水处理。

（3）镀导电层

非金属母模不导电，不能直接用于电铸，必须先经过镀导电层处理，方法可以是涂敷导电漆、真空涂膜或阴极溅射，而更常用的是采取化学镀银或化学镀铜处理。

（4）引导线和包扎处理

母模经脱模处理或镀导电层处理后需进行引导线和绝缘包扎处理，其目的是使导电层能够在电沉积操作过程中良好地通电，并将非电铸表面予以隔离。

### 4. 电沉积（电铸）

与模具型腔有关的电铸一般为电铸镍和电铸铜。

1）电铸镍

（1）电铸镍溶液

常用电铸镍的电解液配方和操作条件见表6-4。

表6-4　电铸镍的电解液配方和操作条件　　　　　　　　　　单位：g/L

| 组　成 | | 规　格 | 配方1 | 配方2 | 配方3 |
|---|---|---|---|---|---|
| 硫酸镍 | | | 240～250 | 160 | 180 |
| 氯化镍 | | | 45～50 | | |
| 氯化钠 | | CP | | | 20 |
| 氯化氨 | | CP | | 25 | |
| 硼酸 | | | 30～40 | 30 | 30 |
| 硫酸镁 | | CP | | | 20 |
| 硫酸钠 | | CP | | | 50 |
| 十二烷基硫酸钠 | | CP | 0.05 | 0.05 | 0.05 |
| 1,2—萘二磺酸 | | CP | | 1 | |
| 糖精 | | 食用 | 1.5 | | 0.2 |
| 操作条件 | 电流密度（A/dm²） | | 0.5逐渐增至6 | 0.5逐渐增至6 | 0.5逐渐增至2 |
| | 温度（℃） | | 60 | 80 | 40～50 |
| | pH值（用硫酸和氢氧化钠调节） | | 4～4.5 | 5.5～5.8 | 4～4.5 |

配方1：韧性好，不易开裂，加工方便；镀层增长为4mm/周，硬度为25～30HRC；适用于电铸形状简单的型腔。

配方2：脆性大，不易加工；镀层增长为5～6mm/周，硬度为50HRC以上；适用于电铸工作压力不大、硬度要求较高、形状简单的型腔。

配方3：力学性能与配方1相似，但适用于电铸工作压力大、形状复杂的型腔。

（2）电铸镍的影响因素

① pH值。pH值高，阴极的电流效率高，镀层均匀；过高，阴极板上会出现碱或镍盐沉淀，有利于气泡停留，使镀层结晶粗糙，力学性能降低。pH值低，阳极溶解性好，阴极电流效率低；过低，不能正常电铸。

② 温度。一定的温度可改善溶液导电性，降低镀层内应力，增加柔软性。温度过低，会导致镀层开裂。

③ 电流密度。刚开始时,电流密度大,母模的尖端、棱角处镀层生成特别快,产生畸形,因此,电流密度要小,3 天至 1 周后,才逐渐加到规定的较大值。

④ 母模与阳极的相对位置。母模与阳极距离宜大而均匀,回转体母模最好用 3 块阳极板环围着母模,母模凹凸的一面朝上或倾斜朝上,便于气泡逸出。阳极板与母模的距离以大于 200mm 为宜。母模不能露出液面。

⑤ 镍阳极板。镍阳极板必须采用高纯度电解镍板,其表面积应比阴极板大 1～2 倍。镍阳极板需经酸洗、水冲洗干净后,装入涤纶袋后放入槽内,用铜螺钉与导线相连。

2)电铸铜

常用电铸铜的电解液配方见表 6-5。

表 6-5　电铸铜的电解液配方

| 组　　成 | 配方 1 | 配方 2 | 配方 3 | 配方 4 |
|---|---|---|---|---|
| 硫酸铜 | 200～250g | 250～270g | 200～250g | 170～260g |
| 硫酸 | 50～60g | 60～75g | 50～75g | 30～75g |
| 均染剂 102 | 0.1～0.2mg | | | |
| 硫脲 | 0.01～0.06g | | | |
| 酚磺酸 | | 8ml | | |
| 阿拉伯树脂 | 0.1g | | | |
| 酒精 | | | 5ml | |
| 聚乙二醇 | | | 3～5g | |
| 蒸馏水 | 1000ml | 1000ml | 1000ml | 1000ml |

电铸时温度高,生产率也高,但电铸层晶粒会变得粗大,对非金属母模而言还易产生变形。一般电铸铜的温度为 25～50℃,树脂类母模以 20～30℃为宜。

### 5. 背衬加固

电铸成形件壁厚较薄,一般均需加固。加固方法可根据电铸件的形状、大小和技术要求而定。一般常用的有以下几种。

（1）喷涂金属

电铸层经喷涂达到一定厚度后,再将外形加工至所需形状。

（2）无机黏结

将电铸件外形简单修整,按其形状配做钢套,单边间隙 0.2～0.3mm,用无机黏结剂将二者黏在一起。

（3）浇注环氧树脂或低熔点合金

在电铸件外形与模框之间浇注环氧树脂或低熔点合金是较为常用的一种办法。

### 6. 脱模

非破坏性母模(如金属母模)可通过预定的脱模装置(如图 6-11 所示的螺钉)脱模。破坏性母模可用各种物理的或化学的方法将母模与电铸件分开。

### 7. 精加工

对分型面进行修整,加工流道、浇口等。

至此获得电铸件成品,然后进行装配,完成模具制造。

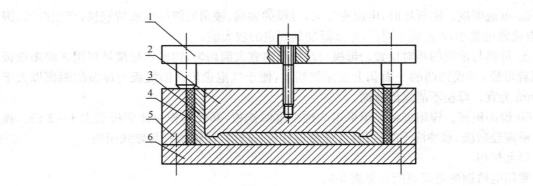

1—卸模架;2—母模;3—电铸型腔;4—背衬;5—模框;6—垫板

图 6-11  电铸母模的脱模

# 复习思考题

6-1  什么是快速成形技术？简述其和传统的制造方法的不同之处。

6-2  目前比较成熟的快速成形技术有哪几种？简述其成形原理。

6-3  什么是直接快速模具制造？什么是间接快速模具制造？

6-4  简述熔模铸造工艺流程。

6-5  了解硅橡胶模具的制作过程。

6-6  了解电铸成形的原理和特点。

# 第7章　模具表面加工与处理

　　模具表面通常是指模具成形零件上,直接参与制品内、外形状成形的表面。模具表面的质量反映了成形零件表面的几何特征和表面层特性。它对成形制品的外观质量与模具使用寿命具有重要影响。因此,在模具设计与制造中,对模具表面质量的要求越来越高。由于这类表面在模具工作过程中,不仅要承受各种应力如成形压力、摩擦力和黏附力等的作用,同时还要受到高温与各种腐蚀介质等作用,因而很容易造成模具表面的过早失效与损伤。

　　模具表面处理就是通过施加各种覆盖层和采用各种表面改性技术,使模具表面具有较本体更高的耐蚀、耐磨、耐高温和抗疲劳等性能,从而达到改善模具使用性能,延长模具寿命的目的。

　　模具表面处理的作用如下。

　　① 提高模具型腔表面硬度、耐磨性、耐蚀性和抗高温氧化性能,大幅度提高模具的使用寿命。耐蚀,如塑料在成形前后产生的腐蚀性气体对模具的侵蚀;耐磨,如成形物料的摩擦,金属流动的冲击;耐高温,如压铸模瞬间在400℃高温下工作;抗疲劳,如级进模的高速往复运动。

　　② 降低表面粗糙度,提高脱模能力,从而提高生产率,如塑料制品的脱模。

　　③ 用于模具形面的修复,如利用电刷镀技术对模具进行局部修复。

　　④ 用于模具型腔表面的纹饰加工,以提高制品的档次和附加值。

　　提高模具表面质量的措施有多种,对于不同类型的模具,可采取不同的方法。目前在提高模具表面质量方面常用如下方法:一是着重改善模具表面的几何特征,如表面光整加工或精整加工;二是着重于改善表面的力学性能,如表面覆层和表面改性处理。这些方法在实践中都获得了成功的应用。

## 7.1　模具表面光整加工

### 7.1.1　光整加工的特点与分类

　　光整加工是指精加工后,从工件上不切除或只切除极薄材料层,以降低工件表面粗糙度或强化其表面的加工方法。光整加工可以获得比一般机械加工更高的表面质量,其特点如下:

　　① 光整加工的加工余量小,原则上只改善表面质量(降低粗糙度,消除划痕和毛刺等),不影响加工精度;

　　② 光整加工是用细粒度的磨料对工件表面进行微量切削和挤压、划擦的过程,不需要很精确的成形运动,但需要保证磨具与工件加工表面之间具有尽量复杂的相对运动和较大的随机性接触,以使表面误差逐步均化直到消除,从而获得很高的表面质量;

　　③ 光整加工时,磨具相对于工件没有确定的定位基准,一般不能修正加工表面的形状和位置误差,其加工精度要靠先行工序保证。

　　光整加工的方法及类型有多种,若按加工功能来分,可分为以下几类:

　　① 以降低零件表面粗糙度为主要目的,如光整磨削、研磨、珩磨和抛光等;

② 以改善零件表面力学性能为主要目的，如滚压、喷丸强化和挤压等；

③ 以去除毛刺飞边、棱边倒圆等为主要目的，如喷砂、滚磨等。

## 7.1.2  研磨加工

研磨是一种使用研具和游离磨料对被加工表面进行微量加工的精密加工方法，可用于各种钢、铸铁、铜、铝、硬质合金等金属材料，以及玻璃、陶瓷、半导体等非金属材料零件的平面、内外圆柱面、圆锥面和其他形面的加工。研磨后的工件表面，可获得很低的表面粗糙度和很高的尺寸精度、几何形状精度及一定的位置精度，在模具制造中广泛应用。

### 1. 研磨的基本原理

研磨加工借助于研具与研磨剂，及其在工件表面上的相对运动产生的微量切削作用，从工件上研去一层极薄的表面层。这种微量切削，包含着物理和化学的作用。研磨加工过程如图 7-1 所示。

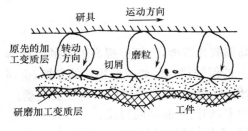

图 7-1  研磨加工过程

（1）物理作用

研磨时，研具的研磨面上均匀地涂有研磨剂，若研具材料的硬度低于工件，当研具和工件在压力作用下做相对运动时，研磨剂中具有尖锐棱角和高硬度的微粒，有些会被压嵌入研具表面上，有些则在研具和工件表面间滚动或滑动。这些微粒如同无数的切削刀刃，对工件表面产生微量的切削作用，并均匀地从工件表面切去一层极薄的金属。同时，钝化了的磨粒在研磨压力的作用下，通过挤压被加工表面的峰点，使被加工表面产生微挤压塑性变形，从而使工件逐渐得到高的尺寸精度和低的表面粗糙度。

（2）化学作用

当采用氧化铬、硬酯酸等研磨剂时，研磨剂和被加工表面产生化学作用，很快形成一层极薄的氧化膜，这层氧化膜很容易被磨掉。在研磨过程中，氧化膜不断地快速形成，又很快地被磨掉，如此多次地循环反复，使被加工表面的粗糙度降低。

### 2. 研磨的特点

研磨加工具有以下特点。

① 尺寸精度高。研磨采用极细的微粉磨料，机床、研具和工件处于弹性浮动工作状态，在低速、低压作用下，逐次磨去被加工表面的凸峰点，加工精度可达 $0.1 \sim 0.01\mu m$。

② 形状精度高。研磨时，工件基本处于自由状态，受力均匀，运动平稳，且运动精度不影响形位精度。加工圆柱体的圆柱度可达 $0.1\mu m$。

③ 表面粗糙度低。研磨属于微量进给磨削，切削深度小，且运动轨迹复杂，有利于降低工件表面粗糙度值。加工表面粗糙度可达 $R_a 0.01\mu m$。

④ 改善工件表面质量。研磨的切削热量小，工件变形小，变质层薄，表面不会出现微裂纹。同时能降低表面摩擦系数，提高耐磨和耐腐蚀性。研磨零件表层存在残余压应力，这种应力有利于提高零件表面的疲劳强度。

⑤ 研具的要求不高。研磨所用研具与设备一般比较简单，不要求具有极高的精度；但研具材料一般比工件软，研磨中会受到磨损，应注意及时修整与更换。

### 3. 研磨加工方法的分类及应用

（1）按研磨操作方式分类

手工研磨，即工件、研具的相对运动，均用手工操作。加工质量依赖于操作者的技艺水平，劳动强度大，工作效率低。适用于各类金属、非金属工件的各种表面。模具成形零件上的局部窄缝、狭槽、深孔、盲孔和死角等部位，仍然以手工研磨为主。

半机械研磨，即工件和研具之一采用简单的机械运动，另一个采用手工操作。劳动强度减低，加工质量仍与操作者技艺有关。主要用于工件内、外圆柱面，平面及圆锥面的研磨。模具零件研磨时常用。

机械研磨，即工件、研具的运动均采用机械运动，加工质量靠机械设备保证，工作效率比较高。适用于表面形状不太复杂和螺纹等零件的研磨。

（2）按研磨剂的使用条件分类

湿研磨，即研磨过程中将研磨剂涂抹于研具表面，磨料在研具和工件间随机地滚动或滑动，形成对工件表面的切削作用。加工效率较高，但加工表面的几何形状和尺寸精度及光泽度不如干研磨，多用于粗研和半精研平面与内外圆柱面。

干研磨，在研磨之前，先将磨粒均匀地压嵌入研具工作表面一定深度，称为嵌砂。研磨过程中，研具与工件保持一定的压力，并按一定的轨迹做相对运动，实现微切削作用，从而获得很高的尺寸精度和低的表面粗糙度，以及光泽的表面。干研磨时，一般不加或仅涂微量的润滑研磨剂。一般用于精研平面，生产效率不高。

半干研磨，类似湿式研磨，采用糊状研磨膏。研磨时根据工件加工精度和表面粗糙度的要求，适时地涂敷研磨膏。各类工件的粗、精研磨均适用。

### 4. 研磨工艺

研磨加工是一个复杂的工艺过程，合理地确定研磨加工工艺参数，是获得高质量加工表面的关键。

1）研具

研具既是研磨剂的载体，用以涂敷和镶嵌磨料，使游离的磨粒嵌入研具工作表面发挥切削作用；又是研磨成形的工具，要求自身具有较高的几何形状精度，并将其按一定的方式传递到工件上。因此，对研具的材料、几何形状和表面粗糙度都有较高的要求。

（1）研具材料

研具材料选择的原则是：

① 材料组织结构均匀致密，有很高的耐磨性和精度稳定性，以保证研磨工件的均匀性；

② 研具材料的硬度应稍低于工件，且硬度的一致性要好，以保证磨料良好的嵌入性；

③ 研具材料应与磨料的种类及工件材料相适应。

常用的研具材料有如下几种。

① 灰铸铁。晶粒细小，具有良好的润滑性；硬度适中，磨耗低；研磨效果好；价廉易得，应用广泛。

② 球墨铸铁。比一般铸铁容易嵌存磨料，可使磨粒嵌入牢固、均匀，同时能增加研具的耐用度，可获得高质量的研磨效果。

③ 软钢。韧性较好，强度较高；常用于制作小型研具，如研磨小孔、窄槽等。

④ 各种有色金属及合金，如铜、黄铜、青铜、锡、铝、铅锡合金等，材质较软，表面容易嵌入磨粒，适宜做软钢类工件的研具。

⑤ 非金属材料,如木、竹、皮革、毛毡、纤维板、塑料、玻璃等。除玻璃以外,其他材料质地较软,磨粒易于嵌入,可获得良好的研磨效果。

(2) 研具种类

在模具制造中,根据不同的工件形状与要求,应用不同类型的研磨工具。常用的研具有以下几种。

① 研磨平板用于研磨平面,有带槽和无槽两种类型。带槽的用于粗研,无槽的用于精研,如图 7-2 所示。模具零件上的小平面,常用自制的小平板进行研磨。

② 研磨环主要用于研磨外圆柱表面。研磨环的内径比工件的外径大 0.025～0.05mm,其结构如图 7-3 所示。如图 7-3(a)所示是可更换的研磨环,其中间有开口的调节圈 1。当使用一段时间后,研磨环内孔磨大了,可通过外环 2 上的调节螺钉 3 使调节圈 1 的内孔缩小,来达到所需的间隙。如图 7-3(b)所示的研磨环,其调节圈的内孔上开有两条槽,使研磨环具有弹性,孔径由螺钉来调节,研磨环的长度一般为孔径的 1～2 倍。

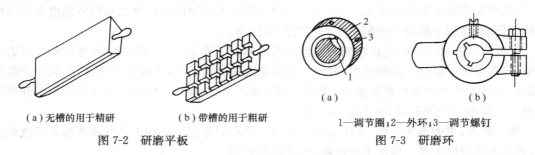

（a）无槽的用于精研　　（b）带槽的用于粗研

图 7-2　研磨平板

1—调节圈;2—外环;3—调节螺钉

图 7-3　研磨环

③ 研磨棒主要用于圆柱孔的研磨,分固定式和可调式两种,如图 7-4 所示。固定式研磨棒制造容易,但磨损后无法补偿。它有有槽和无槽两种结构,有槽的用于粗研,无槽的用于精研。

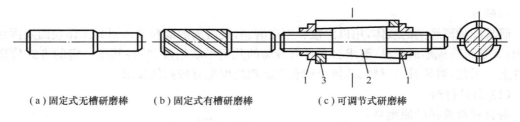

（a）固定式无槽研磨棒　　（b）固定式有槽研磨棒　　（c）可调节式研磨棒

1—调节螺母;2—锥度芯棒;3—开槽研磨套

图 7-4　研磨棒

可调式研磨棒能在一定尺寸范围内进行调节,研具长度为被研磨表面长度的 0.7～1.5 倍,其结构也有开槽和不开槽两种。

若把研磨环的内孔和研磨棒的外圆做成圆锥形,可用于研磨内外圆锥表面。

2) 研磨运动轨迹

研磨时,为保证工件表面被均匀地研削,以获得良好的加工质量,要求研具和工件之间的相对运动轨迹应能保证工件加工表面和研具工作表面上各点均有相同或相近的研削条件。研磨运动应满足以下要求:

① 工件相对研具平面做平行运动,保证工件表面上各点有相同或相近的研磨行程;

② 工件的运动应遍及整个研具表面,以利于研具表面均匀磨损;

③ 研磨运动应力求平衡,运动方向应有规律地缓慢变化,尽量避免曲率过大的转角,并且工件上任一点的运动轨迹应尽量不出现周期性的重复;

④ 及时更换工件的前进方向,使研磨纹路交错多变,有利于表面粗糙度的降低。

常用的研磨运动轨迹有直线式、正弦曲线、摆线和椭圆线等几种。不同的运动轨迹,可获得不同的加工精度与表面粗糙度。

3) 研磨剂

研磨剂是由磨料、研磨液及辅料按一定比例配制而成的混合物。常用的研磨剂有液体和固体两大类。液体研磨剂由研磨粉、硬酯酸、航空汽油、煤油等配制而成;固体研磨剂是指研磨膏,一般选用无腐蚀性载体如硬酯酸、硬蜡、肥皂片、凡士林等,加不同磨料配制而成。

(1) 磨料

磨料的种类很多,常用的磨料种类及其应用范围见表 7-1。

表 7-1 常用磨料及其应用范围

| 系　　列 | 磨料名称 | 颜　　色 | 应　用　范　围 |
|---|---|---|---|
| 刚玉 | 棕刚玉 | 棕褐色 | 粗、精研钢、铸铁及青铜 |
| | 白刚玉 | 白色 | 粗研淬火钢、高速钢及有色金属 |
| | 铬刚玉 | 紫红色 | 研磨低粗糙度表面、各种钢件 |
| | 单晶刚玉 | 透明、无色 | 研磨不锈钢等强度高、韧性大的工件 |
| 碳化物 | 黑碳化硅 | 黑色半透明 | 研磨铸铁、黄铜、铝等材料 |
| | 绿碳化硅 | 绿色半透明 | 研磨硬质合金、硬铬、玻璃、陶瓷、石材等材料 |
| | 碳化硼 | 灰黑色 | 研磨硬质合金、陶瓷、人造宝石等高硬度材料 |
| 超硬磨料 | 天然金刚石 | 灰色至 | 研磨硬质合金、人造宝石、玻璃、陶瓷、半导体材料等高硬度难加工材料 |
| | 人造金刚石 | 黄白色 | |
| | 立方氮化硼 | 琥珀色 | 研磨硬度高的淬火钢、高钒高钼高速钢、镍基合金钢等 |
| 软磨料 | 氧化铬 | 深红色 | 精细研磨或抛光钢、淬火钢、铸铁、光学玻璃及单晶硅等,氧化铈的研磨抛光效率是氧化铁的 1.5～2 倍 |
| | 氧化铁 | 铁红色 | |
| | 氧化铈 | 土黄色 | |
| | 氧化镁 | 白色 | |

磨料的选择一般要根据所要求的加工表面粗糙度来选择,从研磨加工的效率和质量来说,要求磨料的颗粒应均匀。粗研磨时,为了提高生产率,用较粗的粒度,如 W40～W28;精研磨时用较细的粒度,如 W28～W5;精细研磨时,则用更细的粒度,如 W3.5～W1,甚至用到 W0.5。

(2) 研磨液

研磨液主要起润滑与冷却作用。研磨液应具备以下条件。

① 有一定的黏度和稀释能力。磨料通过研磨液的调和稀释,使微粉均匀地黏附在研具表面上,对工件产生切削作用。

② 表面张力要低,粉末或颗粒易于沉淀,以保证较好的研磨效果。

③ 化学稳定性好,不因升温而分解变质,不腐蚀工件。

④ 能与磨粒很好地混合。

⑤ 对操作者无害,易于清洗。

常用的研磨液有煤油、10#和20#机油、工业用甘油、透平油及动物油等。

(3) 辅助材料

辅助材料是一种混合脂,在研磨过程中起吸附、润滑及化学作用。例如在研磨液中加入黏性较好的油酸,它会附着在工件表面上并快速产生一层氧化膜。研磨时,工件表面轮廓凸峰处的氧化膜首先被磨去,但很快又形成新的氧化膜。如此下去,工件表面就逐渐被磨平,而工件表面轮廓谷处的氧化膜保护其不至被继续氧化。常用辅助材料有硬脂酸、油酸、脂肪酸、蜂蜡和工业甘油等。

4) 研磨工艺参数

(1) 研磨压力

研磨压力是研磨表面单位面积上所承受的压力(MPa)。在研磨过程中,随着工件表面粗糙度的不断降低,研具与工件表面接触面积在不断增大,则研磨压力逐渐减小。研磨时,研具与工件的接触压力应适当。若研磨压力过大,会加快研具的磨损,使研磨表面粗糙度增高,影响研磨质量;反之,若研磨压力过小,会使切削能力降低,影响研磨效率。

研磨压力的范围一般在 0.01～0.5MPa。手工研磨时的研磨压力为 0.01～0.2MPa,精研时的研磨压力为 0.01～0.05MPa,机械研磨时,压力一般为 0.01～0.3MPa。当研磨压力在 0.04～0.2MPa 范围内时,对降低工件表面粗糙度收效显著。

(2) 研磨速度

研磨速度是影响研磨质量和效率的重要因素之一。在一定范围内,研磨速度与研磨效率成正比。但研磨速度过高时,会产生较高的热量,甚至会烧伤工件表面,研具磨损加剧,从而影响加工精度。一般粗研磨时,宜用较高的压力和较低的速度;而精研磨时,则用较低的压力和较高的速度。这样可提高生产效率和加工表面质量。

选择研磨速度时,应考虑加工精度、工件材料、硬度、研磨面积和加工方式等多方面因素。一般研磨速度应在 10～150m/min 范围内选择,精研速度应在 30m/min 以下。手工粗研磨时,每分钟为 40～60 次的往复运动;精研磨时为每分钟 20～40 次往复运动。

(3) 研磨余量

零件在研磨前的预加工质量与余量,将直接影响研磨加工时的精度与质量。由于研磨加工只能研磨掉很薄的表面层,因此,零件在研磨前的预加工,需有足够的尺寸精度、几何形状精度和表面粗糙度。对面积大或形状复杂且精度要求高的工件,研磨余量应取较大值。预加工的质量高,研磨量取较小值。通常,研磨余量的大小,应结合工件的材质、尺寸精度、工艺条件及研磨效率等来确定。研磨余量应尽量小,一般手工研磨不大于 $10\mu m$,机械研磨也应小于 $15\mu m$。

(4) 研磨效率

研磨效率以每分钟研磨去除表面层的厚度来表示。工件表面的硬度越高,研磨效率越低。对于一般淬火钢为 $1\mu m/min$,合金钢为 $0.3\mu m/min$,超硬材料为 $0.1\mu m/min$。通常在研磨的初期阶段,工件几何形状误差的消除和表面粗糙度的改善较快,而后则逐渐减慢,效率下降。这与所用磨料的粒度有关,磨粒粗,切削能力强,研磨效率高,但所得研磨表面质量低;磨粒细,切削能力弱,研磨效率低,但所得研磨表面质量高。因此,为提高研磨效率,选用磨料粒度时,应从粗到细,分级研磨,循序渐进地达到所要求的表面粗糙度。

### 7.1.3 抛光加工

抛光是用微细磨粒和软质工具,对工件表面进行加工的一种工件表面最终光饰加工方法。其主要目的是去除前工序留下的加工痕迹(如刀痕、磨纹、划痕、麻点、毛刺等),改善工件的表面粗糙度。

抛光与研磨的机理是相同的,人们习惯上把使用硬质研具的加工称为研磨,使用软质研具的加工称为抛光。抛光一般不能提高工件的尺寸精度和形状精度。但目前发展的新型抛光技术,既可降低工件表面粗糙度,改善表面质量,同时还可提高工件的形状精度和尺寸精度,如浮动抛光、水合抛光等技术。

按照不同加工要求和抛光工艺,抛光加工可分为普通抛光和精密抛光。普通抛光工件表面粗糙度可达 $R_a 0.4\mu m$。精密抛光工件表面粗糙度可达 $R_a 0.01\mu m$,精度可达 $1\mu m$。超精密抛光工件表面粗糙度低于 $R_a 0.01\mu m$,精度小于 $0.1\mu m$。

**1. 抛光工具**

抛光除可采用研磨工具外,还有适合快速降低表面粗糙度的专用抛光工具,常用的有如下几种。

**(1) 油石**

传统的油石是由氧化铝或碳化硅等磨料和黏结剂压制烧结而成的。形如棒状,截面有矩形、圆形、半圆形、三角形和菱形等多种形状。一般用于粗抛光,主要用于去除初始加工痕迹,如铣刀痕、磨纹等。使用时根据型腔形状磨成需要的形状,并根据被加工表面的粗糙度和材料硬度选择油石的硬度和粒度。当被加工零件材料较硬时,应该选择较软的油石,否则反之。当被加工零件表面粗糙度要求高时,油石要细一些,组织要致密些。

目前市场上供应的纤维油石(俗称超级薄油石)是将高纯度的陶瓷纤维与热塑性树脂结合制造而成的,具有高硬度、耐磨及不易折断的特性。除可用于手持抛光外,还适用于气动、电动往复式抛光机;在超声波振动抛光机上使用,效果最佳。陶瓷纤维油石可在各种不同材质的模具钢上抛光,适用于一般难抛光处,如窄沟槽、沟底、孔、肋部及微小精细处,对于放电加工后积碳层的快速去除及抛光效果更佳。

**(2) 砂纸**

砂纸是由氧化铝或碳化硅等磨料与纸黏结而成的,常用的有 $400^{\#}$,$600^{\#}$,$800^{\#}$,$1000^{\#}$,$1200^{\#}$,$1500^{\#}$(按磨料粒度大小划分,号数越大,粒度越小)。砂纸主要用于半精抛光,如经油石抛光的表面或精磨表面。

**(3) 研磨抛光膏**

研磨抛光膏是由磨料和研磨液组成的,分硬磨料和软磨料两类。硬磨料研磨抛光膏中的磨料有氧化铝、碳化硅、碳化硼和金刚石等,常用粒度为 $200^{\#}$,$240^{\#}$,$W40$ 等的磨粒和微粉。软磨料研磨抛光膏中的磨料多为氧化铝、氧化铁和氧化铬等,常用粒度为 $W42$ 及以下的微粉;软磨料研磨抛光膏中含有油质活性物质,使用时可以用煤油或汽油稀释,主要用于精抛光。

**(4) 抛光工具**

常用的有各种电动、风动式、超声波抛光工具,在其上安装各种形状的小砂轮或油石、砂纸等,主要用于抛光初期工作,以达到快速去除加工痕迹的目的。

精抛光时,将羊毛毡轮安装在抛光工具上,并在被抛光表面涂上研磨膏进行抛光,可以得到高亮、高光的表面效果。

## 2. 模具零件抛光

模具零件抛光主要是指模具成形零件上成形表面的抛光,包括凸模、凹模、型腔、型芯和侧向分型零件等成形表面。其基本工艺过程如下所述。

首先了解被抛光零件的材料和热处理硬度,以及前道工序的加工方法和表面粗糙度情况,检查被抛光表面有无划伤和压痕,明确工件最终的粗糙度要求。并以此为依据,分析确定具体的抛光工序和准备抛光材料及用具等。对在抛光过程中有可能受到损伤的棱角部位,应采取适当的保护措施,如图 7-5 所示。

对于电火花加工和粗磨削后的表面,清洗后用油石将加工痕迹研磨平,同时,考虑抛光余量要求,而后由粗到细地使用砂纸逐级进行抛光(从 400# 开始)。对于精磨削加工后的表面,可直接用 400# 或 600# 的砂纸进行粗抛光,然后逐级提高砂纸的号数,抛光至要求的表面粗糙度。对于要求抛光到镜面的成形表面,在用砂纸抛光至 $R_a0.2\mu m$ 之后(使用砂纸为 1500# 或更高号数),应改用毛毡蘸研磨膏抛光,来继续降低表面粗糙度,然后逐级减低研磨膏的号数,直至达到要求的表面粗糙度。对粗糙度要求在 $R_a0.05\mu m$ 以内的表面,抛光膏一般用至 W5 这一级就可以达到要求。而对于粗糙度要求在 $R_a0.025\mu m$ 以上的表面,研磨膏就要用到 W1～W0.5 级,这是目前常用的研磨膏中最细的一级。此时的抛光已进入精抛阶段,表面粗糙度值每降低一点,都要付出很大的精力和时间。砂纸需要按号数逐级选用,研磨膏可以跨 2～3 级选用,一般可从 W28 开始,视抛光情况而定,参见表 7-2。

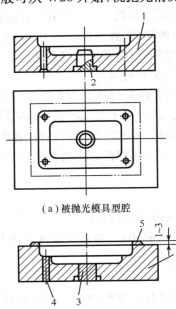

（a）被抛光模具型腔

（b）保护措施

1—型腔；2—型芯；3—保护堵塞；
4—保护堵杆；5—分型面沿口处保护片

图 7-5  模具抛光防护措施

表 7-2  磨料粒度可达到的表面粗糙度

| 磨料粒度 | 能达到的表面粗糙度 $R_a(\mu m)$ |
|---|---|
| W28 | 0.63～0.32 |
| W20 | 0.32～0.16 |
| W14 | 0.16～0.08 |
| W10 | |
| W7 | 0.08～0.04 |
| W5 | |
| W3.5 | 0.04～0.02 |
| W2.5 | |
| W1.5 | 0.02～0.01 |
| W1.0 | <0.01 |
| W0.5 | |

在抛光过程中,每一次更换抛光工具和研磨膏或抛光砂纸,都要用脱脂棉蘸清洁的煤油对工件表面进行认真的清洗,不允许有上一工序的抛光磨粒进入下一工序,尤其到了精抛阶段,更应仔细、轻微地操作,不能用蘸有煤油的脱脂棉在工件表面上来回反复地用力擦拭,一般应顺着一个方向轻轻地擦拭之后,再更换新的脱脂棉。否则会前功尽弃。

抛光中应及时检查所用的抛光砂纸或研磨膏所达到的抛光效果。因为每一粒度的抛光砂纸和研磨膏所能达到的粗糙度是一定的,如果使用某一粒度的砂纸或研磨膏达到了一定的粗糙度之后,仍然用它继续抛光,只能是浪费时间,不可能再降低粗糙度。判断何时需要更换下一粒度的砂纸或研磨膏,最简单的方法是:仔细观察当抛光运动轨迹交叉变化时,上道工序留下的抛光痕迹是否已消除。若本道工序的抛光运动方向变化时,工件表面只能看到随抛光方向改变,抛光轨迹也同步跟随向一个方向变化,见不到任何与抛光方向不一致的痕迹,表明本道工序所用的抛光粒度已经达到其极限值,可以更换下一粒度的抛光砂纸或研磨膏。

每次向下一粒度转换时,应与上一次抛光方向成 $30°\sim45°$ 角进行抛光。对于塑料模具来讲,最终的抛光纹路应与塑件的脱模方向一致。每次转换,应先处理好角、边、槽等难抛位置的抛光。

若有较深的伤痕时,不能只对此局部位置进行抛光,否则会使此局部位置出现凹坑。所以应做全面修整,去除凹坑。对容易抛光和不易抛光的部位,都需注意进行均匀仔细的抛光。对模具零件的细小部位、窄槽等,可用纤维油石抛光。如果局部定、动模研配面与被抛光面为同一平面,则需在研配前就抛光到位,研配后,稍加抛光即可。

每一抛光工序中所用的抛光工具、油石、砂纸、研磨膏、润滑剂、稀释剂、清洗剂、毛刷、脱脂棉等,应严格管理,分开放置于不同的容器中,严禁混用。抛光场地要专用,环境卫生要清洁,室内无粉尘飞扬,光线明亮。只有这样才能保证抛光质量。

### 3. 抛光中可能产生的缺陷及解决办法

抛光中的主要问题是所谓的"过抛光"。其结果是抛光时间越长,表面反而越粗糙,产生"橘皮状"或"针孔状"缺陷。过抛光一般在机械抛光时产生,而手工抛光时很少出现这种现象。

(1)"橘皮状"问题

抛光时压力过大且时间过长时会出现这种情况,在工件表面产生橘皮状的纹路。较软的材料容易产生这种过抛光现象。其原因并不是钢材有缺陷,而是抛光用力过大,导致金属材料表面产生微小塑性变形所致。

解决方法为:通过氮化或其他热处理方式提高材料的表面硬度;采用软质抛光工具。

(2)"针孔状"问题

由于零件材料中含有杂质,在抛光过程中,这些杂质从金属组织中脱离出来,形成针孔状小坑。

解决方法为:避免用氧化铝研磨膏进行机械抛光;在适当的压力下做最短时间的抛光;采用优质合金钢材。

## 7.1.4 其他光整加工方法

目前,随着科学技术的发展,抛光技术的种类日益繁多,如机械、化学、电解、超声波、磁力、高能束及其彼此间组合等多种形式,但由于模具零件结构的特殊性(形状复杂不规则、保持尖棱角等),限制了这些技术在模具行业的应用。国内外企业的模具抛光仍然是以手工抛光为主,其他的抛光方式在粗抛光阶段还有所应用,在此简单介绍。

### 1. 电解机械研磨复合抛光

电解机械研磨复合抛光的加工原理示意如图 7-6 所示。抛光时抛光头接直流电源的负极,工件接正极;电解液被泵入抛光头,再通过抛光头上黏结的无纺布的微孔进入抛光区,无纺布上黏结微细粒度的磨料;加工时,抛光头边旋转边移动,同时对工件表面施以一定的压力。

接通直流电源后,在电解溶解及机械研磨的复合作用下对工件表面进行抛光。这种抛光方法具有抛光速度快,整平过程短等特点,比纯电解抛光和纯机械抛光的质量好。

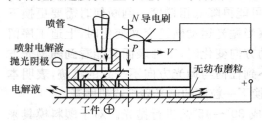

图 7-6 电解机械研磨复合抛光的
加工原理示意图

抛光加工中的电解液、加工电压、磨粒尺寸、抛光头压力等参数是影响工件表面质量的主要因素。加工不同材质的工件,需配不同的电解液。通常应使用钝化性电解液。对常用模具钢、不锈钢可以选用 $NaNO_3$ 水溶液的电解液。电解温度可控制在 $30\sim40℃$。加工电压可根据工件的原始粗糙度及电解液的浓度等参数选择,一般的选择范围在 $3\sim15V$。粗抛时,电压值可选大一些,

以增加抛光速度;精抛时尽量选用低电压。磨粒尺寸不但影响抛光效率,而且影响表面粗糙度。镜面抛光时,可以选用粒度在 $2000^{\#}$ 以上的磨粒,在低电压及小电流密度下精抛。抛光头对工件的压力要适当,正常抛光时,压紧力一般选择 $10\sim50kPa$。粗抛时压紧力尽量选大些,精抛时应选小的压紧力,以获得高的表面质量。

### 2. 超声电解复合抛光

这是超声机械抛磨和电解加工复合形成的一种抛光技术,可以获得更好的表面质量和更高的抛光效率。

抛光用的工具称导电锉。抛光时,工具与工件间接直流电源,工件接电源的正极,工具接电源的负极。工具和工件之间通入钝化性电解液。工具以极高的频率对工件进行抛磨,不断地将工件表面凸起部位的钝化膜去掉,被去掉钝化膜的表面迅速被溶解,溶解产物不断被电解液带走。工件下凹部位的钝化膜因工具抛磨不到而未被溶解。超声电解复合抛光示意如图7-7所示。

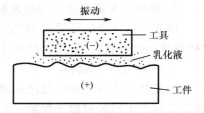

图 7-7 超声电解复合抛光示意图

超声电解复合抛光中的电解液成分、工具材料和加工电压等参数是影响抛光质量和效率的主要因素。对模具钢的抛光,主要选用 $NaNO_3$ 水溶液的电解液,这种电解液抛光质量好,性能稳定。一般 $NaNO_3$ 电解液的浓度在 $20\%$ 左右。抛光工具常用的导电锉,是在金属基体上镀一层金刚石磨料制成的,磨料粒度应在 $1000^{\#}$ 以上。加工电压的选择,一般取决于工件的原始粗糙度。粗抛时,电压取高些,以加快余量的去除;精抛时,电压尽可能低些,以保证加工质量。粗抛时加工电压为$6\sim15V$,精抛时加工电压可取 $5V$ 左右。

# 7.2 模具表面纹饰加工

## 7.2.1 模具表面纹饰加工的种类

随着人们审美意识的加强,越来越多的金属和塑料制品表面装饰有凸凹文字、图案或花纹(皮革纹、橘皮纹等)。因此要求在模具成形零件上加工出相应的凸凹文字、图案或花纹。加工方法主要有 5 种:机械加工、电加工、精密铸造和电铸加工、高能束加工和表面加工。

### 1. 机械加工

精度要求不高的模具型腔花纹可由手工或刻模铣削雕刻完成。随着计算机技术的发展,

尤其是 CNC 技术的发展,近年来数控雕刻机应用日益普遍。数控雕刻机雕刻精细产品的效率高,可以进行产品曲面、复杂花纹雕刻,并具有与计算机设计技术的接口,这些优点使得它在模具型腔复杂图饰、三维浮雕雕刻、电极雕刻等方面取得了广泛的应用。

数控雕刻系统由雕刻 CAD/CAM 软件和雕刻机组成。在模具数控雕刻中,既要保证其型腔成形的尺寸精度,又必须满足图案复杂的外形要求,因此雕刻数控加工工艺和控制技术与普通数控差异较大。数控雕刻必须使用高速小刀具进行精雕细刻,并采用高速铣削技术(HSM)和 CNC 雕刻独有的等量切削技术。雕刻时,刀具以很高的转速旋转并保持较高的旋转精度,从而减少了震动和跳动断刀。CAD/CAM 软件是数控雕刻的核心。雕刻 CAD/CAM 应具有强大的图形、图像设计编辑和造型设计功能,能够按区域雕刻或轮廓雕刻自动生成加工路径,输出相应的 G 代码,指挥雕刻机进行各种加工。例如有些 CNC 雕刻机的软件在扫描仪将平面图输入后,根据图像的颜色或灰度能自动生成雕刻深度、曲面特性和刀具轨迹,或者直接对数码相机的实物图片进行预处理加工出凸凹的浮雕图案。CAM 能进行雕刻加工仿真,也就是刀具路径模拟,可以模拟实际的加工环境和刀具运动路线。数控雕刻机在 3D 图形加工方面具有明显的优势,但对细微的花纹加工,如仿皮纹,还受限于刀具的形状和尺寸,难以进行。

## 2. 电加工

用手工或机床刻制电极,使用电火花放电加工也是图案加工的一种有效方法。主要有两种,一种是与普通放电加工一样,通过电极放电,实现图案反拷的方法,图案的加工质量取决于电极的铣刻精度和电规准参数。另一种是通过调节放电参数,使表面得到细微放电蚀坑的加工方法,即亚光处理;调整放电参数,可获得不同粒度的亚光表面。

## 3. 精密铸造和电铸加工

精密铸造和电铸加工均是通过在母模表面包铸金属材料形成模具型腔的加工方法。在模腔纹饰加工方面二者都具有如下特点:

① 复映性能好,可逼真地复映出母模型表面的细微花纹。所铸出的型腔表面一般不需要做修整加工,因而可直接从母模铸出模腔表面的木纹、皮革纹、布纹和橘皮纹等自然纹理;

② 可以用一只非破坏性的标准母模制出多个形状一致的模具型腔,适合多腔模具生产;

③ 如直接采用零件样品作为母模,则可使模腔制造过程摆脱机械加工而变得简捷,缩短了制模周期,降低了生产成本。

电铸加工和精密铸造相比,具有复制精度更高的特点,但这两种工艺都比较复杂,易出现铸造缺陷,其应用有一定局限。

## 4. 高能束加工

由高密度光子、电子、离子组成的激光束、电子束、离子束通过特定装置被聚焦到很小甚至非常细微的尺寸,所形成的具有极高能量密度($10^3 \sim 10^{12}\,\mathrm{W/cm^2}$)的粒子束,简称高能束。将这种高能束作用于材料表面,可在极短时间内以极快的加热速度使材料基体表面特性发生改变,或者在材料表面形成各种微细图案和形状,以获得特殊的功能。

激光蚀刻通常是指在一定气体气氛中用高强度激光照射被加工件表面,实现快速腐蚀。电子束加工是在真空条件下,利用聚焦后能量密度极高的电子束,以极高的速度冲击到工件表面极小的面积上,把局部材料瞬时熔化、气化直至蒸发去除。离子束蚀刻是利用离子源中产生的离子,引出后经加速、聚焦形成离子束,与工件表面的原子相碰撞而将原子冲击出去,从而在被加工件表面上进行蚀刻。

目前,商品化的激光加工机可以进行模具表面蚀刻,但这种机床价格比较昂贵,应用还不普遍。

**5. 表面加工**

表面加工主要指利用化学蚀刻、光化学蚀刻、表面喷丸等手段对模具成形零件表面的纹饰加工。本节主要介绍这方面的内容。

## 7.2.2　光化学表面蚀刻技术

光化学蚀刻广泛用于模具工作形面上的图形、文字和花纹的加工,这是一种高质量、低成本、高效可靠的加工工艺,是照相腐蚀和化学腐蚀的结合。

**1. 光化学蚀刻的原理**

光化学蚀刻(照相腐蚀)的加工原理是把所需要的图形、文字等按一定比例放大绘制成原图,并用照相方法精确地缩制到照相底片上,底片上的图案经过曝光、显影的光化学反应,复制到涂有感光胶的模具型腔表面上。经过坚膜固化等处理,使感光胶的相应部分具有较高的抗蚀能力,再进行化学腐蚀,即可获得所需的模具型腔表面图案,如各种数字、文字、商标、花纹和亚光面等。

**2. 光化学蚀刻的特点**

① 用光化学蚀刻加工的图文精度高,图案仿真性强,腐蚀深度均匀,可靠性高(图文加工是零件加工的最后一道工序)。

② 用光化学蚀刻加工模具图文可在零件淬火、抛光后进行。

③ 可以在曲面上加工图文。

**3. 对模具成形零件的要求**

(1) 材料要求

钢材除应具有强度高、韧性好、硬度高、耐磨、切削加工性能优良、易抛光等优点外,还应具有良好的图文蚀刻性能,即钢质晶粒细小,组织结构均匀。常用的 45 钢、T8、T10、P20、40Cr、CrWMn 等均具有良好的蚀刻性,而 Cr12、Cr12MoV 等材料的蚀刻性较差,花纹装饰效果不太理想。另外,在加工前应对钢材的偏析及各向异性做相应处理。

对于有焊缝的表面则不适合光化学蚀刻加工,这是因为焊缝组织很难与模具零件的基体组织取得一致,从而蚀刻速度及深度难以保持一致,最终导致型腔表面蚀刻质量有差异,直接影响制品成形质量。

(2) 拔模斜度

如果型腔侧壁要做图文,则应有较大的拔模斜度。拔模斜度除根据塑件的材料、尺寸、精度来确定以外,还需考虑图文深度对拔模斜度的要求。图文越深,拔模斜度越大(一般为 $1°\sim 2.5°$),当图文深度大于 $100\mu m$ 时,拔模斜度应在 $4°$ 以上。

(3) 表面粗糙度

在高光洁的型腔表面上制作图文时,涂感光胶和贴花纹版时会打滑,不易粘牢;但表面太粗糙时图文的效果也不好,因此表面粗糙度要适当。如果是亚光细纱纹,取表面粗糙度 $R_a 0.4\sim 0.8\mu m$;细花纹或纱纹取 $R_a 1.6\mu m$;一般花纹取 $R_a 3.2\mu m$;如果是粗花纹,表面粗糙度还可适当增加。

(4) 镶嵌块结构

如果图文面积很小,可做成镶嵌块,只对镶嵌块做蚀刻。这种方法工艺性好,容易制作,不会因为蚀刻的失败而报废模具整个成形零件,而且花纹磨损后镶嵌块更换方便。

#### 4. 光化学蚀刻工艺过程

光化学蚀刻的主要工艺过程如图 7-8 所示。

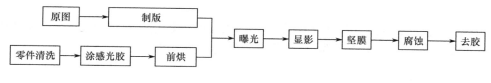

图 7-8　光化学蚀刻的工艺过程

（1）零件清洗

① 将零件放入 10％的氢氧化钠溶液中加热，并用汽油及去污粉除去油污，再用清水冲净；

② 用电炉烘烤至 50℃，提高感光胶膜的黏附性且不起皱。

（2）涂感光胶

模具表面需腐蚀部位在红灯下涂感光胶。一般是在涂胶机上用旋转法涂覆，其他方法有刷涂、浸渍和喷涂等。涂胶要求厚度均匀，黏附性好。

（3）前烘

涂胶后常需在一定温度下烘烤，使感光胶膜干燥，增加胶膜与涂覆表面的黏附性。同时，使曝光时能进行充分的光化学反应。

（4）曝光

将照相底片有像一面紧贴在涂过感光胶的零件表面，用高压汞灯或碳精灯曝光。

（5）显影

显影的目的在于使曝光后的基底表面的感光胶膜呈现与照相底片相同（正胶）或相反（负胶）的清晰图形。

（6）坚膜

零件显影后需在一定温度下焙烘，使胶膜中残存的溶剂或水分彻底除去，改善胶膜与基底的黏附性，防止胶膜脱落，并增强胶膜本身的抗蚀能力。

（7）腐蚀

以坚膜后的感光胶作为掩蔽层，对没有被胶膜覆盖的零件部分进行腐蚀，直至达到要求的腐蚀深度，从而得到期望的图形。

（8）去胶

腐蚀后进行清洗，防止锈蚀，并用金相砂纸去除腐蚀后残留在衬底表面无用的胶膜。

### 7.2.3　化学表面蚀刻技术

光化学蚀刻工艺由于要将照相底片紧贴在零件表面，在实施过程中有一定的难度，受限于照相底片的厚度和柔韧度，以及模具型腔的复杂程度。随着制版技术的发展，单纯的化学蚀刻技术近几年又发展起来。

化学蚀刻是先将零件表面不需加工的部位用抗腐蚀涂层覆盖，然后将零件浸渍于腐蚀液中，将裸露部位的余量去除，得到预定图案的加工方法。化学蚀刻的特点、对模具成形零件的要求与光化学蚀刻基本相同，差别在于图案的形成方式。化学蚀刻的主要工艺过程如图 7-9 所示。

底图制作 → 照相制版 → 制丝网版 → 油墨调配 → 贴花纸印装饰纹 → 油墨干燥 → 贴花转印 → 干燥 → 修整 → 腐蚀 → 清理

图 7-9  化学蚀刻的主要工艺过程

本工艺采用抗蚀转印油墨,在贴花纸上丝网印制装饰纹,用贴膜法把装饰纹油墨转印到模具上,经干燥修整后,进行化学腐蚀,便在模具上制得凹凸形装饰纹。

（1）底图制作

装饰纹底图除电脑或手工绘制外,也可选用塑料样件或人造革上的装饰纹进行翻制。

（2）照相制版

1∶1对底图进行拍摄。照相底片大小以 100mm×200mm 左右为宜,便于制丝网版和贴花转印。

（3）制丝网版

按制造印制线路丝网版的方法制造。

（4）油墨调配

选用、调配适合丝网印刷稠度的油墨。

（5）贴花纸印装饰纹

用丝网印刷机,装上丝网版,在贴花纸印制装饰纹。

（6）油墨干燥

将印好的贴花纸放入烘箱网格上,油墨面朝上,烘至油墨半干状取出。

（7）贴花转印

根据模具型腔特点,将贴花纸剪成便于粘贴的形状,面向模具,细心粘贴,要求平整服贴不起皱。

（8）干燥

转印到模具上的油墨,夏天可自然干燥,冬天需用红外线灯烘干,要求表里干透。

（9）修整

贴花转印相互交接处及有缺陷的装饰纹,用描笔蘸取转印油墨修补。

（10）腐蚀

以干燥的油墨作为掩蔽层,对没有被油墨覆盖的零件部分进行腐蚀,直至达到要求的腐蚀深度,从而得到期望的图形。

（11）清理

腐蚀后进行清洗,防止锈蚀,并用汽油去除腐蚀后残留的油墨。

### 7.2.4  亚光形面加工技术

当外部光线照射到材料表面时,人对材料表面的视觉感受,这种属性即称为材料的光泽。它同时还要受到材料表面的质地、纹样及固有色等因素的影响。通常根据材料表面的光泽,可将材料的表面划分为镜面、光面、亚光面、无光面等类型。亚光面是一种漫反射面,即看起来表面光滑,但不反光。将塑料制品表面制成亚光面,是提升产品档次的一项有效的方法。

模具型腔的亚光面除利用化学蚀刻或光化学蚀刻加工外,还可以用电火花放电加工或喷砂(丸)法加工。

## 1. 亚光面的电火花加工工艺

一般情况下,电火花放电加工后的表面是由许多电蚀坑组成的,若适当调整放电加工参数,就可以得到理想的亚光面。

用大脉宽、大电流和小脉冲间隔加工时,可获得点子大而深的亚光面;用小脉宽、小电流和相对大的脉冲间隔加工时,可获得点子细小而均匀的亚光面;大尺寸亚光形面可用分段电极的分段加工法。

相对于其他加工方法,电火花放电得到的亚光纹最清晰、质感较好,加工过程易于控制;但有放电尖锐点,如在型腔侧面则易拖花制品表面,因此需较大的脱模角度。

## 2. 亚光面的喷砂(丸)法加工工艺

当亚光形面很大而不能用功率有限的电火花法加工时,可采用喷砂(丸)法。喷砂是采用压缩空气为动力形成高速喷射束,将喷料(铜矿砂、石英砂、铁砂、海砂、金刚砂等)高速喷射到需处理工件表面,使工件的外表发生变化,由于磨料对工件表面的冲击和切削作用,使工件表面获得一定的清洁度和不同的粗糙度,工件表面的机械性能得到改善,因此提高了工件的耐疲劳性,使工件达到光滑又不反光的要求。对于模具型腔,按亚光面的粗细程度,选用相应的砂丸粒度和喷射压力对型腔进行加工,喷砂可随意实现不同的反光或亚光。

喷砂加工相比其他加工方法成本低,但对操作者的技术要求较高。喷砂制成的纹面较电火花放电和化学蚀刻清晰度较差,操作不当易损伤型腔棱角。

# 7.3 模具表面覆层和改性处理

## 7.3.1 模具表面覆层和改性处理种类

常用的表面覆层和改性处理方法不下几十种,主要可归纳为物理表面处理法、化学表面处理法和表面覆层处理法,各种表面处理方法见表 7-3。

表 7-3 各种表面处理方法

| Ⅰ　物理表面处理法 | |
| --- | --- |
| 高频淬火 | |
| 火焰淬火 | |
| 激光热处理 | $CO_2$ 激光束 |
| 加工硬化 | 喷丸硬化 |
| Ⅱ　化学表面处理法 | |
| 渗碳、渗氮 | 盐浴、气体、离子渗氮 |
| 低温氮碳共渗 | 盐浴、气体、离子低温氮碳共渗 |
| 渗硫 | 低温盐浴渗硫、电解渗硫 |
| 渗金属 | 渗铬、渗钛等 |
| 碳化物盐浴涂覆 | TD 处理（VC、TiC、$Cr_7C_3$ 等） |

| Ⅲ 表面覆层处理法 | |
|---|---|
| 电镀 | 铬、锌、镍 |
| 化学气相沉积 | CVD法（TiC等） |
| 真空镀膜 | |
| 离子喷镀 | PVD法，反应性离子喷镀，反应性喷镀 |
| 喷镀 | |
| 热喷涂 | 火焰喷涂，等离子喷涂，电弧喷涂 |
| 表面合金化 | 电火花强化 |

物理表面处理法是不改变金属表面化学成分的硬化处理方法；化学表面处理的主要特征是通过加热使某些元素渗入模具表面，以改变模具表层的化学成分和组织性能；表面覆层处理法则是通过各种物理、化学沉积等方式，在模具表面覆盖一层与基体不同的金属或化合物。本节仅介绍几种常用的工艺方法。

### 7.3.2 电镀与化学镀技术

**1. 电镀基本原理与工艺**

1）电镀基本原理

电镀是金属电沉积技术之一，它是指在含有欲镀金属的盐类溶液中，通过电解方法在被镀基体表面上获得金属沉积层的过程，其目的在于改变固体材料的表面特性，改善外观质量，提高耐磨损、耐腐蚀性能，减小摩擦。电镀是在由电源设备、电镀槽、电镀液、搅拌设备、过滤器和水处理装置等组成的基本条件下进行的。电镀装置示意如图 7-10 所示。电镀时，通常将被镀工件作为阴极与直流电源的负极相连，需镀覆的金属电极和直流电源的正极相连。

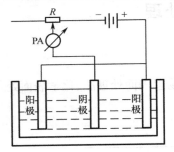

图 7-10 电镀装置示意图

2）电镀基本工艺过程

电镀工艺过程一般包括镀前预处理、施镀和镀后处理 3 个阶段。

（1）镀前预处理

这一阶段的主要目的是为了得到干净新鲜的金属表面，为施镀过程做准备。它包括机械处理、化学处理、电化学处理、脱脂、酸洗、水洗等，其步骤如下：

① 使工件表面粗糙度达到一定要求，可通过表面磨光、抛光等工艺方法来实现；

② 去油脱脂，可采用溶剂溶解、电化学等方法去除工件表面的油污、脏物，每经过一次脱脂后，都需用热水清洗和流动的冷水进行冲洗；

③ 除锈，用机械、酸洗及电化学方法去除工件表面的锈迹；

④ 活化处理，电镀之前一般需将工件放入弱酸中浸蚀一定时间，以消除工件表面生成的轻微氧化膜，暴露出金属的结晶结构，提高镀层与基体金属的结合力。

（2）施镀工艺

经过预处理的工件，需立即放入装有镀液的镀槽中进行施镀。施镀过程中的工艺参数主要有电流密度、镀液温度、搅拌和电流波形等。

任何电镀液都必须有一个能产生正常镀层的电流密度范围。电流密度过低时，阴极极化作用小，镀层晶粒粗，甚至没有镀层；随电流密度的增加，阴极极化作用增加，镀层晶粒越来越细;当电流密度过高,超过极限电流密度时,镀层质量开始恶化,出现疏松的海绵状镀层。电流密度的上限和下限是由电镀液的特性、浓度、温度和搅拌等因素决定的。一般情况下,主盐浓度增大,镀液温度升高,以及有搅拌的情况下,允许采用较大的电流密度。

温度的升高使放电离子活性增大,降低电化学极化,导致结晶晶粒较粗。某些情况下,镀液温度升高,稳定性下降,水解或氧化反应容易进行。但另一方面,温度升高能增加盐类的溶解度,从而增加导电和分散能力,降低浓差极化。

搅拌可促使镀液对流,减薄界面扩散层厚度而使传质步骤得到加快,对降低浓差极化和提高极限电流有显著效果。搅拌还可增强整平剂的效果。

电流波形是通过阴极电位和电流密度的变化来影响阴极沉积过程的,进而影响镀层的组织结构甚至成分,使镀层性能和外观发生变化。应用表明,三相全波整流和稳压直流相当,对镀层组织影响甚微,其他波形则影响较大,如单相半波会使镀层产生无光泽的黑灰色,单相全波会使焦磷酸盐镀铜及铜锡合金镀层光亮。

其他工艺因素,如镀液中的添加剂、pH 值也影响施镀工艺过程。其中光亮剂、整平剂、润湿剂等添加剂能明显改善镀层组织。镀液中的 pH 值可影响络合物或水化物的组成及添加剂的吸附程度。电镀过程中,若 pH 值增大,则阴极效率比阳极效率高,pH 值减小则反之。通过加入适当的缓冲剂可将 pH 值稳定在一定范围,最佳的 pH 值要通过试验确定。

（3）镀后处理

镀后处理包括钝化处理和除氢处理。所谓钝化处理是指在一定的溶液中进行化学处理,在镀层上形成一层坚实致密、稳定性高的薄膜的表面处理方法。钝化使镀层耐蚀性大大提高,并能增加表面光泽和抗污染能力。有些金属(如锌)在电沉积过程中,会析出一部分氢,这部分氢渗入镀层中,使镀件产生氢脆,造成镀件断裂,为了消除氢脆,通常在电镀之后,可使镀件处在一定温度下热处理数小时,称为除氢处理。

3）电镀铬

铬镀层是最重要的防护、装饰性镀层之一,具有很高的硬度和耐磨、耐蚀性,且摩擦系数小,外观光泽,但易含孔隙及微裂纹。镀铬液主要是含有少量硫酸的铬酐($CrO_3$)溶液,按使用要求,可分为防护装饰性镀铬和镀硬铬。其镀液组成及工艺条件见表 7-4。

表 7-4　镀铬液的组成及工艺条件

| 溶液各组分的质量浓度(g/L) | 防护装饰性镀铬 | 镀　硬　铬 | 操作条件 | 防护装饰性镀铬 | 镀　硬　铬 |
|---|---|---|---|---|---|
| 铬　酐 | 250～400 | 240 | 温度(℃) | 50～55 | 50～60 |
| 硫　酸 | 2.5～4.0 | 1.2 | 电流密度(A/dm²) | 15～30 | 15～60 |
| 氟硅酸 | | 2.25 | | | |

镀铬是模具制造常用手段之一。塑料模具型腔镀铬后,有利于塑料流动充满型腔,便于塑件脱模,且塑件表面光亮。镀铬还可用于修复模具。

镀铬前应检查零件尺寸,以确定镀铬层的厚度,镀层厚度一般在 $10～20\mu m$,最厚不宜超过 $50\mu m$。镀件表面不允许有机械损伤,表面粗糙度在 $R_a 0.2\mu m$ 以下。不需镀铬表面要用聚氯乙烯胶布或过氯乙烯清漆绝缘,一般应涂两次以上。对不需镀铬的小尺寸孔,为避免发生尖端和边缘效应,应将小孔用铅等导电材料填没。模具镶拼组合形式的镀件,一般应拆开后进行镀铬。镀件在装挂和安装辅助电极有困难时,可加设工艺螺孔。

## 2. 化学镀原理与工艺

### 1)化学镀基本原理与特性

化学镀也称为无电解镀或自催化镀,是指在没有外电流通过的条件下,利用化学方法使溶液中的金属离子还原为金属,并沉积在基体表面上,形成镀层的一种表面处理方法。被镀工件浸入镀液中,化学还原剂在溶液中提供电子使金属离子还原沉积在镀件表面,即

$$M^{n+} + ne \rightarrow M$$

化学镀的沉积过程不是通过界面上固液两相间金属原子和离子的交换,而是液相离子 $M^{n+}$ 通过镀液中的还原剂,在金属或其他材料表面上的还原沉积。还原作用仅仅发生在催化表面上,如果被镀金属本身是反应的催化剂,则化学镀的过程就具有自催化的作用。反应生成物本身对反应的催化作用,使反应不断继续下去。化学镀的关键是还原剂的选择和应用。常用的还原剂是次磷酸盐和甲醛,近年来,也采用硼氢化物及氨基硼烷类等作为还原剂,以便于室温操作和改变镀层性能。

与电镀相比,化学镀不需要电解设备,前处理工艺简单,在金属和非金属材料表面均可进行镀覆;由于施镀过程中不存在电流分布不均问题,因此,对任意复杂形状的零件表面都可获得厚度均匀的镀层;镀层外观质量好,孔隙少,致密性高,耐腐蚀性和耐磨性强;镀层与基体的结合强度高。但化学镀的镀液稳定性差,沉积速度慢,施镀温度高。因此,化学镀液中除金属主盐和还原剂外,还需加入增强金属离子稳定性的络合剂,防止镀液分解的稳定剂及缓冲剂、润湿剂等各种添加剂。

能够进行化学镀的金属有镍、铜、钴、银、金、钯等及其合金,通过不同的工艺可获得二元或多元合金镀层,如 Ni-P, Ni-Cu-P, Ni-P-SiC, Ni-P-PTFE, Ni-P-PTFE-SiC 等。

化学镀层的良好耐磨耐蚀性和高硬度,以及脱模性、磁性等特殊性能,使其在各工业领域获得广泛应用,尤其在电子、石化、航空航天、塑料模具等领域。

### 2)化学镀镍

用还原剂将镀液中的镍离子还原为金属镍并沉积到基体金属表面上的方法称为化学镀镍。化学镀镍使用的还原剂有次磷酸盐、硼氢化物、肼和氨基硼烷等。其中,次磷酸盐使用最为广泛。用次磷酸钠做还原剂,得到的是 Ni-P(3%～14%)合金。镀层的镀态硬度一般可达300～600HV。镀层中磷的含量高,其脆性大,结合力降低,热处理可提高镀层与基体的结合强度。当磷含量达 7% 以上时,在 400℃ 温度下热处理 1～2h,硬度可达 900～1000HV,耐磨效果好,可代替硬铬。镀层的耐蚀性随磷的含量增加而提高,如果镀层与基体形成扩散层,耐蚀性可进一步增强。当磷含量大于 8% 时,镀层为非磁性,有优异的抗氧化性,可焊性也好。

### (1) 镀液与工艺

以次磷酸盐为还原剂的化学镀镍溶液有两种类型,即酸性镀液和碱性镀液。酸性镀液的特点是溶液比较稳定,易于控制,沉积速度快,镀层中磷的质量分数较高(2%～11%)。碱性镀液的 pH 值范围较宽,镀层中磷的质量分数较低(3%～7%),但镀液对杂质比较敏感,稳定性较差,维护困难。镀液的基本组成与工艺条件见表 7-5。通常镍盐的浓度为 25～40g/L,与次磷酸钠的最佳摩尔比为 0.33～0.35。除硫酸镍外,还可用氯化镍、碳酸镍、醋酸镍、次磷酸镍等。镀液中,次磷酸钠浓度增加使沉积速度加快,但也使镀液稳定性降低。另外,次磷酸根的氧化产物为亚磷酸根,这种物质对镀液有害,如可能生成亚磷酸镍而沉淀,使镀层粗糙,甚至诱发镀液分解,对此,应定期分析 $Ni^{2+}$ 和 $H_2PO_2^-$,除去过多的亚磷酸根,常用方法是降温至 70℃ 以下,加入沉淀剂(如 $NiSO_4$),用碱液(如氨水)调 pH 值,充分搅拌,室温下静置 12h 左右后进

行过滤,需过滤 3～5 次。也可用离子交换树脂进行再生处理。处理后的镀液经分析调节后即可再次使用。

表 7-5　化学镀镍液基本成分与工艺条件

| 镀液类型 | 酸性镀液 | | 碱性镀液 | |
|---|---|---|---|---|
| | 1 | 2 | 1 | 2 |
| 氯化镍(g/L) | 30 | | | 21 |
| 硫酸镍(g/L) | | | 30～35 | |
| 次磷酸镍(g/L) | | 1.5 | | |
| 次磷酸钠(g/L) | 10 | 8.5 | 10～17 | 12 |
| 柠檬酸钠(g/L) | | | 85～100 | 45 |
| 柠檬酸(g/L) | | 15 | | |
| 羟基乙酸钠(g/L) | 35～50 | | | |
| 氯化铵(g/L) | | | 50 | 30 |
| 氟化钾(g/L) | | 9 | | |
| 添加剂(稳定剂、促进剂、润湿剂) | | $Pb^{2+}$ 1ppm | | |
| 中和用碱 | NaOH | | $NH_4OH$ | $NH_4OH$ |
| pH 值 | 4～6 | 4.6～4.7 | 8～10 | 9～10 |
| 温度(℃) | 90～100 | 87 | 85～95 | 78～82 |
| 沉积速度(μm/h) | 15 | 23 | 15 | |
| 基体材料 | | 轻金属,镁基材 | | 铝及铝合金 |

常用的络合剂有柠檬酸、羟基乙酸、苹果酸、焦磷酸盐等。络合剂与镍离子形成络合物后降低了溶液中的游离镍离子浓度,可防止亚磷酸镍或氢氧化镍沉淀的生成。

缓冲剂有醋酸钠、硼酸等。有些络合剂同时也是缓冲剂,如柠檬酸盐、乳酸盐、羟基乙酸。镀液使用过程中 pH 值会降低,可用缓冲剂或 NaOH,$Na_2CO_3$ 等进行调节。

其他添加剂有稳定剂、促进剂、润湿剂、光亮剂。稳定剂用于抑制镀液中的固体微粒的催化活性,防止镀层粗糙和镀液自发分解,如硫脲、硫代硫酸盐等。稳定剂过多,会降低沉积速度。促进剂可加快沉积速度,如氟化钠、脂肪酸等。润湿剂是阴离子表面活性剂,有助于减少针孔,提高镀层外观质量,如聚乙二烯等。化学镀层是半光亮的,加入光亮剂可提高镀层亮度。光亮剂有硒酸、$Pb^{2+}$ 等。

镀液的加热应采用均匀加热方式,如用水套加热,防止局部过热。

(2) 镀液的配制

① 用适量的水分别溶解计算量的各类试剂。

② 在搅拌下将络合剂溶液和缓冲剂溶液加入镍盐溶液。

③ 在剧烈搅拌和 40℃以下将次磷酸钠溶液加入②中的溶液。

④ 其他促进剂、稳定剂、表面活性剂等可溶解后加入。

⑤ 加水至规定体积,调整 pH 值至工艺规范。

⑥ 静置后过滤。

3) 化学复合镀

在化学镀液中添加非水溶性固体微粒并使之均匀悬浮,在镀液中的金属离子被催化还原的同时,悬浮的微粒与基质金属共沉积而被嵌入镀层,形成复合镀层。复合镀层是在保持了原有基质金属镀层性质的基础上,又辅以复合相粒子的特性,它既强化了原有金属镀层的性质,又改进了镀层的性能。

复合镀层的基本成分有两类:一类是通过还原反应形成的连续相金属镀层,可称为基质金属;另一类则为不溶性固体微粒,它们通常是不连续地分散于基质金属之中,形成不连续相结构。基质金属和不溶性固体微粒在形式上是机械地混杂在一起,两者之间的相界面不发生相互扩散,但这种复合镀层可获得基质金属和固体微粒两类物质的综合性能。根据固体微粒的不同,可以获得耐磨、耐腐蚀、耐高温及润滑等不同性能的化学复合镀层。镀层厚度均匀,平滑致密。一般能进行化学镀的金属许多都可进行化学复合镀,但目前应用较多的是化学复合镀镍,如 Ni-P-SiC,Ni-B-Al$_2$O$_3$,Ni-B-PTFE,Ni-P-PTFE,Ni-P-PTFE-SiC 等。经过热处理后的复合镀层,其硬度和结合强度更高。复合镀层在汽车、电子、模具等领域已有广泛应用。

化学复合镀液中的微粒含量越高,镀层中微粒的含量也就越高。一般来说,镀液中微粒的含量应是镀层中共析量的 10 倍左右。镀液中微粒的最佳体积分数为 5% 左右,微粒的粒径一般在 1~10μm,镀层厚度多为 10~30μm。目前应用的化学复合镀层中,微粒的体积分数在 20%~30%。化学复合镀工艺和普通化学镀基本一致,但要注意添加微粒的含量和镀液的搅拌。耐磨和自润滑化学复合镀液的基本成分与工艺条件见表 7-6。

**表 7-6  耐磨和自润滑化学复合镀液的基本成分与工艺条件**

| 镀 层 类 型 | Ni-P-SiC | Ni-B-Al$_2$O$_3$ | Ni-B-PTFE | Ni-P-PTFE |
|---|---|---|---|---|
| 氯化镍(g/L) | | 35 | 45 | |
| 硫酸镍(g/L) | 25 | | 280 | 25 |
| 次磷酸钠(g/L) | 20 | | | 15 |
| 柠檬酸钠(g/L) | | | | 10 |
| 乙酸(g/L) | 5 | | | |
| 乙酸钠(g/L) | 10 | | | 12 |
| 硼氢化钾(g/L) | | 0.8 | | |
| 乙二胺(g/L) | | 58 | | |
| 氢氧化钠(g/L) | | 42 | | |
| 硼酸(g/L) | | | 40 | |
| 氟化钠(g/L) | 0.2 | | | |
| 硫脲(g/L) | 0.03 | | | |
| 稳定剂 | | 适量 | | |
| | SiC | Al$_2$O$_3$ | PTFE | PTFE |
| 微粒(g/L) | 5 | 10 | 60 | 7.5ml/L |
| pH 值 | 4.5 | 13 | 4.2 | 4.5~5.0 |
| 温度(℃) | 85~90 | 80 | 45 | 80~90 |
| 电流密度(A/dm$^2$) | | | 4 | |
| 镀层中微粒含量(%,重量) | 5.2 | | | |

4)化学镀应用

化学镀具有易于实施,工艺简单,均镀能力好,结合力强,不受零件几何形状限制等特点,因而在各工业领域都有应用,尤其是化学镀 Ni-P 合金镀层应用更加广泛。

化学镀 Ni-P 镀层在不同领域的应用,应根据不同的基体零件材质和工况条件要求,选择适当的工艺配方与施镀工艺,如模具零件工作时常受高温、高压、高速和腐蚀性介质的作用,因此,模具成形零件应有较高的耐磨、耐蚀性。化学镀 Ni-P 和 Ni-P-PTFE 镀层用于成形硬质聚氯乙烯塑料管件注塑模具型腔、型芯。化学镀 Ni-P-PTFE 镀层的润滑、减摩性好,有利于塑件的脱模,但其硬度略低于 Ni-P 镀层。Ni-P-PTFE 镀层镀态硬度在 300HV 左右,热处理后硬度达 600HV。两种镀层均有优异的耐腐蚀性能。

化学镀 Ni-P-SiC,Ni-P-Al$_2$O$_3$ 等复合层用于压铸模具、冲压模具,Ni-P-PTFE-SiC 复合层用于高耐磨、耐蚀性的塑料模具等。

### 7.3.3 热扩渗技术

将工件放入特定的活性介质中加热,使介质中的某一种(或几种)金属(或非金属)元素渗入工件表面,形成表面合金层的工艺方法,被称为热扩渗技术。用这种工艺获得的合金层,其突出特点是扩渗层与基体金属之间是冶金结合,结合强度很高,扩渗层不易脱落。这是电镀、化学镀甚至物理气相沉积等其他方法无法比拟的。采用不同的扩渗工艺,可以使工件表面获得不同组织和性能的扩渗层。这种工艺在模具零件表面的强化或改性中发挥越来越重要的作用。

热扩渗工艺的分类方法有多种。对钢铁材料,根据热扩渗的温度可分为高温、中温和低温热扩渗。若按渗入元素化学成分的特点,可分为非金属元素热扩渗、金属元素热扩渗、金属—非金属元素共扩渗和通过扩散减少或消除某些杂质的扩散退火,即均匀化退火。还可根据渗剂在工作温度下的物质状态,分为气体热扩渗、液体热扩渗、固体热扩渗、等离子体热扩渗和复合热扩渗。各种热扩渗工艺结合具体元素的扩渗,都可应用于模具表面的强化,以提高零件的表面性能。

#### 1. 气体热扩渗工艺及应用

1)气体渗碳

将工件放入碳的活性气氛中,并加热到 900~950℃的高温,使碳原子进入工件表面,以获得高碳渗层的工艺方法称为气体渗碳。渗碳后的工件表面为高碳钢,内部仍保持低碳状态。通过淬火及低温回火,可使工件具有表面硬度高、耐磨损,心部硬度低、塑性和韧性好等特点。渗碳层的深度可根据需要进行控制,通常控制渗碳时间可获得不同深度的渗层。一般浅层渗碳(<0.7mm)需 2~3h,常规渗碳(0.7~1.5mm)需 5~8h,深层渗碳(>1.5mm)需16~30h。

气体渗碳可分为滴注式气体渗碳、吸热式气氛渗碳和氨基气氛渗碳 3 种方式。

(1)滴注式气体渗碳

将含碳的有机液体滴入或注入气体渗碳炉内,含碳有机液体受热分解产生渗碳气氛,对工件进行渗碳。常用的渗剂有煤油、甲醇等。

(2)吸热式气氛渗碳

在连续式作业炉和封闭箱式炉中进行,常用吸热式气体加含碳富化气作为渗碳气氛。当原料气氛的成分一定时,吸热式气体的 CO 和 H$_2$ 含量基本恒定,使得碳势(在给定温度下,钢件表面碳含量与炉中气氛达到动平衡时,钢件表面的实际碳含量称为碳势)容易测量和控制,因而可获得具有一定表面含碳量和一定渗碳层深度的高质量渗碳件。

(3)氨基气氛渗碳

这是一种以纯氮作为载气,并添加碳氢化合物进行气体渗碳的工艺方法。此法生产成本低,无环境污染。

2)气体渗氮

渗氮(也称氮化)是将工件置入含有大量活性氮原子的介质中,在一定温度和压力下,使氮原子渗入工件表面的工艺方法。气体渗氮的渗剂一般为氨气或氨的化合物,常在井式渗氮炉或箱式炉中进行。氨气在炉内被加热分解出氮原子,氮原子被吸附在工件表面上,并向内部扩散,从而形成一定深度的渗氮层。渗氮的温度较低,一般在480～580℃,因此渗氮的速度远低于渗碳。如要获得0.5mm深的渗氮层,用普通气体渗氮,需要40～50h。但渗氮层的硬度可高达950～1200HV,其耐磨性、疲劳强度、红硬性和抗咬合性能均优于渗碳层。渗氮后的工件一般随炉冷却,工件变形小。

渗氮时,需先向渗氮箱中通入氨气,以排除箱中的空气,当测量的氨气分解率为0时,即表示箱内的空气已被排尽,这一过程应在炉温为250℃以下进行,以免工件氧化,当箱内空气排尽后,即可加温渗氮,整个渗氮过程可分为排气升温、保温和冷却3个阶段。

(1) 排气升温

一般是先排气后升温,但为了缩短渗氮周期,可在排气的同时就开始升温。对变形量有严格要求的工件,升温速度应当缓慢进行。当炉温达到450℃左右时,对任何渗氮件都应严格控制升温速度,以免造成渗氮箱内超温。

(2) 保温

当渗氮箱内的温度达到工艺规定的温度时,渗氮过程即进入保温阶段。这期间应按工艺规范正确调节氨气流量、温度、氨气分解率和炉内气体压力。氨气分解率可通过控制氨气供给量来调整,供气量越大,其分解率越小。

(3) 冷却

当保温到渗氮层达到工艺要求时,即可切断电源,让渗氮箱随炉冷却,或者将渗氮箱置于空气中冷却。此时,应继续向箱内供给氨气,以防止空气进入,避免工件表面产生氧化。当渗氮箱内的温度降到150℃左右时,可停止向箱内供氨气,开箱取出工件。

3)气体碳氮共渗和气体氮碳共渗

碳氮共渗是在一定温度下,同时将碳、氮原子渗入工件表面层中并以渗碳为主的扩渗工艺。碳氮共渗根据操作时的温度不同,分为低温(500～600℃)、中温(700～800℃)和高温(900～950℃)3种。低温碳氮共渗以渗氮为主,用于提高工件的耐磨性及抗咬合性;中温碳氮共渗主要用于提高结构钢工件的表面硬度、耐磨性和抗疲劳性能;高温碳氮共渗以渗碳为主,应用较少。碳氮共渗兼有渗碳和渗氮两者的优点,其特点如下。

① 渗层性能好。碳氮共渗层的硬度与渗碳层相比差别并不很大,但其耐磨性、抗蚀性及疲劳强度比渗碳层高;与渗氮层比较,碳氮共渗层的厚度比一般渗氮层厚,抗压强度较高,脆性较低。

② 渗入速度快。碳氮共渗时,由于碳氮原子能互相促进渗入过程,在相同温度下,共渗速度比渗碳和渗氮都快,其渗入时间仅是渗氮时间的1/3～1/4。

③ 工件变形小。碳氮共渗温度一般低于渗碳温度,不产生马氏体-奥氏体相变,共渗后的工件变形小,可以直接淬火,氮的渗入可使淬透性得到提高。

④ 不受钢种的限制。各种常用的钢材都可以通过碳氮共渗,获得高的表面层性能。

气体氮碳共渗是工件表层渗入氮和碳并以氮为主的扩渗工艺。气体氮碳共渗温度通常为520～570℃,时间一般为1～6h,最佳时间为3～4h。气体氮碳共渗不仅能赋予工件耐磨、耐疲劳、抗咬合、抗擦伤和抗腐蚀性能,而且具有处理时间短、温度低、变形小的特点。普遍用于模具、量具、刀具及耐磨工件的处理,适于各种不同化学成分钢种的强化。与气体渗氮相比,氮碳共渗具有以下特点。

① 时间短。氮碳共渗处理时间一般为 $1\sim6h$,而气体渗氮需几十小时。

② 化合物层脆性小。氮碳共渗化合物层中含有少量的碳(一般可达 $2\%$),与单一渗氮层相比韧性有所提高。

③ 适用面广。气体渗氮一般只适用于特殊的氮化钢,而氮碳共渗适用于碳素钢、合金钢、不锈钢、铸铁等各种材料。

气体热扩渗工艺在模具表面强化处理中占有十分重要的地位。其处理工艺简便,扩渗温度较低,适合于冲压、压铸和塑料等各类模具对成形零件表面的要求。例如用 Cr12MoV 钢制造金属压铸模具的型腔、型芯等零件,经碳氮共渗处理后,其寿命要比只经过常规热处理的零件高出两倍以上。对于塑料模具常用的中碳钢、P20 预硬钢和 H13 等钢材,经渗碳或碳氮共渗处理后,不仅表面硬度大幅度提高,而且可以简化渗碳后模具表面抛光工艺,容易达到镜面。

**2. 液体热扩渗工艺及应用**

将工件浸渍在溶液中,使其表面渗入一种或几种元素的扩渗工艺方法,称为液体热扩渗。根据具体工艺特点不同可分为盐浴法、热浸法和熔烧法 3 种。

1)盐浴法

盐浴法热扩渗原理有两种:一种是由组成盐浴的物质做渗剂,利用它们之间的反应产生活性原子,使工件表面渗入某一种或几种元素;另一种是用盐浴做载体,另加入渗剂,使之悬浮于盐浴中,利用盐浴的热运动运载渗剂与工件表面接触,使工件表面渗入一种或几种元素。

(1) 低温盐浴共渗法

这种方法有两种典型工艺,一种是 Melenite 工艺,另一种是 Sursulf 工艺。Melenite 工艺(盐浴氮碳共渗+氧化盐浴冷却)的溶液中不含氰盐或氰酸盐,生产过程的反应产物中含低氰,其冷却方式对工件的形状和疲劳强度影响较大,且不利环保。但工件经抛光后再进入氧化盐中处理,可使表面获得非常致密的渗层,即经盐浴氮碳共渗—氧化盐浴冷却—抛光—氧化盐浴复合处理的工件,其耐蚀性大幅度提高。Sursulf 工艺是一种氮碳共渗与渗硫兼有的热扩渗工艺。由于硫的渗入,使处理后的工件具有优良的耐磨、减磨、抗咬死和抗疲劳性能,并改善工件(不锈钢除外)的耐蚀性。

(2) 硼砂熔盐金属覆层技术

高温下将工件放入硼砂熔盐浴中一定时间后,可在工件表面形成几微米到数十微米的碳化物层,这种工艺称为硼砂熔盐金属覆层技术(Toyota Diffusion coating process,T. D. 法)。这种方法的主要成分是硼砂和能产生欲渗元素的渗剂。硼砂熔盐渗硼是在高温下加入与氧亲和力大于硼的物质,如铝粉,从硼砂中还原出活性硼原子,使工件渗硼。当同时加入与氧亲和力小于硼的单质物质(如铬、钒等)或化合物时,则还原出这些物质的活性原子,它们以高度弥散态悬浮、熔解于硼砂中,利用硼砂熔盐为载体,通过盐浴本身的不断对流与工件表面接触,被工件表面吸附并向内扩散,形成金属渗层。T. D. 法中金属碳化物层是在金属原子的不断吸附和碳原子的不断向外扩散中从最表层向外增厚,并覆盖在基体上的,因此得到的渗层通称金属碳化物覆层。覆层的硬度极高,远远高于淬火、镀铬和渗氮。渗层的摩擦系数较低,耐磨性优良,抗剥离性、抗氧化性及耐蚀性也很好。T. D. 法已被广泛应用于各类模具中,如粉末冶金模具、热作模具及塑料和橡胶模具。

### 2）热浸法

热浸法是将工件直接浸入液态金属中，经较短时间保温即形成合金层，如金属零件的热浸锌、热浸铝等。热浸法生产效率高，但渗层厚度不均匀，只适于浸渗熔点较低的金属。

热浸锌和热浸铝是热浸法中最常用的工艺。它是将工件浸渍到熔融锌液和铝液中，使工件表面形成锌及锌铁合金层或铝及铝合金层的方法。渗铝是一种既可以保持工件的基体韧性，又可以提高表面的抗氧化和抗腐蚀能力的方法。热浸铝工件比热浸锌更耐大气腐蚀。热浸锌层的耐蚀性是由锌在大气中形成的一层致密、坚固、耐腐蚀的保护膜提供的，热浸锌工件的耐大气腐蚀能力与浸锌层的厚度有关。这种方法在模具中应用不多。

### 3）熔烧法

先把渗剂制成料浆，然后将料浆均匀涂敷于工件表面上，干燥后在惰性气体或真空环境中以稍高于料浆熔点的温度烧结，渗入的元素通过液固界面扩散到基体表面而形成合金层。该法可获得成分和厚度均匀的渗层。

### 3. 固体热扩渗工艺及应用

固体热扩渗是把工件放入固体渗剂中或用固体渗剂包裹工件加热到一定温度并保温一定时间，使工件表面渗入某一种或几种元素的工艺过程。固体渗剂一般由供渗剂、催渗剂、填充剂组成。供渗剂的作用是产生活性原子。催渗剂的作用是能促进活性原子渗入。填充剂主要是减少渗剂的板结，方便工件的取出，并降低成本。

固体热扩渗设备简单，渗剂配制容易，可以实现多种元素的热扩渗，适用于形状复杂的工件，并可实现局部热扩渗。

固体渗硼是将硼元素渗入工件表面的热扩渗工艺。渗硼能显著提高工件表面硬度和耐磨性，特别是耐磨粒磨损的能力。渗层还有良好的耐热性、耐蚀性和抗氧化性，而且摩擦系数小。目前，工业应用的渗硼方法有粉末法、膏剂法和熔盐法。

固体渗硼的工艺过程是：将工件放入渗硼箱，四周填充渗硼剂，将渗硼箱密封后放入加热炉中加热，保温数小时后出炉。固体渗硼剂主要由供硼剂、催渗剂和填充剂组成。3 种材料的选择和配比将决定渗剂的活性。供硼剂一般用含硼量高的物质，如碳化硼、硼铁、硼砂等，含硼量越高，渗剂活性越强。催渗剂多用碳化物，也有用氟化物和氯化物的。填充剂为碳化硅或三氧化二铝等。渗硼的主要工艺参数是温度和时间。渗硼温度一般在 $850\sim950℃$；保温时间一般为 $3\sim5h$，最长不超过 6h，渗硼层厚度为 $0.07\sim0.1mm$。工件渗硼后的冷却，最好采用渗箱出炉空冷至 $300\sim400℃$ 以下开箱取件。

适合渗硼的材料十分广泛，对于模具制造中常用的钢材，如 T8，T10，GGr15，Cr12MoV 等均可渗硼。渗硼也是模具制造中提高模具寿命的主要表面强化方法之一。

# 复习思考题

7-1　什么是模具表面处理？其作用有哪些？

7-2　简述光整加工的特点。

7-3　模具表面纹饰加工主要有哪些方法？

7-4　比较光化学蚀刻和化学蚀刻工艺的优缺点。

7-5　举例说明常用的表面覆层和改性处理方法的种类。

# 第8章　模具常用零件制造工艺

模具常用零件是指模具中的导向机构、侧抽机构、脱模机构、模板类等零件,是模具各种功能实现的基础,是模具的重要组成部分,其质量高低直接影响着整个模具的制造质量。本章将具体介绍一些典型的模具常用零件的加工工艺过程。

## 8.1　导向机构零件的制造

模具导向机构零件是指在组成模具的零件中,能够对模具零件的运动方向和位置起导向和定位作用的零件。因此,模具导向机构零件的质量,对模具的制造精度、使用寿命和成形制品的质量有着非常重要的作用。所以,对模具导向机构零件的制造应予以足够的重视。虽然现在使用标准模架已日益普遍,但在压铸模或其他一些特殊场合,还需要自己制备一些模架,而导向机构零件在结构上又具有一些典型意义,所以了解其制造方法很有必要,可以达到触类旁通、举一反三的效果。

模具运动零件的导向,是借助导向机构零件之间精密的尺寸配合和相对的位置精度,来保证运动零件的相对位置和运动过程中的平稳性,所以,导向机构零件的配合表面都必须进行精密加工,而且要有较好的耐磨性。一般导向机构零件配合表面的精度可达 IT6,表面粗糙度 $R_a0.8\sim$ 0.4$\mu m$。精密的导向机构零件配合表面的精度可达 IT5,表面粗糙度 $R_a0.16\sim0.08\mu m$。

导向机构零件在使用中起导向作用。开、合模时有相对运动,成形过程中要承受一定的压力或偏载负荷。因此,要求表面耐磨性好,心部具有一定的韧性。目前,如 GCr15,SUJ2,T8A,T10A 等材料较为常用,使用时的硬度为 58～62HRC。

导向机构零件的形状比较简单。一般采用普通机床进行粗加工和半精加工后再进行热处理,最后用磨床进行精加工,消除热处理引起的变形,提高配合表面的尺寸精度,减小粗糙度。对于配合要求精度高的导向机构零件,还要对配合表面进行研磨,才能达到要求的精度和表面粗糙度。

虽然导向机构零件的形状比较简单,加工制造过程中不需要复杂的工艺和设备及特殊的制造技术,但也需采取合理的加工方法和工艺方案,才能保证导向零件的制造质量,提高模具的制造精度。同时,导向机构零件的加工工艺对杆类、套类零件具有借鉴作用。

### 1. 导柱的加工

导柱是各类模具中应用最广泛的导向机构零件之一。导柱与导套一起构成导向运动副,应当保证运动平稳、准确。所以,对导柱的各段台阶轴的同轴度、圆柱度专门提出较高的要求,同时,要求导柱的工作部位轴径尺寸满足配合要求,工作表面具有耐磨性。通常,要求导柱外圆柱面硬度达到 58～62HRC,尺寸精度达到 IT6～IT5,表面粗糙度达到 $R_a0.8\sim0.4\mu m$。各类模具应用的导柱其结构类型也很多,但主要表面为不同直径的同轴圆柱表面。因此,可根据它们的结构尺寸和材料要求,直接选用适当尺寸的热轧圆钢为毛料。在机械加工的过程中,除保证导柱配合表面的尺寸和形状精度外,还要保证各配合表面之间的同轴度要求。导柱的配合表面是容易磨损的表面。所以,在精加工之前要安排热处理工序,以达到要求的硬度。

加工工艺为粗车外圆柱面、端面,钻两端中心定位孔,车固定台肩至尺寸,外圆柱面留0.5mm 左右磨削余量;热处理;修研中心孔;磨导柱的工作部分,使其表面粗糙度和尺寸精度达到要求。

下面以注塑模滑动式标准导柱为例(见图 8-1),来介绍导柱的制造过程,其加工工艺过程见表 8-1。

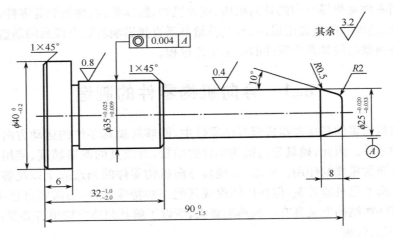

图 8-1 导柱零件图

表 8-1 导柱加工工艺过程

| 序 号 | 工 序 | 工 艺 要 求 |
|---|---|---|
| 1 | 下料 | 直径大于 $\phi40$ 的长棒料 |
| 2 | 车 | 夹持棒料,车端面见平,钻中心孔,车外圆 $\phi40$ 至尺寸要求;粗车外圆 $\phi25\times58$,$\phi35\times26$ 留磨量,并倒角,切槽,10°等<br>在长度91处截断,掉头夹持 $\phi35\times26$ 处,车外圆 $\phi40\times6$ 端面见平,长度至90,钻中心孔 |
| 3 | 热 | 热处理 55～60HRC |
| 4 | 车 | 研中心孔,调头研另一中心孔 |
| 5 | 磨 | 上顶尖,磨 $\phi35$、$\phi25$ 至尺寸要求 |

对精度要求高的导柱,终加工可以采用研磨工序,具体方法可参见 7.1 节中的相关部分。

在导柱加工过程中工序的划分及采用工艺方法和设备应根据生产类型、零件的形状、尺寸大小、结构工艺及工厂设备状况等条件决定。不同的生产条件下,采用的设备和工序划分也不相同。因此,加工工艺应根据具体条件来选择。如当批量生产时,各工序内容可划分得更细,如表 8-1 工序 2 中倒角和切槽都可在专用车床上进行,从而成为独立的工序。

在加工导柱的过程中,对外圆柱面的车削和磨削,一般采用设计基准和工艺基准重合的两端中心孔定位。所以,在车削和磨削之前需先加工中心定位孔,为后续工艺提供可靠的定位基准。中心孔的形状精度,对导柱的加工质量有着直接影响,特别是加工精度要求高的轴类零件,保证中心定位孔与顶尖之间的良好配合是非常重要的。导柱中心定位孔在热处理后的修正,目的是消除热处理过程中可能产生的变形和其他缺陷,使磨削外圆柱面时能获得精确定位,保证外圆柱面的形状和位置精度要求。

中心定位孔的钻削和修正是在车床、钻床或专用机床上进行加工的。中心定位孔修正时，如图 8-2 所示，用车床三爪卡盘夹持锥形砂轮，在被修正的中心定位孔处加入少量的煤油或机油，手持工件利用车床尾座顶尖支撑，利用主轴的转动进行磨削。该方法效率高，质量较好，但是，砂轮易磨损，需经常修整。

如果将图 8-2 中的锥形砂轮用锥形铸铁研磨头代替，在被研磨的中心定位孔表面涂以研磨剂进行研磨，将达到更高的配合精度。

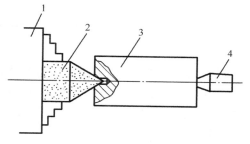

1—三爪卡盘；2—锥形砂轮；3—工件；4—尾座顶尖

图 8-2　锥形砂轮修正中心定位孔

### 2. 导套的加工

与导柱配合的导套也是模具中应用最广泛的导向零件之一。因应用不同，其结构、形状也不同，但构成导套的主要是内外圆柱表面，因此，可根据它们的结构、形状、尺寸和材料的要求，直接选用适当尺寸的热轧圆钢为毛坯。

在机械加工过程中，除保证导套配合表面尺寸和形状精度外，还要保证内外圆柱配合面的同轴度要求。导套装配在模板上，以减少导柱和导向孔滑动部分的磨损。因此，导套内圆柱面应当具有很好的耐磨性，根据不同的材料采取淬火或渗碳，以提高表面硬度。内外圆柱面的同轴度及其圆柱度一般不低于 IT6，还要控制工作部位的径向尺寸，硬度 50～55HRC，表面粗糙度 $R_a0.8～0.4\mu m$。为避免运动过程的咬合，导柱、导套的硬度值应有所区别。

加工工艺一般为粗车，内外圆柱面留 0.5mm 左右磨削余量；热处理；磨内圆柱面至尺寸要求；上芯棒，磨外圆柱面至尺寸要求。表 8-2 是图 8-3 中带头导套的加工工艺过程。

导套的制造过程，在不同的生产条件下，所采用的加工方法和设备不同，制造工艺也不同。对精度要求高的导套，终加工可以采用研磨工序，具体方法可参见 7.1 节中的相关部分。

表 8-2　导套加工工艺过程

| 序　号 | 工　序 | 工 艺 要 求 |
|---|---|---|
| 1 | 车 | 车端面见平，钻孔 $\phi25$ 至 $\phi23$，车外圆 $\phi35\times94$，留磨量，倒角，切槽；车 $\phi40$ 至尺寸要求；截断，总长至 102；调头车端面见平，至长度 100，倒角 |
| 2 | 热 | 热处理 50～55HRC |
| 3 | 磨 | 磨内圆柱面至尺寸要求；上芯棒，磨外圆柱面至尺寸要求 |

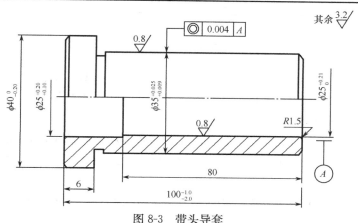

图 8-3　带头导套

## 8.2  侧抽机构零件的加工

侧抽机构是注塑、压塑、金属压铸等模具常见的机构之一。侧抽机构主要由滑块、斜导柱、导滑槽等几部分组成。工作时,滑块在斜导柱的带动下,在导滑槽内运动,在开模后和制品推出之前完成侧向分型或抽芯工作,使制品顺利脱模。由于模具的结构不同,具体的滑块导滑方式也不同,种类较多,如图 8-4 所示。

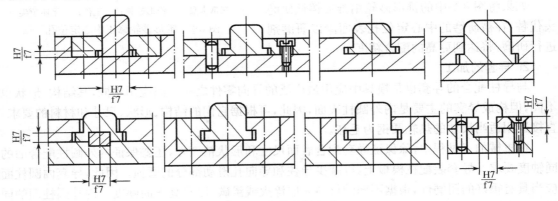

图 8-4  滑块导滑方式

### 1. 滑块的加工

由于模具结构形式不同,因此,滑块的形状和大小也不相同,它可以和型芯设计为整体式,也可以设计成组合式。在组合式滑块中,型芯与滑块的连接必须牢固可靠,并有足够的强度,常见的连接形式如图 8-5 所示。

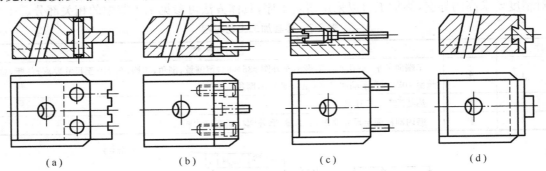

| （a） | （b） | （c） | （d） |

图 8-5  型芯与滑块的连接形式

滑块多为平面和圆柱面组合,斜面、斜导柱孔和成形表面的形状、位置精度和配合要求较高。所以,在机械加工过程中,除必须保证尺寸、形状精度外,还要保证位置精度,对于成形表面,还要保证较低的表面粗糙度。

由于滑块的导向表面及成形表面要求较好的耐磨性和较高的硬度,一般采用工具钢和合金工具钢,经铸造制成毛坯,在精加工之前,要安排热处理达到硬度要求。滑块加工工艺过程见表 8-3。

现以如图 8-6 所示的组合式滑块为例,介绍其加工过程(材料为 45 号钢,热处理硬度 30～34HRC,未注表面粗糙度为 $R_a 0.8 \mu m$)。

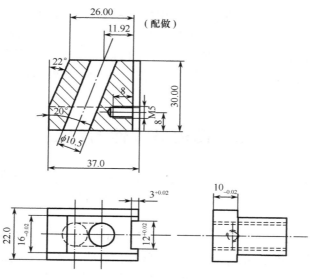

图 8-6　组合式滑块

表 8-3　滑块加工工艺过程

| 序　号 | 工　序 | 工 艺 要 求 |
|---|---|---|
| 1 | 备料 | 备截面尺寸不小于 22×30 的条料或棒料 |
| 2 | 铣 | 至 30.6×22×37.6，且各面间保持垂直、平行 |
| 3 | 热 | 至硬度要求 30～34HRC |
| 4 | 磨 | 平磨或成形磨各平面至尺寸要求 |
| 5 | 钳 | 钻、攻 M5×8 至尺寸要求 |
| 6 | 铣 | 侧抽机构装配后，钻 φ10.5 孔至 φ9.8 |
| 7 | 钳 | 扩 φ9.8 孔至 φ10.5，至尺寸要求 |

对于体积较大的滑块，导滑面（如图 8-6 所示的 $16_{-0.02}$ mm 两侧面和 $10_{-0.02}$ mm 上表面）可以分为铣、磨两个环节；而对于小滑块，由于加工量不大，可以简化为一道工序。

另外，如果加工手段不能保证，图 8-6 中的 22°斜面要留装配磨量，在侧抽机构装配时配磨，以调节锁模力的大小。

滑块各组成平面间均有平行度、垂直度的要求，对位置精度的保证主要是选择合理的定位基准，如图 8-6 所示的组合式滑块，在加工过程中的定位基准为宽度 22mm 的底面和与其垂直的侧面。这样，在加工过程中，可以准确定位，装夹方便可靠。对于各平面之间的平行度和垂直度则由机床和夹具保证。在加工过程中，各工序之间的加工余量需根据零件的大小及不同的加工工艺而定，可参见相关的切削用量手册。

图 8-6 中斜导柱孔 φ10.5mm 和斜导柱之间有 0.5mm 左右的间隙，其主要目的在于开模之初使滑块的抽芯运动滞后于开模运动，使、定模可以分开一个很小的距离，斜导柱才开始按滑块的斜导柱孔内表面开始抽芯运动，所以，其孔表面的粗糙度要低，并且有一定的位置要求。为了保证滑块上的斜导柱孔和模板斜导柱孔的同轴度，一般是在模板装配后进行配作加工。

**2. 导滑槽的加工**

导滑槽和滑块是模具侧向分型的抽芯导向装置。抽芯运动过程中，要求滑块在导滑槽内运动平稳、无上下蹿动和卡死现象。导滑槽常见的组合形式如图 8-4 所示。

除整体式的导滑槽外,组合式的导滑槽常用材料一般为 45 号钢,T8,T10 等材料,并经热处理使其硬度达到 52~56HRC。在导滑槽和滑块的配合中,在上、下和左、右两个方向各有一对平面是间隙配合充当导滑面,配合精度一般为 H7/f6 和 H8/f7,表面粗糙度为 $R_a1.25\sim0.63\mu m$。

由于导滑槽的结构比较简单,大多数导滑槽都是由平面组成的,所以,机械加工比较容易,可依次采用刨削、铣削、磨削的方法进行加工。

# 8.3　模板类零件的加工

模板是组成各类模具的重要零件。因此,模板类零件的加工如何满足模具结构、形状和成形等各种功能的要求,达到所需的制造精度和性能,取得较高的经济效益,是模具制造的重要问题。

模板类零件是指模具中所应用的平板类零件。如图 8-7 所示是注塑模具中的定模固定板、定模板、动模板、动模垫板、推杆支承板、推杆固定板、动模固定板。如图 8-8 所示是冲裁模具中的上、下模座,凸、凹模固定板,卸料板,垫板,定位板等,这些都大量应用了模板类零件。因此,掌握模板类零件加工工艺方法是高速优质制造模具的重要途径。

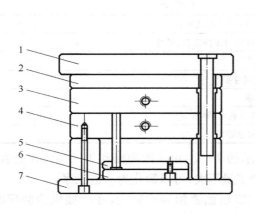

1—定模固定板;2—定模板;3—动模板;4—动模垫板;
5—推杆支承板;6—推杆固定板;7—动模固定板
图 8-7　注塑模具模架

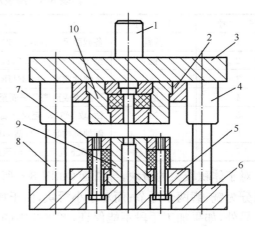

1—模柄;2—凹模固定板;3—上模座;4—导套;
5—凸凹模固定板;6—下模座;7—卸料板;8—导柱;
9—凸凹模;10—落料凹模
图 8-8　冲裁模具

模板类零件的形状、尺寸、精度等级各不相同,它们各自的作用综合起来主要包括以下几个方面。

（1）连接作用

冲压与挤压模具中的上、下模座,注塑模具中动、定模固定板,它们具有将模具的其他零件连接起来,保证模具工作时具有正确的相对位置,使之与使用设备相连接的作用。

（2）定位作用

冲压与挤压模具中的凸、凹模固定板,注塑模具中的动、定模板,它们将凸、凹模和动、定模的相对位置进行定位,保证模具工作过程中准确的相对位置。

（3）导向作用

模板类零件和导柱、导套相配合，在模具工作过程中，沿开合模方向进行往复直线运动，对模板上所有零件的运动进行导向。

（4）卸料或推出制品

模板中的卸料板、推杆支承板及推杆固定板在模具完成一次成形后，借助机床的动力及时地将成形的制品推出或毛坯料卸下，便于模具顺利进行下一次制品的成形。

## 8.3.1 模板类零件的基本要求

模板类零件种类繁多，不同种类的模板有着不同的形状、尺寸、精度和材料的要求。根据模板类零件的作用，可以概括为以下几个方面。

（1）材料质量

模板的作用不同对材料的要求也不同，如冲压模具的上、下模座一般用铸铁或铸钢制造，其他模板可根据不同的要求应用中碳结构钢制造，注塑模具的模板大多选用中碳钢。

（2）平行度和垂直度

为了保证模具装配后各模板能够紧密配合，对于不同尺寸和不同功能模板的平行度和垂直度，应按 GB/T1184—1996 执行。其中，冲压与挤压模架的模座，对于滚动导向模架采用公差等级为 4 级，其他模座和模板的平行度公差等级为 5 级，注塑模具模板上下平面的平行度公差等级为 5 级，模板两侧基准面的垂直度公差为 5 级。

（3）尺寸精度与表面粗糙度

对一般模板平面的尺寸精度与表面粗糙度应达到 IT8～IT7，$R_a 1.6～0.63\mu m$。对于平面为分型面的模板应达到 IT7～IT6，$R_a 0.8～0.32\mu m$。

（4）孔的精度、垂直度和位置度

常用模板各孔径的配合精度一般为 IT7～IT6，$R_a 1.6～0.32\mu m$。孔轴线与上下模板平面的垂直度为 4 级精度。对应模板上各孔之间的孔间距应保持一致，一般要求在 ±0.02mm 以下，以保证各模板装配后达到的装配要求，使各运动模板沿导柱平稳移动。

## 8.3.2 冲模模板的加工

在冲模中，板类零件很多，本节仅举两个简单的例子加以说明。

### 1. 凸模固定板

凸模固定板直接与凸模和导套配合，起着固定和导向作用。因此，凸模固定板的制造精度直接影响着冲模的制造质量。如图 8-9 所示为一凸模固定板，材料选用 45 号钢，调质处理 26～30HRC，主要加工表面为平面及孔系结构，其中，$\phi 80^{+0.035}$ mm 为模柄固定孔，$2\times\phi 40^{+0.025}$ mm 为导套固定孔，$2\times\phi 10^{+0.015}$ mm 为凸模定位销孔，$4\times\phi 13$ mm 为凸模固定用螺钉过孔，$4\times\phi 17$ mm 为卸料板固定用螺钉过孔，其具体的加工工艺过程可参见表 8-4。

表 8-4　凸模固定板加工工艺过程

| 序　号 | 工　序 | 工 艺 要 求 |
|---|---|---|
| 1 | 备料 | 锻造毛坯 |
| 2 | 铣 | 上、下面至 53 |
| 3 | 磨 | 上、下面见平，且平行 |

| 序　号 | 工　序 | 工 艺 要 求 |
|---|---|---|
| 4 | 铣 | 四周侧面,至 302×402,且互相垂直、平行 |
| 5 | 钳 | 中分划线,钻、扩孔:$2×\phi40^{+0.025}$ 至 $\phi36$,$\phi80^{+0.035}$ 至 $\phi74$ |
| 6 | 热 | 调质处理 26~30HRC |
| 7 | 铣 | 上、下面至 50.4 |
| 8 | 磨 | 上、下面至尺寸要求,且平行 |
| 9 | 铣 | 四周均匀去除,至尺寸要求,且互相垂直、平行 |
| 10 | 铣 | $2×R30$,$2×R20$ 至尺寸要求 |
| 11 | 钳 | 钻、扩孔:$4×\phi13$,$4×\phi20$,$6×\phi17$ 和 $6×\phi25$ 至尺寸要求 |
| 12 | 镗 | $2×\phi10^{+0.015}$,$2×\phi40^{+0.025}$ 和 $\phi80^{+0.035}$ 等各孔至尺寸要求 |

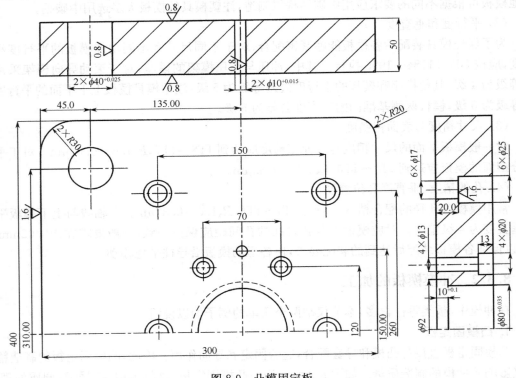

图 8-9　凸模固定板

## 2. 卸料板

卸料板的作用是卸掉制品或废料。常见的卸料板分为固定卸料板和弹压卸料板两种。前者是刚性结构,主要起卸料作用,卸料力大;后者是柔性结构,兼有压料和卸料两个作用,其卸料力大小取决于所选的弹性件。

弹压卸料板主要用于冲制薄料和要求制品平整的冲模中。它可以在冲压开始时起压料作用,冲压结束后起卸料作用,是最常见的卸料方式。如图 8-10 所示为一弹压卸料板,材料选用45 号钢,需调质处理 26~30HRC,其中 $3×\phi10^{+0.015}$ mm 分别为导料销和挡料销穿过孔。其具体的加工工艺过程见表 8-5。

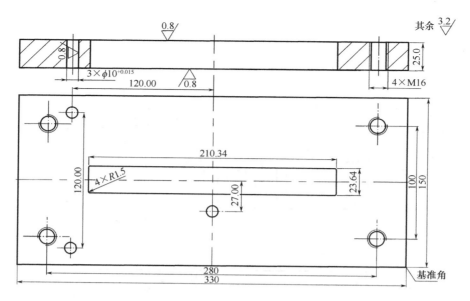

图 8-10　卸料板

表 8-5　卸料板加工工艺过程

| 序　　号 | 工　序 | 工 艺 要 求 |
|---|---|---|
| 1 | 备料 | 锻造毛坯 |
| 2 | 铣 | 上、下面至 28 |
| 3 | 热 | 调质处理 26～30HRC |
| 4 | 铣 | 上、下面至 25.8 |
| 5 | 磨 | 上、下面 25.4 |
| 6 | 铣 | 四周 330×150 至尺寸要求,且互相垂直、平行 |
| 7 | 钳 | 按基准角,钻、铰孔:4×M16 至尺寸要求,210.34×23.64 方孔穿丝孔 $\phi2$ |
| 8 | 镗 | 按基准角,3×$\phi10^{+0.015}$ 至尺寸要求 |
| 9 | 线 | 按基准角,210.34×23.64 方孔至尺寸要求 |
| 10 | 磨 | 上、下面至尺寸要求 |

## 8.3.3　注塑模具模板的加工

目前,注塑模具的设计与制造选用标准模架已经非常普遍,标准模架的模板一般不需要经过热处理,除非用户有特殊要求。模板的加工工序安排要尽量减少模板的变形。加工去除量大的部分是孔加工,因此,把模板上下两面的平磨加工分为两部分。对于外购的标准模架的模板,首先进行划线、钻孔等粗加工,然后时效一段时间,使其应力充分释放;第一次平磨消除变形量,然后进行其他精加工;第二次平磨至尺寸,并可去除加工造成的毛刺和表面划伤等,使模具的外观质量得以保证。两次平磨在有些场合也可以合二为一。

本节选取 3 种模板对其加工工艺进行详细介绍,其他的模板加工工艺可参照编制。

### 1. 动模板

动模板结构如图 8-11 所示。工艺按采用标准模架和自制两种方式给出,分别见表 8-6 和表 8-7。

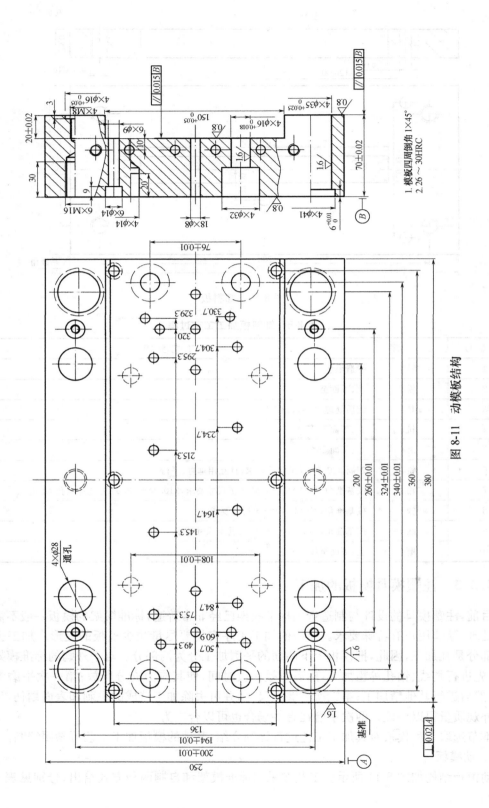

图 8-11 动模板结构

**表 8-6　动模板加工工艺过程(采用标准模架)**

| 序　号 | 工　序 | 工 艺 要 求 |
|---|---|---|
| 1 | 钳 | 按基准角划线,钻 $4\times\phi28,4\times\phi32,6\times\phi9,6\times\phi14,18\times\phi8$ 和水道孔至尺寸要求;150×20 划线;<br>划线,钻 $4\times\phi14$ 至 $4\times\phi13$ |
| 2 | 铣 | 按划线铣,150 至尺寸要求,20 留磨量 0.3;铣让刀槽至尺寸要求 |
| 3 | 磨 | 以 $B$ 面为基准,磨 20 至尺寸要求;磨 $70\pm0.02$ 至尺寸要求 |
| 4 | 镗 | 按基准角,坐标镗 $4\times\phi14$ 至尺寸要求;$4\times\phi16$ 至尺寸要求,4×M8 点位 |
| 5 | 钳 | 按坐标镗点位,钻、铰 4×M8 至尺寸要求 |

**表 8-7　动模板加工工艺过程(自制)**

| 序　号 | 工　序 | 工 艺 要 求 |
|---|---|---|
| 1 | 备料 | ＞383×253×73 |
| 2 | 铣 | 上下面见平,至 73.4 |
| 3 | 磨 | 上下面见平,至 73 |
| 4 | 铣 | 至 383×253 |
| 5 | 钳 | 中分划线,钻 $4\times\phi35$ 至 $4\times\phi33$,150×20 划线 |
| 6 | 铣 | 按划线铣,150×20 至 144×18 |
| 7 | 热 | 热处理至 26～30HRC |
| 8 | 铣 | 上下面均匀去除,见平,至 70.8 |
| 9 | 磨 | 上下面均匀去除,见平,至 70.4 |
| 10 | 铣 | 中分,均匀去除,380×250 至尺寸要求 |
| 11 | 钳 | 模板四周倒角 2×45°,按基准角划线,钻 $4\times\phi28,4\times\phi32,6\times\phi9,6\times\phi14,18\times\phi8,6\times$ M16 和水<br>道孔至尺寸要求;150×20 划线;划线,钻 $4\times\phi14$ 至 $4\times\phi13$ |
| 12 | 铣 | 按划线铣,150 至尺寸要求,20 留磨量 0.3;铣让刀槽至尺寸要求 |
| 13 | 磨 | 以 $B$ 面为基准,磨 $20\pm0.02$ 至尺寸要求;磨 $70\pm0.02$ 至尺寸要求 |
| 14 | 镗 | 按基准角,坐标镗 $4\times\phi14,4\times\phi35,4\times\phi41$ 至尺寸要求;$4\times\phi16$ 至尺寸要求,4×M8 点位 |
| 15 | 钳 | 按坐标镗点位,钻、铰 4×M8 至尺寸要求 |

一般厂家提供的标准模架的模板在厚度方向上都留有加工余量,根据需要,用户在装配前应将它们去除。

型腔槽孔、导柱导套孔等模具重要工作部位,热处理之前要预加工到一定尺寸,这样,可使这些部位的硬度达到均匀一致,避免外硬内软。对于一些较深的孔,不经预加工而直接热处理,在后续加工中,由于轴向硬度不均,很容易形成鼓状而达不到图样要求。

另外,模板一般都大致对称,因而热处理变形各方向基本一致。这样在热处理之前选模板的中心作为加工基准;热处理后,将模板四边均匀去除,将基准由中心转换为基准角,便于后续精加工。

## 2. 定模板

定模板结构如图 8-12 所示,在采用标准模架的基础上编制其工艺,见表 8-8。

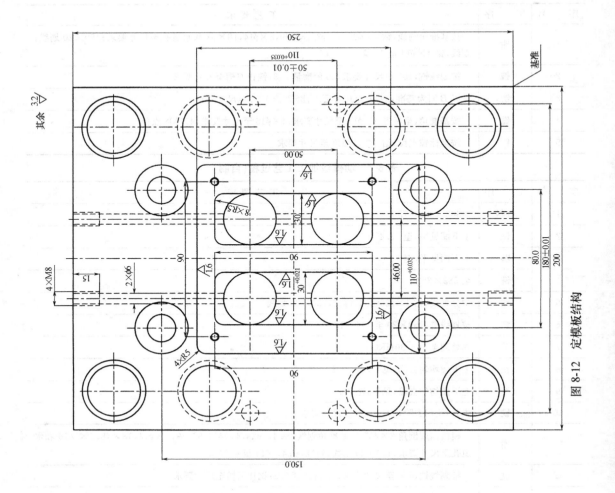

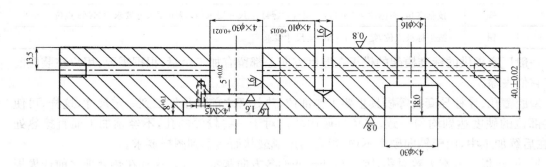

图 8-12 定模板结构

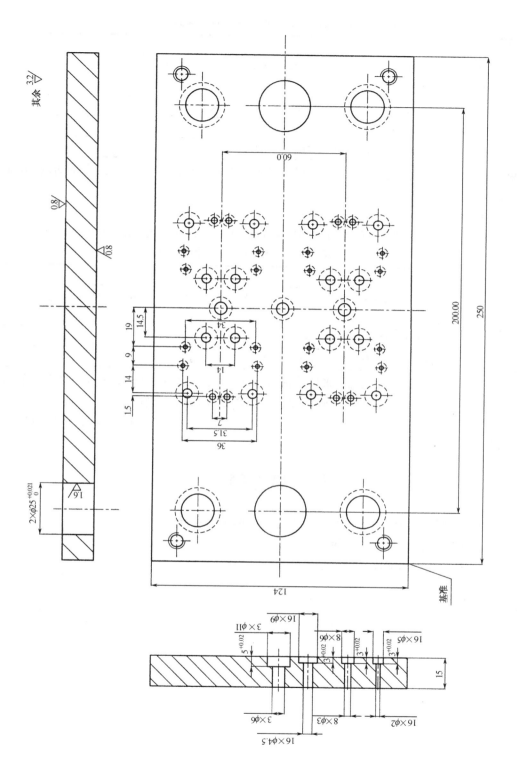

图 8-13 推杆支承板

表 8-8　定模板加工工艺过程(采用标准模架)

| 序　号 | 工　序 | 工 艺 要 求 |
|---|---|---|
| 1 | 钳 | 按基准角划线,钻 4×φ30 至 4×φ28;4×φ16,4×φ30 至尺寸要求 |
| 2 | 磨 | 上下面均匀去除,见平,40±0.02 至尺寸要求 |
| 3 | 镗 | 按基准角,坐标镗 4×φ30 至尺寸;4×φ10 至尺寸要求 |
| 4 | 加工中心 | 按基准角,铣 90×30,110×110 至尺寸要求 |
| 5 | 钳 | 按基准角,钻、铰 4×M5 和水道孔至尺寸要求 |

如果在镗孔前先完成水道孔的加工,则在镗孔时,不连续切削将会造成刀具跳动,影响加工精度和表面质量。

### 3. 推杆支承板

推杆支承板如图 8-13 所示,在采用标准模架的基础上编制其工艺,见表 8-9。

表 8-9　推杆支承板加工工艺过程(采用标准模架)

| 序　号 | 工　序 | 工 艺 要 求 |
|---|---|---|
| 1 | 钳 | 按基准角划线,钻 2×φ25 至 2×φ24,16×φ2,8×φ3,16×φ4.5,3×φ6 至尺寸要求 |
| 2 | 磨 | 上下面见平,15 至尺寸要求 |
| 3 | 镗 | 按基准角,坐标镗 2×φ25 至尺寸要求 |
| 4 | 铣 | 按各孔中心为基准,16×φ5,8×φ6,16×φ9,3×φ11 至尺寸要求 |

目前,在一些企业已经用数显铣床来代替钻床进行一些孔的加工工作,如表 8-9 中的工序 1,这样既可以提高孔的位置精度,又可以降低钳工的劳动强度,提高工作效率。

在加工各沉孔(16×φ5mm,8×φ6mm,16×φ9mm,3×φ11mm)大小和深浅时,一般按实际购买的推杆的台肩尺寸加工。

# 复习思考题

8-1　导柱在模具中的作用是什么? 其主要技术要求有哪些?

8-2　模板类零件在模具中的作用是什么?

8-3　模板类零件的基本技术要求是什么?

# 第9章　注塑模具制造工艺

## 9.1　注塑模具零件的加工

### 9.1.1　注塑模具成形零件的加工要求

#### 1. 注塑模具成形零件的特点

注塑模具的组成零件种类很多,加工要求也各不相同。通常将模具中直接参与成形塑件内、外表面或结构形状的零件,称为成形零件,如模具的型腔、型芯、侧向抽芯和成形滑块、成形斜推杆、螺纹型环和螺纹型芯等。这些零件都直接与成形制品相接触,它们的加工质量将直接影响最终制品的尺寸与形状精度和表面质量,因此,成形零件加工是模具制造中最重要的零件加工。

按照成形零件的结构形式,通常可将其分为整体式与镶拼式两大类。整体式结构又可分为圆形或矩形的型腔和型芯;镶拼式结构也可分为圆形和矩形的整体镶拼和局部镶拼,或者是两者的组合。

模具成形零件与一般结构零件相比,其主要特点是:

① 结构形状复杂,尺寸精度要求高;

② 大多为三维曲面或不规则的形状结构,零件上细小的深、盲孔及狭缝或窄凸起等结构较多;

③ 型腔表面要求光泽而粗糙度低或为皮纹腐蚀表面及花纹图案等;

④ 材料性能要求高,热处理变形小。

零件结构的复杂性与高质量要求,决定了其加工方法的特殊性和使用技术的多样性与先进性,也使得其制造过程复杂,加工工序多,工艺路线长。

#### 2. 注塑模具成形零件的加工要求

成形零件是模具结构中的核心功能零件,模具的整体制造精度与使用寿命,以及成形制品的质量都是通过成形零件的加工质量体现的,因此,成形零件的加工应满足以下要求。

(1) 形状准确

成形零件的轮廓形状或局部结构,必须与制品的形状完全一致,尤其是具有复杂的三维自由曲面或有形状精度与配合要求的制品,其成形零件的形状加工必须准确,曲面光顺,过渡圆滑,轮廓清晰,并应严格保证形位公差要求。

(2) 尺寸精度高

成形零件的尺寸是保证制品的结构功能和力学性能的重要前提。成形零件的加工精度低,会直接影响到制品的尺寸精度。一般模具成形零件的制造误差应小于或等于制品尺寸公差的1/3,精密模具成形零件的制造精度还要更高,一般要求达到微米级。此外,还应严格控制零件的加工与热处理变形对尺寸精度的影响。

(3) 表面粗糙度低

多数模具型腔表面粗糙度的要求都在$R_a 0.1\mu m$左右,有些甚至要求达到镜面,尤其对成形有光学性能要求的制品,其模具成形零件必须严格按程序进行光整加工与精细的研磨、抛光。

要满足成形零件的加工要求,首先必须正确地选择零件材料。材料的加工性能、热处理性能与抛光性能是获得准确的形状、高的加工精度和良好表面质量的前提。

### 9.1.2　注塑模具成形零件工艺设计

成形零件包括型芯、型腔镶块、侧向抽芯等与制品成形直接相关的零件。除使用预硬钢外,成形零件一般均需要进行热处理,硬度一般可达 45～55HRC,甚至更高,热处理之后可采用的加工手段局限于磨削、高速加工、电加工和化学腐蚀等加工,所以工艺设计要重点考虑合理划分热处理前后的加工内容,以最大限度地降低成本、提高效率且保证质量。工艺顺序安排还要考虑如何消除热处理变形的影响,在制订工艺时要将去除量大的加工工序安排在热处理之前,既使加工成本最低,又使零件经热处理后得到充分的变形,残余应力最小。对于较小的零件,可在热处理之前一次加工到位,真空热处理后经过简单的抛光即为成品件;对于一般的零件,螺钉孔、水道孔、推杆预孔等都需在热处理前加工出来,型腔、型芯表面留出精加工余量。型腔件的工艺路线可定为粗、半精车或铣、热处理、精磨、电加工或表面处理、抛光等。

常见的成形零件,大致可分为回转曲面和非回转曲面两种类型。前者可以用车削、镗削、内外圆磨削和坐标磨床磨削,工艺过程相对比较简单。而后者则复杂得多,本节举两个例子说明。

#### 1. 回转体零件的加工

如图 9-1 所示,是一注射模型腔镶块,中部为型腔,外圆 $\phi140$ 上两个 $7.5^{+0.2} \times 4.5^{-0.05}$ 的环槽为安放密封圈用,外圆 $\phi140$ 中部 $10 \times 5$ 的环槽为冷却水道,底部 $\phi154$ 上侧孔 $\phi6^{+0.012}$ 为型腔安装定位销孔(因为型腔非对称,安装时需要定向)。材料选用预硬钢 NAK80,加工工艺过程见表 9-1。

表 9-1　回转体型腔镶块加工工艺过程

| 序　号 | 工　序 | 工　艺　要　求 |
|---|---|---|
| 1 | 备料 | $\phi160 \times 70$ 的锻造毛坯 |
| 2 | 车 | 夹持 10mm 左右,车端面见平,外圆 $\phi140$ 至尺寸要求,注意清根,深度至 50.4;车外圆水道、密封槽至尺寸要求;钻、扩孔 $\phi30.31$ 至 $\phi25$;粗车型腔各面,端面留余量 0.2,其余各面留余量 0.5～1;掉头,夹持外圆 $\phi140$ 处,车外圆 $\phi154$ 至尺寸要求,端面见平,总长至 60.7 |
| 3 | 磨 | 以型腔端面为基准,平磨外圆 $\phi154$ 端面见平,$10_{-0.02}$ 至尺寸要求,总长至 60.4 |
| 4 | 铣 | 上分度头,铣扁与外圆 $\phi140$ 平,转 180°,钻、铰 $\phi6^{+0.012}$ 至尺寸要求 |
| 5 | 电 | 电火花型腔至尺寸要求,深度方向留余量 0.2 |
| 6 | 钳 | 抛光型腔面;以外圆 $\phi140$、外圆 $\phi154$ 上扁为基准,钻 $2 \times \phi5^{+0.01}$ 和 $3 \times \phi2^{+0.01}$ 线切割穿丝孔 $\phi1$ |
| 7 | 线 | 以外圆 $\phi140$、外圆 $\phi154$ 上扁为基准,$\phi30.31$、$2 \times \phi5^{+0.01}$ 和 $3 \times \phi2^{+0.01}$ 至尺寸要求 |
| 8 | 铣 | 按孔找正,$2 \times \phi9 \times 4^{+0.02}$ 至尺寸要求 |
| 9 | 钳 | $3 \times \phi4 \times 22$ 至尺寸要求,精抛型腔面 |
| 10 | 磨 | 去掉型腔面留量,60.20 至尺寸要求 |

在可能的情况下,在抛光后对分型面进行精磨,可以去除抛光时产生的边缘倒角,使塑件的分型线更为整洁。在线切割加工前先进行抛光也是同理。

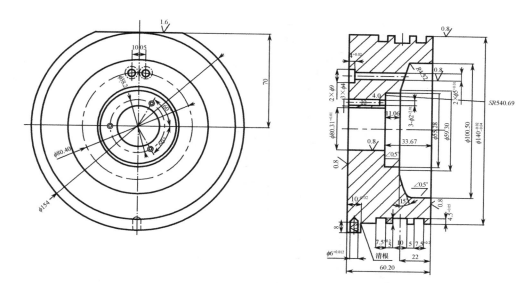

图 9-1　注射模型腔镶块

对于型腔镶块高度方向尺寸的控制,也可以将其镶入模板中,将其与模板同磨,与模板平。

## 2. 非回转体零件的加工

如图 9-2 所示为一注射模型腔镶块。为说明问题,以下按预硬钢和淬火钢两种方式给出其加工工艺过程,见表 9-2 和表 9-3。

**表 9-2　型腔镶块加工工艺过程(使用预硬钢)**

| 序　号 | 工　　序 | 工　艺　要　求 |
|---|---|---|
| 1 | 备料 | ＞131×61×26 |
| 2 | 铣 | 至 130.8×60.8×26,且各面间保持垂直、平行 |
| 3 | 磨 | 至 130.4×60.4×25.6,且各面间保持垂直、平行 |
| 4 | 钳 | 中分划线,钻、铰 4×M8×11,水道孔 $\phi6$ 至尺寸要求;钻 10.75×4.22,9.05×4.22,21.52×15.36 和 $\phi4.2×3°$线切割穿丝孔 $\phi2$ |
| 5 | 铣 | 以水道孔中心为基准,铣 $4×\phi16×1.8_{-0.05}$ 至 $4×\phi16×2_{-0.05}$ |
| 6 | 磨 | 各面均匀去除,型腔面留量 0.2,其余各面至尺寸要求 |
| 7 | 加工中心 | 型腔面 90.53×R12.2×19.85 至尺寸要求 |
| 8 | 钳 | 抛光型腔面 |
| 9 | 电 | 0.51×0.2 槽至尺寸要求 |
| 10 | 线 | 10.75×4.22,9.05×4.22,21.52×15.36 和 $\phi4.2×3°$至尺寸要求 |
| 11 | 加工中心 | 各止口 $4^{+0.02}$ 至尺寸要求 |
| 12 | 钳 | 精抛光型腔面 |
| 13 | 磨 | 去掉型腔面留量,25.00 至尺寸要求 |

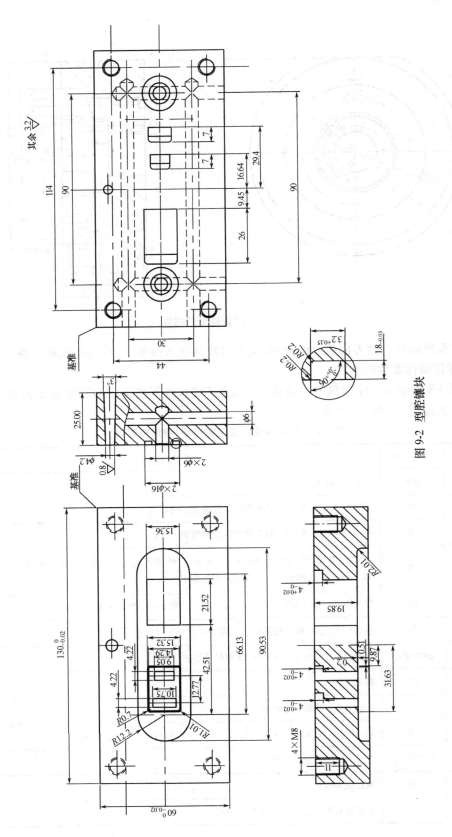

图 9-2 型腔镶块

表 9-3　型腔镶块加工工艺过程(使用淬火钢)

| 序　号 | 工　序 | 工　艺　要　求 |
|---|---|---|
| 1 | 备料 | ＞131×61×26 |
| 2 | 铣 | 至 130.8×60.8×26,且各面间保持垂直、平行 |
| 3 | 磨 | 至 130.4×60.4×25.6,且各面间保持垂直、平行 |
| 4 | 钳 | 中分划线,钻、铰 4×M8×11,水道孔 $\phi6$ 至尺寸要求;钻 10.75×4.22,9.05×4.22,21.52×15.36 和 $\phi4.2×3°$ 线切割穿丝孔 $\phi2$ |
| 5 | 铣 | 以水道孔中心为基准,铣 $4×\phi16×1.8_{-0.05}$ 至 $4×\phi16×2_{-0.05}$;铣 90.53×$R12.2$×19.85,单边留量 0.5 |
| 6 | 热 | 热处理至 50～55HRC |
| 7 | 磨 | 各面均匀去除,型腔面留量 0.2,其余各面至尺寸要求 |
| 8 | 电 | 90.53×$R12.2$×19.85 至尺寸要求 |
| 9 | 钳 | 抛光型腔面 |
| 10 | 线 | 10.75×4.22,9.05×4.22,21.52×15.36 和 $\phi4.2×3°$ 至尺寸要求 |
| 11 | 电 | 0.51×0.2 槽至尺寸要求;各止口 $4^{+0.02}$ 至尺寸要求 |
| 12 | 钳 | 精抛光型腔面 |
| 13 | 磨 | 去掉型腔面留量,25.00 至尺寸要求 |

如果有条件,表 9-3 中的第 8 项和第 11 项也可以采用高速切削加工。

由上述工艺过程可以看出,采用淬火钢,由于要消除热处理变形对工件的影响,所以工序增多了。

## 9.1.3　注塑模具结构件类零件工艺设计

GB/T4169.1—2006～GB/T4169.23—2006 为 23 种注塑模零件制定了标准,这些零件是推杆、直导套、带头导套、带头导柱、带肩导柱、垫块、推板、模板、限位钉、支承柱、圆形定位元件、推板导套、复位杆、推板导柱、扁推杆、带肩推杆、推管、定位圈、浇口套、拉杆导柱、矩形定位元件、圆形拉模扣和矩形拉模扣。

除直导套、带头导套、带头导柱、带肩导柱、拉杆导柱、垫块、推板、模板和复位杆等标准模架自带的零件之外,各种推杆、推管、矩形定位元件、圆形拉模扣和矩形拉模扣也基本采用商品化的产品。对于其他一些注塑模具常用的典型化零件的工艺设计,本小节加以简介。

### 1. 定位圈

典型结构形式如图 9-3 所示。工艺要求在一次安装中加工好定位圈的底面(与模板的贴合面)和外圆柱面。加工工艺为车外形至尺寸要求;钳工钻螺钉过孔至尺寸要求。

### 2. 浇口套

典型结构形式如图 9-4 所示。工艺要求是主流道孔与浇口套的外圆柱面(与模板孔配合面)同心。加工工艺为车外形至尺寸要求,钻、铰主流道孔至尺寸要求,抛光主流道孔;热处理;精抛光主流道孔和球面。主流道孔也可以先钻穿丝孔,热处理后由线切割加工。为保证同轴度,穿丝孔可在车床上精车外圆的同时直接钻、铰出来,线切割加工时即以此孔找正中心;也可以将浇口套安装到模板中,按模板的基准角的坐标位置找中心加工。

### 3. 拉料杆

典型结构形式如图 9-5 所示。拉料杆的区别主要在长度和头部形状上,自制时一般由推

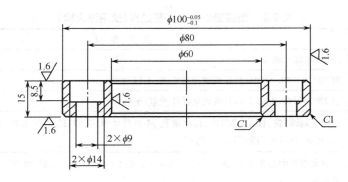

图 9-3　定位圈

杆改制。可用快走丝线切割或磨切机将推杆截到需要的长度,用酒精灯或其他加热工具将其头部局部退火,然后进行车加工至尺寸要求。也可以直接用成形磨床进行成形加工。

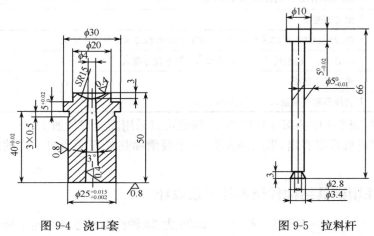

图 9-4　浇口套　　　　　　　　　图 9-5　拉料杆

### 4. 锁紧块

加工工艺为粗铣、半精铣外形;以中线为基准,钻、铰螺纹孔至尺寸要求;热处理;以中线为基准,各面均匀去除,磨至尺寸要求;装配时,配磨楔紧面。结构形式如图 9-6 所示。

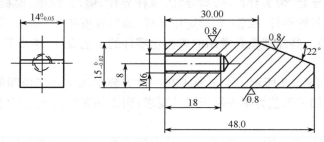

图 9-6　锁紧块

### 5. 拉杆

结构形式如图 9-7 所示。加工工艺为车加工至尺寸要求,注意保证尺寸 $L$ 的公差要求,以在使用时各个拉杆均匀受力。

### 6. 拉板与拉板套

结构形式如图 9-8 和图 9-9 所示。拉板的加工工艺主要为铣各形面至尺寸要求。为满足

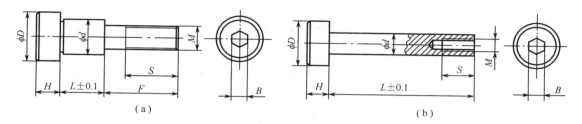

图 9-7　拉杆

公差要求，$d$ 与 $S$ 可在数控铣或加工中心上加工；也可以将几个拉板叠放在一起加工，虽难以满足公差值本身的要求，但尺寸的一致性可以得到保证。为满足美观要求，加工好的拉板表面可以进行发蓝处理。

拉板套的加工工艺为车至尺寸要求，热处理。

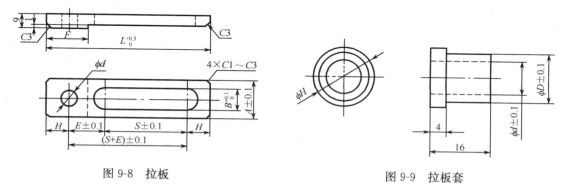

图 9-8　拉板

图 9-9　拉板套

### 7. 压板

结构形式如图 9-10 所示。加工工艺为铣 $L$ 至尺寸要求，$W$、$T$、$S$ 和 $U$ 各尺寸留磨量，位置取中钻螺钉过孔 $d_1$、$d_2$ 至尺寸要求；热处理；各面均匀去除，磨 $W$、$T$、$S$ 和 $U$ 至尺寸要求。

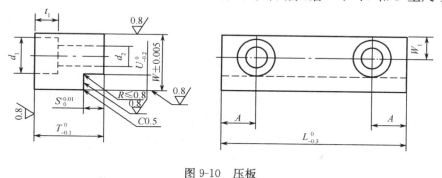

图 9-10　压板

# 9.2　注塑模具的装配

模具是由若干个零件和部件组成的，模具的装配，就是按照模具设计给定的装配关系，将检测合格的加工件、外购标准件等，根据配合与连接关系正确地组合在一起，达到成形合格制品的要求。模具装配是模具制造工艺全过程的最后阶段，模具的最终质量需由装配工艺过程和技术来保证。高水平的装配技术可以在经济加工精度的零件、部件基础上，装配出高质量的模具。

### 9.2.1　注塑模具的装配内容与技术要求

**1. 注塑模具的装配内容**

模具装配是由一系列的装配工序按照一定的工艺顺序进行的,具体的装配内容如下。

（1）清洗

模具零件装配之前必须进行认真的清洗,以去除零件内、外表面黏附的油污和各种机械杂质等。常见的清洗方法有擦洗、浸洗和超声波清洗等。清洗工作对保证模具的装配精度和成形制品的质量,以及延长模具的使用寿命都具有重要意义,对保证精密模具的装配质量更为重要。

（2）固定与连接

模具装配过程中有大量的固定与连接工作。一般模具的定模与动模各模板之间、成形零件与模板之间、其他零件与模板或零件与零件之间都需要相应的定位与连接,以保证模具整体能准确地协同工作。

模具零件的安装定位常用销钉、定位块和零件特定的几何形面等进行定位,而零件之间的相互连接则多采用螺纹连接方式。螺纹连接的质量与装配工艺关系很大,应根据被连接件的形状和螺钉位置的分布与受力情况,合理确定各螺钉的紧固力和紧固顺序。

模具零件的连接可分为可拆卸连接与不可拆卸连接两种。可拆卸连接在拆卸相互连接的零件时,不损坏任何零件,拆卸后还可重新装配连接,通常用螺纹连接方式。不可拆卸的连接在被连接的零件使用过程中是不可拆卸的,常用的不可拆卸连接方式有焊接、铆接和过盈配合等。过盈连接常用压入配合、热胀配合和冷缩配合等方法。

（3）调整与研配

装配过程中的调整是指对零部件之间相互位置的调节操作。调整可以配合检测与找正来保证零部件安装的相对位置精度,还可调节滑动零件的间隙大小,保证运动精度。

研配是指对相关零件进行的修研、刮配、配钻、配铰和配磨等作业。修研、刮配主要是针对成形零件或其他固定与滑动零件装配中的配合尺寸进行修刮,使之达到装配精度要求。配钻、配铰多用于相关零件的固定连接。

**2. 模具装配的精度与技术要求**

模具的质量是以模具的工作性能、精度、寿命和成形制品的质量等综合指标来评定的。因此,模具设计的正确性、零件加工的质量和模具的装配精度是保证模具质量的关键。为保证模具及其成形制品的质量,模具装配时应有以下精度要求:

① 模具各零部件的相互位置精度、同轴度、平行度和垂直度等;

② 活动零件的相对运动精度,如传动精度、直线运动和回转运动精度等;

③ 定位精度,如动模与定模对合精度、滑块定位精度、型腔与型芯安装定位精度等;

④ 配合精度与接触精度,如配合间隙或过盈量、接触面积大小与接触点的分布情况等;

⑤ 表面质量,即成形零件的表面粗糙度、耐磨耐蚀性等要求。

模具装配时,针对不同结构类型的模具,除应保证上述装配精度要求外,还需满足以下几方面的具体技术要求。

（1）模具外观技术要求

① 装配后的模具各模板及外露零件的棱边均应进行倒角或倒圆,不得有毛刺和锐角,各外观面不得有严重划痕或磕伤,不能有锈迹或未加工的毛坯面;

② 按模具的工作状态,在模具适当的平衡位置应装有吊环或起吊孔;模具,特别是多分型面模具,应有锁模板,以防运输过程中模具意外打开造成损坏;锁模板应涂上醒目颜色,以提示模具使用者在使用模具前后,注意拆装锁模板;

③ 模具的外形尺寸、闭合高度、安装固定及定位尺寸、推出方式、开模行程等均应符合设计图样要求,并与所使用设备条件相匹配;

④ 模具应有标牌,各模板应打印顺序编号及加工与装配基准角的标记;

⑤ 模具装配后各分型面应贴合严密,主要分型面的间隙应小于 0.02mm;

⑥ 模具动、定模各自的连接螺钉要紧固可靠,其端面不得高出模板平面。

(2)模具导向、定位机构装配技术要求

① 导柱、导套装入模板后,导柱悬伸部分不得弯曲,导柱、导套固定台肩不得高于模板底平面,且固定牢靠;

② 导柱、导套孔中心线与模板基准面的垂直度及各孔的平行度公差,应保证在 0.02/100 之内;

③ 导向或定位精度应满足设计要求,动、定模开合运动平稳,导向准确,无卡阻、咬死或研伤现象;

④ 安装精定位元件的模具,应保证定位精确、可靠,且不得与导柱、导套发生干涉。

(3)成形零件装配技术要求

① 成形零件的形状与尺寸精度及表面粗糙度应符合设计图样要求,表面不得有碰伤、划痕、裂纹、锈蚀等缺陷;

② 装配时,成形表面粗抛光应达到 $R_a 0.2 \mu m$,试模合格后再进行精细抛光,抛光方向应与脱模方向一致,成形表面的文字、图案及花纹等应在试模合格后加工;

③ 型腔镶块或型芯、拼块应定位准确,固定牢靠,拼合面配合严密,不得松动;

④ 需要互相接触的型腔或型芯零件,应有适当的间隙与合理的承压面积,以防合模时互相挤压产生变形或碎裂;

⑤ 合模时需要互相对插配合的成形零件,其对插接触面应有足够的斜度,以防碰伤或啃坏;

⑥ 型腔边缘分型面处应保持锐角,不得修圆或有毛刺,型腔周边沿口 20mm 范围内分型面的密合应达到 90% 的接触程度,型芯分型面处应保持平整,无损伤、无变形;

⑦ 活动成形零件或嵌件,应定位可靠,配合间隙适当,活动灵活,不产生溢料。

(4)浇注系统装配技术要求

① 浇注系统应畅通无阻,表面光滑,尺寸与表面粗糙度符合设计要求;

② 主流道及点浇口的锥孔部分,抛光方向应与浇注系统凝料脱模方向一致,表面不得有凹痕和周向抛光痕迹;

③ 圆形截面流道,两半圆对合不应错位,多级分流道拐弯处应圆滑过渡,流道拉料杆伸入流道部分尺寸应准确一致。

(5)推出、复位机构装配技术要求

① 推出机构应运动灵活,工作平稳、可靠;推出元件配合间隙适当,既不允许有溢料发生,也不得有卡阻现象;

② 推出元件应有足够的强度与刚度,工作时受力均匀;

③ 推出板尺寸与重量较大时,应安装推板导柱,保证推出机构工作稳定;

④ 装配后推杆端面不应低于型腔或型芯表面，允许有 0.05～0.1mm 的高出量；

⑤ 复位杆装配后，其端面不得高于分型面，允许低于分型面 0.02～0.05mm。

（6）侧向分型与抽芯机构装配技术要求

① 侧向分型与抽芯机构应运动灵活、平稳，各元件工作时相互协调，滑块导向与侧型芯配合部位应间隙合理，不应相互干涉；

② 侧滑块导滑精度要高，定位准确可靠，滑块锁紧楔应固定牢靠，工作时不得产生变形与松动；

③ 斜导柱不应承受对滑块的侧向锁紧力，滑块被锁紧时，斜导柱与滑块斜孔之间应留有不小于 0.5mm 的间隙；

④ 模具闭合时，锁紧楔斜面必须与滑块斜面均匀接触，当一个锁紧楔同时锁紧两个以上滑块时，锁紧楔斜面与滑块斜面间不得有倾斜或锁紧力不一致的现象，二者之间应接触均匀，并应保证其接触面积不小于 80％。

（7）加热与冷却系统装配技术要求

① 模具加热元件应安装可靠、绝缘安全，无破损、漏电现象，能达到设定温度要求；

② 模具冷却水道应通畅、无堵塞，冷却元件固定牢靠，连接部位密封可靠、不渗漏；

③ 加热与冷却控制元件应灵敏、准确，控制精度高。

## 9.2.2　模具装配工艺过程与方法

### 1. 模具装配的工艺过程

模具的装配，按照作业顺序通常可分为以下几个阶段，即研究装配关系、零件清理与准备、组件装配、总装配和试模与调整。

（1）研究装配关系

由于制品形状复杂，结构各异，成形工艺要求也不尽相同，模具结构与动作要求及装配精度差别较大。因此，在模具装配前应充分了解模具总体结构类型与特点，仔细分析各组成零件的装配关系、配合精度与结构功能，认真研究模具工作时的动作关系及装配技术要求，从而确定合理的装配方法、装配顺序与装配基准。

（2）零件清理与准备

根据模具装配图上的零件明细表，清点与整理所有零件，清洗加工零件表面污物，去除毛刺。准备标准件。对照零件图检查各主要零件的尺寸和形位精度、配合间隙、表面粗糙度、修整余量、材料热处理，以及有无变形、划伤或裂纹等缺陷。

（3）组件装配

按照装配关系要求，将为实现某项特定功能的相关零件组装成部件，为总装配做好准备。如定模或动模的装配、型腔镶块或型芯与模板的装配、推出机构的装配、侧滑块组件的装配等。组装后的部件其定位精度、配合间隙、运动关系等均需符合装配技术要求。

（4）总装配

模具总装配时首先要选择好装配的基准，安排好定模、动模的装配顺序。然后将单个零件与已组装的部件或机构等按结构或动作要求，顺序地组合到一起，形成一副完整的模具。这一过程不是简单的零件与部件的有序组合，而是边装配、边检测、边调整和边修研的过程。最终必须保证装配精度，满足各项装配技术要求。

模具装配后，应将模具对合后置于装配平台上，试拉模具各分型面，检查开距及限位机构动作是否准确可靠；推出机构的运动是否平稳，行程是否足够；侧向抽芯机构是否灵活。一切检查无误后，将模具合好，准备试模。

（5）试模与调整

组装后的模具并不一定就是合格的模具，真正合格的模具要通过试模验证，能够生产出合格的制品。这一阶段仍需对模具进行整体或部分的装拆与修磨调整，甚至是补充加工。经试模合格后的模具，还需对各成形零件的成形表面进行最终的精抛光。

**2. 模具的装配方法**

模具是由多个零件或部件组成的，这些零部件的加工，由于受许多因素的影响，都存在不同大小的加工误差，这将直接影响模具的装配精度。因此，模具装配方法的选择应依据不同模具的结构特点、复杂程度、加工条件、制品质量和成形工艺要求等来决定。现有的模具装配方法可分为以下几种。

（1）完全互换法

完全互换法是指装配时，模具各相互配合零件之间不经选择、修配与调整，组装后就能达到规定的装配精度和技术要求。其特点是装配尺寸链的各组成环公差之和小于或等于封闭环公差。

在装配关系中，与装配精度要求发生直接影响的那些零件、组件或部件的尺寸和位置关系，是装配尺寸链的组成环。而封闭环就是模具的装配精度要求，它是通过把各零部件装配好后得到的。当模具精度要求较高且尺寸链环数较多时，各组成环所分得的制造公差就很小，即零件的加工精度要求很高，这给模具制造带来极大的困难，有时甚至无法达到。

但完全互换法的装配质量稳定，装配操作简单，便于实现流水作业和专业化生产，适合于一些装配精度要求不太高的大批量生产的模具标准部件的装配，以及多型腔模具的装配。

（2）分组互换法

分组互换装配是将装配尺寸链的各组成环公差按分组数放大相同的倍数，然后对加工完成的零件进行实测，再以放大前的公差数值、放大倍数及实测尺寸进行分组，并以不同的标记加以区分，按组进行装配。

这种方法的特点是扩大了零件的制造公差，降低了零件的加工难度，具有较好的加工经济性。但其互换水平低，不适于大批量的生产方式和精度要求高的场合。

模具装配中对于模架的装配，可采用分组法按模架的不同种类和规格进行分组装配，如对模具的导柱与导套配合采用分组互换装配，以提高其装配精度和质量。

（3）调整装配法

调整装配法是按零件的经济加工精度进行制造，装配时通过改变补偿环的实际尺寸和位置，使之达到封闭环所要求的公差与极限偏差的一种方法。

这种方法的特点是各组成环在经济加工精度条件下，就能达到装配精度要求，不需做任何修配加工，还可补偿因磨损和热变形对装配精度的影响。这种方法适于不宜采用互换法的高精度多环尺寸链的场合。多型腔镶块结构的模具常用调整法装配。

调整装配法可分为可动调整与固定调整两种。可动调整是指通过改变调整件的相对位置来保证装配精度；而固定调整则是选取某一个和某一组零件作为调整件，根据其他各组成环形成的累计误差的数值来选择不同尺寸的调整件，以保证装配精度。模具装配中，两种方法都有应用。

（4）修配装配法

修配装配法是指模具的各组成零件仍按经济加工精度制造，装配时通过修磨尺寸链中补偿环的尺寸，使之达到封闭环公差和极限偏差要求的装配方法。

这种方法的主要特点是可放宽零件制造公差，降低加工要求。为保证装配精度，常需采用磨削和手工研磨等方法来改变指定零件尺寸，以达到封闭环的公差要求。这种方法适于不宜采用互换法和调整法的高精度多环尺寸链的精密模具装配，如多个镶块拼合的多型腔模具的型腔或型芯的装配，常用修配法来达到较高的装配精度要求。但是，该方法需增加一道修配工序，对模具装配钳工的要求较高。

模具作为产品一般都是单件定制的，而模架和模具标准件都是批量生产的。因此，上述装配方法中，调整法和修配法是模具装配的基本方法，在模具领域被广泛应用。但目前随着经济的发展对模具的质量要求越来越高，要求模具备件达到完全互换的水平已逐渐成为模具制造企业和用户的共识，因此，依靠先进设备和技术的支持，完全互换法在高精模具中已日渐普及。

## 9.2.3　注塑模具的装配特点

### 1. 装配基准的选择

注射模具的结构关系复杂，零件数量较多。装配时装配基准的选择对保证模具的装配质量十分重要。在采用标准模架的情形下，一般是以模具动、定模板（A、B 板）两个互相垂直的侧面形成的基准角为加工基准，装配时也应以此为基准，使加工基准与装配基准重合。

### 2. 装配时的修研原则与工艺要点

模具零件加工后都有一定的公差或加工余量，钳工装配时需进行相应的修整、研配、刮削及抛光等操作，具体修研时应注意以下几点。

（1）脱模斜度的修研

修研脱模斜度的原则是，型腔应保证收缩后大端尺寸在制品公差范围内，型芯应保证收缩后小端尺寸在制品公差范围内。

（2）圆角与倒角

对于角隅处圆角半径的修整，型腔零件应偏大些，型芯应偏小些，这样便于制品装配时底、盖配合留有调整余量。型腔、型芯的倒角也遵循此原则，但设计图上没有给出圆角半径或倒角尺寸时，不应修圆角或倒角。

（3）垂直分型面和水平分型面的修研

当模具既有水平分型面，又有垂直分型面时，修研时应使垂直分型面接触吻合，水平分型面留有 0.01～0.02mm 的间隙。涂红丹显示，在合模、开模后，垂直分型面现出黑亮点，水平分型面稍见均匀红点即可。

（4）型腔沿口处修研

模具型腔沿口处分型面的修研，应保证型腔沿口周边 10mm 左右分型面接触吻合均匀，其他部位可比沿口处低 0.02～0.04mm，以保证制品分型面处不产生飞边或毛刺，如图 9-11 所示。

（5）侧抽芯滑道和锁紧块的修研

侧向抽芯机构一般由滑块、侧型芯、滑道和锁紧楔等组成。装配时通常先研配滑块与滑道的配合尺寸，保证有 H8/f7 的配合间隙；然后调整并找正侧型芯中心在滑块上的高度尺寸，修研侧型芯端面及与侧孔的配合间隙；最后修研锁紧楔的斜面与滑块斜面。当侧型芯前端面到达正确位置或与型芯贴合时，锁紧楔与滑块的斜面也应同时接触吻合，并应使滑块上顶面与模板之间保持有 0.2～0.4mm 的间隙，以保证锁紧楔与滑块之间的足够锁紧力，如图 9-12 所示。

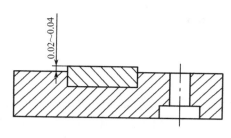

图 9-11　型腔沿口处修研

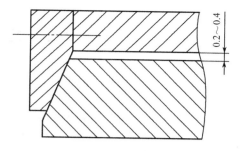

图 9-12　侧向抽芯机构的装配

侧向抽芯机构工作时,熔体注射压力对侧抽型芯或滑块产生的侧向作用力不应作用于斜导柱,而应由锁紧楔承受。为此,需保证斜导柱与滑块斜孔的间隙,一般单边间隙不小于 0.5mm。

(6) 推杆与推件板的装配

推杆与推件板的装配要求是保证脱模运动平稳,滑动灵活。推杆装配时,应逐一检查每一根推杆尾部台肩的厚度尺寸与推杆固定板上固定孔的台阶深度,并使装配后留有 0.05mm 左右的间隙。推杆固定板和动模垫板上的推杆孔位置,可通过型芯上的推杆孔引钻的方法确定。型芯上的推杆孔与推杆配合部分应采用 H7/f6 或 H8/f7 的间隙配合,其余部分可有 0.5mm 的间隙。推杆端面形状应随型芯表面形状进行修磨,装配后不得低于型芯表面,但允许高出 0.05~0.1mm,即成形后制品内表面不"多肉";而斜推杆端面要低于型芯表面,以避免斜推杆推出时与制品内表面干涉,如图 9-13 所示。

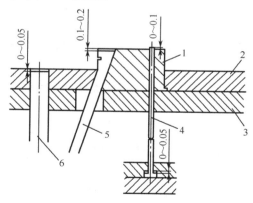

1—动模型芯;2—动模板;3—动模垫板;4—推杆;5—斜推杆;6—复位杆

图 9-13　脱模机构装配

推件板装配时,应保证推件板型孔与型芯配合部分有 3°~10°的斜度,配合面的粗糙度不低于 $R_a0.8\mu m$,间隙均匀,不得溢料。推顶推件板的推杆或拉杆要修磨得长度一致,确保推件板受力均匀。推件板本身不得有翘曲变形或推出时产生弹性变形。

(7) 限位机构的装配

多分型面模具常用各类限位机构来控制模具的开、合模顺序和模板的运动距离。这类机构一般要求运动灵活,限位准确可靠,如用拉钩机构限制开模顺序时,应保证开模时各拉钩能同时打开。装配时应严格控制各拉杆或拉板的行程准确一致。

# 9.3 注塑模具的试模

## 9.3.1 试模前的检验与准备

模具装配完成后,必须经过试模来验证模具的设计与制造质量及综合性能是否满足实际生产要求。只有经过试模检验并成形出合格制品的模具,才能交付用户使用。同时,试模也是为了给制品的正式生产找出最佳工艺条件。因此,试模是模具制造过程中的最后一道检验工序。为保证试模工作顺利进行,试模前必须对模具进行全面的检查,做好各项准备工作。

**1. 模具的检查**

(1) 模具外观检查

① 模具轮廓尺寸、开模行程、推出形式、安装固定方式是否符合所选试模设备的工作要求。

② 模具定位圈、浇口套球面及进料口尺寸要正确。模具吊环位置应保证起吊平衡,便于安装与搬运,满足负荷要求。

③ 各种水、电、气、液等接头零件及附件、嵌件应齐备,并处于良好使用状态。

④ 各零件是否连接可靠,螺钉是否上紧。模具合模状态是否有锁模板,以防吊装或运输中开启。

⑤ 检查导柱、螺钉、拉杆等在合模状态下,其头部是否高出模板平面,影响安装;复位杆是否高出分型面,使合模不严。

(2) 模具内部检查

① 打开模具检查型腔、型芯是否有损伤、毛刺或污物与锈迹,固定成形零件有无松动。嵌件安装是否稳固可靠。

② 熔体流道应通畅、光洁、无损伤;冷却水道应无堵塞,无渗漏。电加热系统无漏电,安全可靠。

(3) 模具动作检查

① 模具开、合模动作及多分型面模具各移动模板的运动要灵活平稳,定位准确可靠。不应有紧涩或卡阻现象。

② 多分型面模具开、合模顺序及各移动模板运动距离应符合设计要求,限位机构应动作协调一致,安全可靠。

③ 侧向分型与抽芯机构要运动灵活,定位准确,锁紧可靠。气动、液压或电动控制机构要正常无误。

④ 推出机构要运动平稳、灵活,无卡阻,导向准确。

**2. 试模前的准备**

(1) 塑料原材料的准备

应按照制品图样给定的材料种类、牌号、色泽及技术要求提供足量的试模材料,并进行必要的预热、干燥处理。

(2) 试模工艺的准备

根据制品质量要求、材料成形性能、试模设备特点及模具结构类型综合考虑,确定合适的试模工艺条件。

（3）试模设备的准备

按照试模工艺要求，调整设备至最佳工作状态，达到装上模具即可试模。机床控制系统、运动部件、加料、塑化、加热与冷却系统等均应正常、无故障。

（4）试模现场的准备

清理机台及周围环境，备好压板、螺栓、垫块、扳手等装模器件与工具以及盛装试模制品与浇注系统凝料的容器，备好吊装设备。

（5）工具的准备

试模钳工应准备必要的锉刀、砂纸、油石、铜锤、扳手等现场修模或启模工具，以备临时修调或启模使用。

（6）模具的准备

将检验合格的模具安装到试模设备上，并进行空运转试验，查看模具各部分动作是否灵活、正确，所需开模行程、推出行程、抽芯距离等是否达到要求，确认模具动作过程正确无误后，可对模具（及嵌件）进行预热，使模具处于待试模状态。

## 9.3.2 试模过程与注意事项

### 1. 试模过程

（1）料筒清理

在完成了试模前的各项检验和准备工作后，即可进行试模操作。但开始注射前，应将注射机料筒中前次注射的不同品种的材料清除干净，以免两种材料混合影响试模制品的质量。料筒的清理方法，通常是对料筒中的塑料进行加热塑化后，用新试模材料将前次剩余在料筒中的残留材料推出，对空注射出去，直至残留材料彻底清除干净。当对空注射的熔体全为新试模材料时，且熔体质量均匀、柔韧光泽、色泽鲜亮，即表明注射机料筒处于理想工作状态，可以向模具型腔注射。

（2）注射量计量

在向模具型腔注射熔体前，还应准确地确定一次注射所需熔体量。这要根据所试模具单个型腔容积和型腔总数及浇注系统容积进行累加计算，将计算结果初定为注射机的塑化计量值，试模中还需进行调整并最终设定。一般塑化计量值要稍大于一次注射所需熔体量，但不宜剩余过多。

（3）试模工艺参数的调整

试模时应按事先制订的工艺条件和规范进行，模具也必须达到要求的温度。整个试模过程中都要根据制品的质量变化情况，及时准确地调整工艺参数。

工艺参数调整时，一般应先保持部分参数不变，针对某一个主要参数进行调整，不可所有参数同时改变。改变参数值时，也应小幅渐进调整，不可大幅度改变，尤其是那些对注射压力或熔体温度比较敏感的塑料材料，更应注意。

试模中对每个参数的调整，都应使该参数稳定地工作几个循环，使其与其他参数的作用达到协调平衡之后，再根据制品质量的变化趋势进行适当调整，不宜连续大幅度地改变工艺参数值。因为工艺条件是相互依存的，每个参数的变化都对其他参数有影响。改变某个参数后，其作用效果并不能马上反映出来，而是需要足够的时间过程，如温度的调整等。

初次试模时，绝对不能用过高的注射压力和过大的注射量。试模中当发现制品有缺陷时，应正确分析缺陷产生的真正原因。很多情况下，缺陷的产生是由多种因素相互影响造成的，很难判断准确。因此，针对不同的制品缺陷，要仔细分析是由于试模工艺参数不当造成的，还是由于模具设计与制造或制品结构因素引起的。

通常，首先考虑通过调整工艺参数解决，然后才考虑修整模具。若通过多项工艺参数调整仍无法消除制品缺陷时，则需全面分析考虑引起缺陷的多种原因及其相互关系，慎重确定是否需要修改模具。

由于模具因素引起的制品缺陷，能在试模现场短时间解决的，可现场进行机上修整，修后再试。对现场无法修整或需很长修整时间的，则应中止试模返回修理。

(4) 试模数据的记录

每次试模过程中，对所用设备的型号、性能特点，使用的塑料品种、牌号及生产厂家，试模工艺参数的设定与调整，模具的结构特点与工作情况，制品的质量与缺陷的形式，缺陷的程度与消除结果，试模中的故障与采取的措施，以及最后的试模结果等，都应做详细的记录。

对试模结果较好的制品或有严重缺陷的试件及与之对应的工艺条件，都应做好标记封装保存 3~5 件，以备分析检测与制订修模方案使用，也为再次试模及正式生产时制订工艺提供参考。详细的试模数据，经过总结与分析整理，将成为模具设计与制造的宝贵原始资料。

## 2. 注意事项

试模前模具设计人员要向试模操作者详细介绍模具的总体结构特点与动作要求、制品结构与材料性能、冷却水回路及加热方式、制品及浇注系统凝料脱出方式、多分型面模具的开模行程、有无嵌件等相关问题，使操作者心中有数，有准备地进行试模。

试模时应将注塑机的工作模式设为手动操作，使机器的全部动作与功能均由试模操作人员手动控制，不宜用自动或半自动工作模式，以免出现问题，损坏机器或模具。

模具的安装固定要牢固可靠，绝不允许固定模具的螺栓、垫块等有任何松动。压板前端与移动模板或其他活动零件之间要有足够间隙，不能发生干涉。模具侧抽芯运动方向应与水平方向平行，不宜上下垂直安装，防止滑块在开模后意外滑落。对于三面或四面都有侧向抽芯的模具，应使型芯与滑块重量较大者处于水平抽芯方向安装。开机前一定要仔细检查模具安装的可靠性。

模具上的冷却水管、液压油管及其接头不应有泄漏，更不能漏到模具型腔里面。管路或电加热器的导线一般不应接于模具的上方或操作方向，而应置于模具操作方向的对面或下方，以免管线游荡被分型面夹住。

试模过程中，模具设计人员要仔细观察模具各部分的动作协调与工作情况，以便发现不合理的设计。操作人员每次合模时都要仔细观察，各型腔制品及浇注系统凝料是否全部脱出，以免有破碎制品的残片或被拉断的流道、浇口等残留物在合模或注射时损伤模具。带有嵌件的模具还要查看嵌件是否移位或脱落。

# 复习思考题

9-1 注塑模具成形零件有哪些加工要求？

9-2 注塑模具的装配主要有哪些内容？

9-3 模具的装配方法有哪些？

# 第10章 冲压模具制造工艺

## 10.1 冲压模具制造工艺要点

### 10.1.1 冲裁模制造工艺要点

#### 1. 冲裁凸模和凹模的制造工艺要点

在冲压生产中,用来将金属板料或非金属板料相互分离的冲模称为冲裁模。在冲裁的过程中,冲裁模的凸、凹模组成上、下刃口,将材料放在凹模上,在压力机的压力作用下,凸模随压力机滑块下降使材料发生变形,直至全部分离。冲裁模按其工序性质不同,主要分为落料模、冲孔模、切边模、切口模及整修模等。但按其结构分,又可分为单工序模、连续模和复合模。

凸、凹模是冲裁模的主要工作零件。凸模与凹模都有与制件轮廓形状一样的锋利刃口,凸模和凹模之间存在一圈很小的间隙。在冲裁时,板料对凸模和凹模刃口产生很大的侧压力,导致凸模和凹模都与制件或废料发生摩擦、磨损。模具刃口越锋利,冲裁件断面质量越好。合理的凸、凹模间隙能保证制件有较好的断面质量和较高的尺寸精度,并且还能降低冲裁力和延长模具使用寿命。凸、凹模一般应该满足以下几点要求:

① 结构合理;

② 高的尺寸精度、形位精度、表面质量和刃口锋利;

③ 足够的刚度和强度;

④ 良好的耐磨性;

⑤ 一定的疲劳强度。这些要求在模具制造过程中都要加以注意。

表 10-1 冲裁凸模和凹模的技术要求

| 项 目 | 加 工 要 求 |
|---|---|
| 尺寸精度 | 达到图样设计要求,凸、凹模间隙合理、均匀 |
| 表面形状 | 凸、凹模侧壁要求平行或稍有斜度、大端应位于工作部分,不允许有反斜度(见图 10-1) |
| 位置精度 | 圆形凸模的工作部分对固定部分的同轴度误差小于工作部分公差的一半,凸模端面应与中心线垂直<br>对于连续模,凹模孔与固定板凸模安装孔、卸料板孔孔位一致,各步步距应等于侧刃的长度<br>对于复合模,凸、凹模的外轮廓和其内孔的相互位置应符合图样中所规定的要求 |
| 表面粗糙度 | 刃口部分的表面粗糙度 $R_a$ 为 0.4μm,固定部分的表面粗糙度 $R_a$ 为 0.8μm,其余为 6.3μm,刃口要求锋利 |
| 硬度 | 凹模工作部分硬度为 60~64HRC,凸模工作部分硬度 58~62HRC,对于铆接的凸模,从工作部分到固定部分硬度逐渐降低,但最低不小于 38~46HRC(见图 10-2) |

凸模属于长轴类零件,从长度上可分为两部分,即固定部分和工作部分。固定部分的形状简单,尺寸精度要求不高;工作部分的尺寸精度和表面质量要求高。凹模一般是板类零件,凹模型孔的尺寸、形状精度和表面质量要求高。凹模外形较简单,一般是圆形或矩形,其尺寸精度要求不高。对凸模和凹模的技术要求见表10-1。

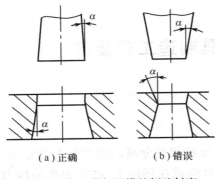

(a)正确　　　　(b)错误

图10-1　凸模与凹模的侧壁斜度

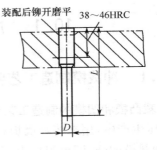

图10-2　铆接凸模的硬度

### 2. 冲裁模加工方法

(1)凸模加工方法

凸模的加工方法一般根据其不同形状和结构形式而定,其常用的加工方法如下。

① 回转体凸模:车加工外形,留磨削余量,淬火,外圆磨或成形磨至尺寸要求,抛光。

② 直通式凸模:加工毛坯料,磨安装面和基准面,钳工划线加工安装孔、线切割穿丝孔,淬火,磨安装面和基准面至尺寸要求,线切割外形,抛光,磨刃口。

③ 带安装台阶式凸模:加工毛坯料,磨安装面和基准面,钳工划线加工安装孔,淬火,磨安装面和外形至尺寸要求,抛光,磨刃口。

至于有些书中介绍的手工凹模修锉法和仿形刨削加工凸模,由于制造精度低,目前在生产中很少采用。

(2)凹模加工方法

凹模的加工方法主要取决于凹模孔的截面形状。

① 圆形凹模孔:车加工外形,留磨削余量,淬火,内圆磨或坐标磨至尺寸要求,抛光。

② 非圆形整体凹模:加工毛坯料,磨安装面和基准面,钳工划线加工安装孔、线切割穿丝孔,对于较大的凹模孔,铣凹模孔,周边留量2～3mm,铣刃口下端排料斜度部分,淬火,磨安装面和基准面至尺寸要求,线切割或坐标磨凹模孔,抛光,磨刃口。

对于较大的凹模孔,预铣的目的,一是防止线切割加工后应力突然释放而导致模具开裂,二是可以使刃口部分充分淬火,即淬透,特别对于较厚的凹模板。

③ 非圆形镶拼结构凹模:加工毛坯料,磨安装面和基准面,钳工划线加工安装孔,铣刃口下端排料斜度部分,淬火,磨安装面和基准面至尺寸要求,线切割或坐标磨凹模成形面,抛光,磨刃口。

## 10.1.2　弯曲模制造工艺要点

### 1. 弯曲模的制造工艺要点

弯曲是将板料通过冲模在压力机上弯成一定角度或形状的一种冲压方法。弯曲属于变形工序,它在冲压生产中占有很重要的地位,并得到了广泛的应用。

弯曲模零件的加工及装配方法基本上与冲裁模相同，一般按零件尺寸精度、形状和表面质量要求及设备条件，按图样进行加工与制造。但与冲裁模相比，它又有如下制造特点。

① 弯曲凸、凹模的淬火有时可在试模后进行。压弯时由于材料的弹性变形，使弯曲件产生回弹，因此制造弯曲模必须要考虑到材料的回弹值，以使所弯曲的制件能符合图样所规定的各项技术要求。但是，影响回弹的因素很多。因此，在制造冲模时，经常要对其反复试模与修整，直到压弯出合格的制件为止。为便于对凸、凹模的形状和尺寸进行修整，需要在试模合格后进行淬火。

② 利用样板或样件修整凸、凹模。弯曲模的凸、凹模由于形状比较复杂，几何形状及尺寸精度要求较高，因此，在制造弯曲模时，特别是大、中型弯曲模，凸、凹模工作表面的曲线和折线多数需要样板及样件来控制，以保证其制造精度。由于制件受回弹的影响，制造与加工出来的凸、凹模形状不可能与制件最后形状相同，因此，必须要有一定的修正值，该值应根据操作者的实践经验或反复试验而定，并应根据修正值来加工样板及样件。

③ 弯曲凸、凹模的加工次序，应根据制件外形尺寸标注情况来选择。对于尺寸标注在外形上的制件，一般应先加工凹模，凸模按加工出的凹模配制，并保证双面间隙值；对于尺寸标注在内形的弯曲件，应先加工凸模，凹模按加工好的凸模配制，并保证双面间隙值。

④ 弯曲凸、凹模的圆角半径及间隙各处的均匀性，对弯曲件质量影响很大。因此，加工时应便于试模后修整，在修整角度时不要影响弯曲件的直线尺寸。

⑤ 弯曲凸模的工作部分必须要加工成圆角过渡，否则会使弯曲零件折断或产生划痕。

⑥ 弯曲模中作为退料用的顶出弹簧或中硬橡皮，一定要保证制件的脱模弹力要求。

⑦ 弯曲模工作部分表面质量要求较高，因此在加工或试模时，应将其加工时留下的刀痕去除，在淬火后应进行仔细的精修及抛光。

⑧ 弯曲模的间隙要均匀，圆角应对称，并且要光滑。

**2. 弯曲模加工方法**

弯曲模的凸、凹模工作面一般是敞开面，所采用的加工方法与制件的大小和形状有关。

圆形凸模、凹模不论大小，一般都是采用车削和磨削的加工方法，加工精度较高。

非圆形弯曲凸模、凹模的常用加工方法见表 10-2。

表 10-2　非圆形弯曲凸模、凹模的常用加工方法

| 常用加工方法 | 加工过程 | 适用场合 |
| --- | --- | --- |
| 铣削加工（加工中心加工） | 毛坯粗加工后，铣安装面、基准面，粗、精铣形面，精修后淬火、研磨、抛光 | 大中型弯曲模 |
| 铣削加工（加工中心加工） | 毛坯粗加工后，磨削基面，粗、精铣形面，精修后淬火、研磨抛光 | 中小型弯曲模 |
| 成形磨削加工 | 毛坯粗加工后磨基面，粗加工形面，安装孔加工后淬火，磨削形面抛光 | 精度要求较高、不太复杂的凸、凹模 |
| 线切割加工 | 毛坯粗加工后淬火，磨安装面和基准面，线切割加工形面，抛光 | 小型凸、凹模（形面长小于 100mm） |

### 10.1.3　拉深模制造工艺要点

**1. 拉深模的制造工艺要点**

拉深是利用模具将平板毛坯制成空心件的一种冲压工艺方法。拉深又称为拉延、压延、引

伸等。拉深工序在冲压生产中占有很重要的地位。用拉深工艺可以制成筒形、阶梯形、锥形、盒形和其他不规则形状的空心件。如果与其他工艺相互配合，还可以制成形状更为复杂的零件。在冲压生产中，拉深制品很多，根据形状的特点、变形区的位置、变形的性质及变形时坯料各部位应力状态和分布规律的不同，其使用的模具结构也不同，大致有以下几种：

① 圆筒形直壁旋转体拉深模，如直壁筒形件、带凸缘的筒形件拉深；

② 曲面旋转体拉深模，如球形件及锥形零件制品的拉深；

③ 直壁非旋转体盒形件拉深模，如正方形、长方形盒件的拉深；

④ 非旋转体复杂曲面拉深模，如汽车覆盖件拉深。

在制造拉深模时，主要有以下特点。

① 拉深模的凸、凹模淬火有时可以在试模后进行。在拉深工作中，由于材料的回弹作用，即使拉深模各个零件按设计图样做得很精确，装配得也很好，但拉出的制件不一定理想。因此，装配后的冲模，必须进行反复的试冲和修整加工。所以，有时可在淬硬之前经反复的试冲与修整，直到冲出合格的制件为止。

② 拉深凸、凹模的工作部分截面形状是制造拉深模的关键之一，因此，在制造时应特别注意。其加工方法是：对于截面为圆形的凸模及凹模，可先在车床上加工、经热处理淬硬后，再在外、内圆磨床上按图样要求磨削加工到尺寸，圆角部分和某些表面还需用研磨及抛光的方法来达到最后的要求；对于截面为非圆形的凸模和凹模的轮廓，可用数控铣床或加工中心加工，然后进行抛光。

③ 拉深凸、凹模的零件工作边缘应加工成光滑的圆角，其圆角大小应符合图样要求，并经反复试冲合格后为止。一般来说，凸模圆角由工件决定，可一次加工成形；而凹模圆角半径在制造时，不应一次做得太大，需要通过不断试模后逐渐加大圆角尺寸，直到冲出合格的工件为止。

④ 拉深模的工作部分，由于表面质量要求较高，在淬火后一般应研磨和抛光。

⑤ 拉深模凸、凹模之间的间隙应均匀。对于无导向的拉深模，在压力机上调整时最好是放一样件，仔细调整后以保证凸、凹模的正确位置和各方向间隙均匀一致。

⑥ 拉深件的毛坯尺寸，由于在拉深时材料变薄，故理论上很难计算准确。因此，一般先做拉深模，待拉深模试模合格后，再以其所需合适的毛坯尺寸，制造落料模。

### 2. 拉深模加工方法

不同类型的制件，其模具的加工方法也不同。根据制件的外形可分为 3 种类型，即回转体类、盒形零件和非回转体曲面形零件。拉深凸模、凹模常用加工方法分别见表 10-3 和表 10-4。

表 10-3　拉深凸模常用加工方法

| 制件类型 | 常用加工方法 | 适用场合 |
|---|---|---|
| 筒形和锥形（回转体类） | 毛坯锻造后退火，粗车、精车外形及圆角，淬火后磨装配处成形面，修磨成形端面和圆角，抛光 | 所有筒形零件的拉深凸模 |
| 曲线回转体 | 方法一：成形车加工。毛坯加工后粗车，用成形刀或靠模成形曲面和过渡圆角，淬火后研磨、抛光 | 凸模要求较低，设备条件较差 |
| | 方法二：成形磨加工。毛坯加工后粗车、半精车成形面，淬火后磨安装面，成形磨削成形曲面和圆角，抛光 | 凸模精度要求较高 |

| 制件类型 | 常用加工方法 | 适用场合 |
|---|---|---|
| 盒形零件 | 方法一:修锉法。毛坯加工后修锉方形和圆角,再淬火、研磨抛光 | 精度要求低的小型件、设备条件差 |
| | 方法二:铣削加工。毛坯加工后铣成形面、圆角后淬火、研磨、抛光 | 精度要求一般的通用加工法 |
| | 方法三:加工中心加工。毛坯加工后,粗、精加工成形面及圆角、淬火、研磨、抛光 | 精度要求稍高的制件凸模 |
| | 方法四:成形磨加工,毛坯加工后,粗加工成形面,淬火后成形磨削成形面、抛光 | 精度要求较高的凸模 |
| 非回转体曲面形零件 | 方法一:铣削加工。毛坯加工后,铣成形面、圆角后、淬火、研磨、抛光 | 形面不太复杂、精度较低 |
| | 方法二:加工中心加工。毛坯加工后,加工成形面,淬火后研磨、抛光 | 形面较复杂、精度较高 |
| | 方法三:成形磨加工。毛坯加工后,加工成形面,淬火后成形磨削成形面、抛光 | 结构不太复杂、精度较高的凸模 |

**表 10-4　拉深凹模常用加工方法**

| 制件类型及凹模结构 | | 常用加工方法 | 适用场合 |
|---|---|---|---|
| 筒形和锥形（回转体类） | | 毛坯加工后粗、精车型孔,加工安装孔后淬火,磨型孔或研磨型孔,抛光 | 各种凹模 |
| 曲线回转体 | 无底模 | 与筒形凹模加工方法相同 | 无底中间拉深模 |
| | 有底模 | 毛坯加工,粗、精车型孔,精车时可用靠模、仿形、数控等方法,或者用样板精修 | 需整形的凹模 |
| 盒形零件 | | 方法一:铣削加工。毛坯加工,铣型孔,钳工修锉,淬火后研磨、抛光 | 精度要求一般的无底凹模 |
| | | 方法二:插削加工。毛坯加工,插型孔,钳工修锉圆角,淬火、研磨、抛光 | 精度要求一般的无底凹模 |
| | | 方法三:线切割加工。毛坯加工,加工安装孔,淬火后磨安装面等,最后切割型孔,抛光 | 精度要求较高的无底凹模 |
| | | 方法四:电火花加工。毛坯加工,加工安装孔,淬火后磨基面,最后电火花加工型腔,抛光 | 精度较高、需整形的凹模 |
| 非回转体曲面形零件 | | 方法一:铣削或插削加工。毛坯加工,铣或插型孔,修锉圆角后淬火,研磨、抛光 | 精度较低的无底模 |
| | | 方法二:线切割加工。毛坯加工,加工安装孔,淬火后磨基面,线切割型孔,抛光 | 精度较高的无底模 |
| | | 方法三:电火花加工。毛坯加工,加工安装孔,淬火后用电火花加工型腔,抛光 | 高精度较小型腔的整形模 |
| | | 方法四:加工中心加工。毛坯加工,加工型腔,精修后淬火、研磨、抛光 | 有底型腔模 |

# 10.2　冲压模具成形零件的加工

本节举几个实例来具体说明冲压模具成形零件的加工方法。

## 1. 圆形凸模的加工

行业标准中规定的圆柱头缩杆圆凸模形式如图 10-3 所示,材料推荐采用 Cr12MoV、Cr12、Cr6WV、CrWMn。硬度:Cr12MoV、Cr12、CrWMn 刃口 58～62HRC,头部固定部分 40～50HRC;Cr6WV 刃口 56～60HRC,头部固定部分 40～50HRC。其加工工艺过程见表 10-5。

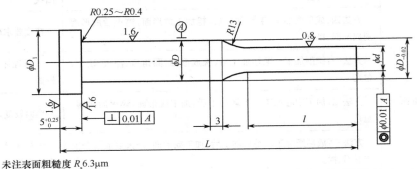

未注表面粗糙度 $R_a$6.3μm

图 10-3　圆柱头缩杆圆凸模

表 10-5　圆柱头缩杆圆凸模加工工艺过程

| 序　号 | 工　序 | 工 艺 要 求 |
|---|---|---|
| 1 | 下料 | 棒料,长度方向留车床加工装夹余量 |
| 2 | 车 | 车削成形,留磨削余量 0.5mm;打顶尖孔 |
| 3 | 热 | 淬火达到硬度要求,注意刃口和固定部分的回火温度 |
| 4 | 磨 | 外圆磨到尺寸要求 |
| 5 | 钳 | 局部修形,抛光工作面,刃磨刃口 |

对于细小凸模可直接车削到所要求尺寸,热处理经钳工整修完成加工。热处理可采用真空热处理,尽量防止变形。对于直径较大的凸模刃口端面可用平面磨床磨平(可将其装配在模板中进行),以提高刃口的平直度和锋利程度。钳工刃磨刃口时可用油石。

## 2. 整体凹模的加工

如图 10-4 所示为一整体凹模,材料为 Cr12MoV,淬火硬度 60～64HRC,其加工工艺过程见表 10-6。

表 10-6　整体凹模加工工艺过程

| 序　号 | 工　序 | 工 艺 要 求 |
|---|---|---|
| 1 | 备料 | ＞420×200×18 |
| 2 | 铣 | 至 420.8×200.8×18.8,且各面间保持垂直、平行 |
| 3 | 磨 | 至 420.4×200.4×18.4,且各面间保持垂直、平行 |
| 4 | 钳 | 中分划线,钻、铰 4 个螺钉孔至尺寸要求;钻其余各孔线切割穿丝孔 $\phi2$,其中 $\phi2.1$ 钻到 $\phi1$ |
| 5 | 铣 | 各孔刃口以下部分 |
| 6 | 热 | 热处理至 60～64HRC |
| 7 | 磨 | 各面均匀去除,至尺寸要求 |
| 8 | 线 | 各刃口至尺寸要求 |
| 9 | 钳 | 抛光刃口 |

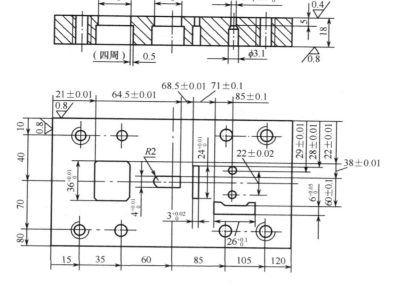

图 10-4　整体凹模

### 3. 弯曲凹模的加工

如图 10-5 所示为一弯曲凹模,材料为 9CrWMn,淬火硬度 54～58HRC,其加工工艺过程见表 10-7。

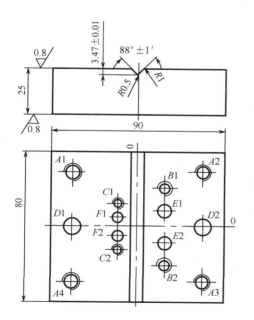

| A | X | Y | |
|---|---|---|---|
| 1 | -34 | 29 | M8 |
| 2 | 34 | 29 | |
| 3 | 34 | -29 | |
| 4 | -34 | -29 | |
| B | X | Y | |
| 1 | 14.2 | 20.5 | M6 |
| 2 | 14.2 | -20.5 | |
| C | X | Y | |
| 1 | -10.27 | 12 | M4 |
| 2 | -10.27 | -12 | |
| D | X±0.01 | Y±0.01 | |
| 1 | -34 | -0 | $\phi 8^{+0.015}_{0}$ |
| 2 | 34 | -0 | |

| E | X±0.01 | Y±0.01 | |
|---|---|---|---|
| 1 | 14.2 | 8.5 | $\phi 6^{+0.012}_{0}$　1.6 |
| 2 | 14.2 | -8.5 | |
| F | X | Y | |
| 1 | -10.27 | 5 | $\phi 5^{+0.012}_{0}$　1.6 |
| 2 | -10.27 | -5 | |

图 10-5　弯曲凹模

表 10-7　弯曲凹模加工工艺过程

| 序　号 | 工　序 | 工 艺 要 求 |
|---|---|---|
| 1 | 备料 | ＞80×90×25 |
| 2 | 铣 | 至 81×91×26,且各面间保持垂直、平行 |
| 3 | 磨 | 至 80.6×90.6×25.6,且各面间保持垂直、平行 |
| 4 | 钳 | 中分划线,钻、铰 $A1 \sim A4$、$B1$、$B2$、$C1$、$C2$ 等螺钉孔至尺寸要求;钻其余各孔线切割穿丝孔 $\phi2$ |
| 5 | 铣 | 成形部分粗铣,单边留磨量 0.3 |
| 6 | 热 | 热处理至 60~64HRC |
| 7 | 磨 | 各面均匀去除,至尺寸要求 |
| 8 | 线 | 其余各孔至尺寸要求 |
| 9 | 磨 | 成形磨成形部分至尺寸要求 |
| 10 | 钳 | 抛光成形部分 |

## 4. 拉深凹模的加工

如图 10-6 所示为一拉深凹模,材料为 T10A,淬火硬度 60~64HRC,其加工工艺过程见表 10-8。

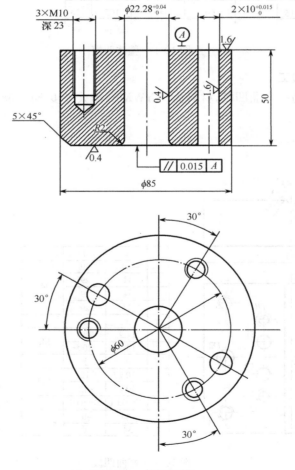

图 10-6　拉深凹模

表 10-8　拉深凹模加工工艺过程

| 序　号 | 工　序 | 工　艺　要　求 |
|---|---|---|
| 1 | 备料 | $>\phi 85$ 的锻料,长度留出夹持余量 |
| 2 | 车 | 外形 $\phi 85$ 和 $5\times 45°$ 至尺寸要求,钻中心孔至 $\phi 18$;掉头装夹,车另一面见平,总长为 86 |
| 3 | 磨 | 上、下面平行,总长为 85.6 |
| 4 | 钳 | 钻、铰 $3\times M10$ 至尺寸要求;钻 $2\times \phi 10^{+0.015}$ 线切割穿丝孔 $\phi 2$ |
| 5 | 热 | 热处理至 60~64HRC |
| 6 | 磨 | 上、下面均匀去除,85 至尺寸要求 |
| 7 | 线 | $\phi 22.38^{+0.04}$、$2\times \phi 10^{+0.015}$ 至尺寸要求 |
| 8 | 钳 | 修磨圆角 $R2$,抛光成形面 |

# 10.3　冲压模具的装配

## 10.3.1　冲压模具装配的技术要求

① 装配好的冲模,其闭合高度应符合设计要求。

② 模柄(活动模柄除外)装入上模座后,其轴心线对上模座上平面的垂直度误差,在全长范围内不大于 0.05mm。

③ 导柱和导套装配后,其轴心线应分别垂直于下模座的底平面和上模座的上平面,其垂直度误差应符合模架分级技术指标的规定,见表 10-9。

④ 上模座的上平面应和下模座的底平面平行,其平行度误差应符合模架分级技术指标的规定,见表 10-9。

表 10-9　模架分级技术指标(JB/T8050—2008)

| 检查项目 | 被测尺寸 (mm) | 模架精度等级 | |
|---|---|---|---|
| | | 0Ⅰ、Ⅰ级 | 0Ⅱ、Ⅱ级 |
| | | 公差等级 | |
| 上模座上平面对下模座下平面的平行度 | ≤400 | 5 | 6 |
| | >400 | 6 | 7 |
| 导柱轴心线对下模座下平面的垂直度 | ≤160 | 4 | 5 |
| | >160 | 5 | 6 |

注:公差等级按 GB/T1184。

⑤ 装入模架的每对导柱和导套的配合间隙值(或过盈量)应符合导柱、导套配合间隙的规定,见表 10-10。装配后的导柱,其固定端面与下模座下平面应留有 1~2mm 距离。

表 10-10　导柱导套配合间隙(或过盈量)　　　　单位:mm

| 配合形式 | 导柱直径 | 模架精度等级 | | 配合后的过盈量 |
|---|---|---|---|---|
| | | Ⅰ级 | Ⅱ级 | |
| | | 配合后的间隙量 | | |
| 滑动配合 | ≤18 | ≤0.010 | ≤0.015 | |
| | >18~30 | ≤0.011 | ≤0.017 | |
| | >30~50 | ≤0.014 | ≤0.021 | — |
| | >50~80 | ≤0.016 | ≤0.025 | |
| 滚动配合 | >18~30 | — | — | 0.01~0.02 |
| | >30~50 | — | — | 0.015~0.025 |

⑥ 模具所有活动部分的移动应平稳灵活,无阻滞现象;滑块、斜楔在固定滑动面上移动时,其最小接触面积应大于其面积的75%。

⑦ 凸模和凹模的配合间隙应符合设计要求,沿整个刃口轮廓应均匀一致。

⑧ 定位装置要保证定位正确可靠。紧固用的螺钉、销钉装配后不得松动,并保证螺钉和销钉的端面不凸出上下模座的安装平面。

⑨ 卸料及推料装置活动灵活、正确,出料孔畅通无阻,保证制件及废料不卡在冲模内。卸料板或推件器在模具开启状态时,一般应凸出凸、凹模表面0.5~1.0mm。

⑩ 凸模装配后的垂直度应符合表10-11的规定。

表 10-11　凸模装配后的垂直度

| 间隙值(mm) | 垂直度公差等级(GB/T1184—1996) | |
| --- | --- | --- |
| | 单凸模 | 多凸模 |
| ≤0.02 | 5 | 6 |
| >0.02~0.06 | 6 | 7 |
| >0.06 | 7 | 8 |

⑪ 凸模、凸凹模等与固定板的配合一般按GB/T1800.4—1999中的H7/n6或H7/m6选取。

⑫ 质量超过20kg的模具应设吊环螺钉或起吊孔,确保安全吊装。起吊时模具应平稳,便于装模。吊环螺钉应符合GB/T825—1988的规定。

对于连续模,由于在一次冲程中有多个凸模同时工作。保证各凸模与其对应型孔都有均匀的冲裁间隙,是装配的关键所在。为此,应保证固定板与凹模上对应孔的位置尺寸一致,同时使连续模的导柱、导套比单工序冲模有更好的导向精度。为了保证模具有良好的工作状态,卸料板与凸模固定板上的对应孔的位置尺寸也应保持一致。所以在加工凹模、卸料板和凸模固定板时,必须严格保证孔的位置尺寸精度,否则将给装配造成困难,甚至无法装配。在可能的情况下,采用低熔点合金和黏结技术固定凸模,以降低固定板的加工要求。或者将凹模做成镶拼结构,以使装配时调整方便。

为了保证冲裁件的加工质量,在装配连续模时要特别注意保证送料长度和凸模间距(步距)之间的尺寸要求。

### 10.3.2　冲压模具装配的特点

在冲模制造过程中,要制造出一副合格优质的冲模,除了保证冲模零件的加工精度外,还需要一个合理的装配工艺来保证冲模的装配质量。装配工艺主要根据冲模的类型、结构而确定。

冲模的装配方法主要有直接装配法和配作装配法两种方法。

直接装配法是将所有零件的孔、形面,均按图样加工完毕,装配时只要把零件连接在一起即可。当装配后的位置精度较差时,应通过修正零件来进行调整。该装配方法简便迅速,且便于零件的互换,但模具的装配精度取决于零件的加工精度。必须要有先进的高精度加工设备及测量装置才能保证模具质量。

配作装配法是在零件加工时,对与装配有关的必要部位进行高精度加工,而孔的位置精度由钳工进行配作,使各零件装配后的相对位置保持正确关系。这种方法,即使没有坐标镗床等高精度设备,也能装配出高质量的模具。除耗费工时以外,对钳工的实践经验和技术水平也有较高的要求。

所以,直接装配法一般适于设备齐全的大中型工厂及专业模具生产厂,而一些不具备高精设备的小型模具厂需采用修配及配作的方法进行装配。

### 1. 冲裁模装配要点

冲裁模装配应遵循以下要点。

(1) 要合理地选择装配方法

在零件加工中,若全采用电加工、数控机床等精密设备加工,由于加工出的零件质量及精度都很高,且模架又采用外购的标准模架,则可以采用直接装配法。如果所加工的零部件不是专用设备加工的,模架又不是标准模架,则只能采用配作法装配。

(2) 要合理地选择装配顺序

冲裁模的装配,最主要的是应保证凸、凹模的间隙均匀。为此,在装配前必须合理地考虑上、下模装配顺序,否则在装配后会出现间隙不易调整的麻烦,给装配带来困难。

一般来说,在进行冲裁模装配前,应先选择装配基准件。基准件原则上按照冲模主要零件加工时的依赖关系来确定,如可做装配时基准件的有导向板、固定板、凸模、凹模等。

(3) 要合理地控制凸、凹模间隙

合理地控制凸、凹模间隙,并使其间隙在各方向上均匀,这是冲裁模装配的关键。在装配时,如何控制凸、凹模的间隙,这要根据冲裁模的结构特点、间隙值的大小,以及装配条件和操作者的技术水平与实际经验而定。

(4) 要进行试冲及调整

冲裁模装配后,一般要进行试冲。在试冲时,若发现缺陷,要进行必要的调整,直到冲出合格的零件为止。

在一般情况下,当冲模零件装入上、下模板时,应先安装作为基准的零件,通过基准件再依次安装其他零件。当安装后,经检查无误,可以先钻铰销钉孔,拧入螺钉,但不要固定死,待到试模合格后,再将其固定,以便于试模时调整。

### 2. 冲裁模装配顺序选择

冲裁模的装配顺序主要与冲裁模类型、结构、零件制造工艺及装配者的经验和工作习惯有关。冲裁模装配原则是将模具的主要工作零件如凹模、凸模、凸凹模和定位板等选为装配的基准件,一般装配顺序为:选择装配基准件—按基准装配有关零件—控制并调整凸模与凹模之间间隙均匀—装入其他零件或组件—试模。

导板模常选导板作为装配基准件。装配时,将凸模穿过导板后装入凸模固定板,再装入上模座,然后装凹模及下模座。

连续模常选凹模作为装配基准件。为了便于准确调整步距,应先将拼块凹模装入下模座,再以凹模定位将凸模装入固定板,然后装上模座。

复合模常选凸凹模作为装配基准件。一般先装凸凹模部分,再装凹模、顶块及凸模等零件。

### 3. 其他冲模的装配特点

一般情况下,弯曲模的导套、导柱的配合要求可略低于冲裁模,但凸模与凹模工作部分的粗糙度比冲裁模要小($R_a < 0.63\mu m$),以提高模具寿命和制件的表面质量。

在弯曲工艺中,由于材料回弹的影响,常使弯曲件在模具中弯成的形状与取出后的形状不一致,从而影响制件的形状和尺寸要求。影响回弹的因素较多,很难用设计计算来加以消除,因此,在制造模具时,常要按试模时的回弹值修正凸模(或凹模)的形状。为了便于修整,弯曲模的凸模和凹模多在试模合格以后才进行热处理。另外,弯曲属于变形加工,有些弯曲件的毛坯尺寸要经过试验才能最后确定。所以,弯曲模进行试冲的目的除了找出模具的缺陷加以修正和调整外,还为了最后确定制件毛坯尺寸。由于这一工作涉及材料的变形问题,所以,弯曲模的调整工作比一般冲裁模要复杂很多。

和冲裁模相比,拉深模具有以下特点:

① 冲裁凸、凹模的工作端部有锋利的刃口,而拉深凸、凹模的工作端部要求有光滑的圆角;

② 通常拉深模工作零件的表面粗糙度比冲裁模要小(一般 $R_a 0.32 \sim 0.04 \mu m$);

③ 冲裁模所冲出的制件尺寸容易控制,如果模具制造正确,冲出的制件一般是合格的。而拉深模即使组成零件制造很精确,装配也很好,但由于材料弹性变形的影响,拉深出的制件不一定合格。因此,在模具试冲后常常要对模具进行修整加工。

拉深模试冲的目的有两个:

① 通过试冲发现模具存在的缺陷,找出原因并进行调整、修正;

② 最后确定制件拉深前的毛坯尺寸。为此应先按原来的工艺设计方案制作一个毛坯进行试冲,并测量出试冲件的尺寸偏差,根据偏差值确定是否对毛坯进行修改。如果试冲件不能满足原来的设计要求,应对毛坯进行适当修改,再进行试冲,直至试件符合要求。

可见,为确保冲出合格的制件,弯曲模和拉深模装配时必须注意以下几点。

(1) 需选择合适的修配环进行修配装配

对于多动作弯曲模或拉深模,为了保证各个动作间运动次序正确、各个运动件到达位置正确、多个运动件间的运动轨迹互不干涉,必须选择合适的修配零件,在修配件上预先设置合理的修配余量,装配时通过逐步修配,达到装配精度及运动精度。

(2) 需安排试装试冲工序

弯曲模和拉深模制件的毛坯尺寸一般无法通过设计计算确定,所以,装配时必须安排试装。试装前,选择与冲压件相同厚度及相同材质的板材,采用线切割加工方法,按毛坯设计计算的参考尺寸割制成若干个样件。然后安排试冲,根据试冲结果,逐渐修正毛坯尺寸。通常,必须根据试冲得到的毛坯尺寸图来制造毛坯落料模。

(3) 需安排试冲后的调整装配工序

试冲的目的是找出模具的缺陷,这些缺陷必须在试冲后的调整工序中予以解决。

# 10.4　冲压模具的试模

冲模装配后,必须通过试冲对制件的质量和模具的性能进行综合考查与检测。对试冲中出现的各种问题,应全面、认真地分析,找出其产生的原因,并对冲模进行适当的调整与修正,以得到合格的制件。

## 10.4.1　冲模试冲与调整的目的

冲模的试冲与调整简称调试。调试的主要目的如下。

(1) 鉴定制件和模具的质量

在模具生产中,试模的主要目的是确保制件的质量和模具的使用性能。制件从设计到批量生产需经过产品设计、模具设计、模具零件加工、模具组装等多个环节,任一环节的失误都会引起模具性能不佳或制件不合格。因此,冲模组装后,必须在生产条件下进行试冲,并根据试冲后制出的成品,按制件设计图,检查其质量和尺寸是否符合图样规定,模具动作是否合理可靠。根据试冲时出现的问题,分析产生的原因,并设法加以修正,使模具不仅能生产出合格的零件,而且能安全稳定地投入生产。

（2）确定成形制件的毛坯形状、尺寸及用料标准

冲模经过试冲制出合格样品后,可在试冲中掌握模具的使用性能、制件的成形条件、方法及规律,从而可对模具能成批生产制件时的工艺规程制订提供可靠的依据。

（3）确定工艺设计、模具设计中的某些设计尺寸

在冲模生产中,有些形状复杂或精度要求较高的弯曲、拉深、成形、冷挤压等制件,很难在设计时精确地计算出变形前的毛坯尺寸和形状。为了能得到较准确的毛坯形状和尺寸及用料标准,只有通过反复地调试模具后,使之制出合格的零件才能确定。

（4）确定工艺设计、模具设计中的某些设计尺寸

对于一些在模具设计和工艺设计中,难以用计算方法确定的工艺尺寸,如拉深模的复杂凸、凹模圆角,以及某些部位几何形状和尺寸,必须边试冲、边修整,直到冲出合格零件后,此部位形状和尺寸方能最后确定。通过调试后将暴露出来的有关工艺、模具设计与制造等问题,连同调试情况和解决措施一并反馈给有关设计及工艺部门,供下次设计和制造时参考,以提高模具设计和加工水平。然后,验证模具的质量和精度,作为交付生产使用的依据。

## 10.4.2 冲裁模的调整要点

（1）凸、凹模配合深度调整

冲裁模的上、下模要有良好的配合,即应保证上、下模的工作零件(凸、凹模)相互咬合深度适中,不能太深与太浅,应以能冲出合适的零件为准。凸、凹模的配合深度,是依靠调节压力机连杆长度来实现的。

（2）凸、凹模间隙调整

冲裁模的凸、凹模间隙要均匀。对于有导向零件的冲模,其调整比较方便,只要保证导向件运动顺利而无发涩现象即可保证间隙值;对于无导向冲模,可以在凹模刃口周围衬以纯铜皮或硬纸板进行调整,也可以用透光及塞尺测试等方法在压力机上调整,直到上、下模的凸、凹模互相对中,且间隙均匀后,用螺钉将冲模紧固在压力机上,进行试冲。试冲后检查一下试冲的零件,看是否有明显毛刺,并判断断面质量,如果试冲的零件不合格,应松开下模,再按前述方法继续调整,直到间隙合适为止。

（3）定位装置的调整

检查冲模的定位零件(如定位销、定位块、定位板)是否符合定位要求,定位是否可靠。假如位置不合适,在调整时应进行修整,必要时要更换。

（4）卸料系统的调整

卸料系统的调整主要包括卸料板或顶件器是否工作灵活;卸料弹簧及橡胶弹性是否足够;卸料器的运动行程是否足够;漏料孔是否畅通无阻;打料杆、推料杆是否能顺利推出制件与废料。若出现问题,应进行调整,必要时可更换。

### 10.4.3　弯曲模的调整与试冲

（1）弯曲模上、下模在压力机上的相对位置调整

对于有导向的弯曲模，上、下模在压力机上的相对位置，全由导向装置来决定；对于无导向装置的弯曲模，上、下模在压力机上的相对位置，一般采用调节压力机连杆的长度的方法调整。在调整时，最好把事先制造的样件放在模具的工作位置上（凹模型腔内），然后，调节压力机连杆，使上模随滑块调整到下极点时，既能压实样件又不发生硬性顶撞及咬死现象，此时，将下模紧固即可。

（2）凸、凹模间隙的调整

上、下模在压力机上的相对位置粗略调整后，再在凸模下平面与下模卸料板之间垫一块比坯料略厚的垫片（一般为弯曲坯料厚度的 1～1.2 倍），继续调节连杆长度，一次又一次用手搬动飞轮，直到使滑块能正常地通过下死点而无阻滞时为止。

上、下模的侧向间隙，可采用垫硬纸板或标准样件的方法来进行调整，以保证间隙的均匀性。

间隙调整后，可将下模板固定，试冲。

（3）定位装置的调整

弯曲模定位零件的定位形状应与坯件一致。在调整时，应充分保证其定位的可靠性和稳定性。利用定位块及定位钉的弯曲模，假如试冲后，发现位置及定位不准确，应及时调整定位位置或更换定位零件。

（4）卸件、退件装置的调整

弯曲模的卸料系统行程应足够大，卸料用弹簧或橡皮应有足够的弹力，顶出器及卸料系统应调整到动作灵活，并能顺利地卸出制件，不应有卡死及发涩现象。卸料系统作用于制件的作用力要调整均衡，以保证制件卸料后表面平整，不致于产生变形和翘曲。

### 10.4.4　拉深模的调整与试冲

#### 1. 拉深模的安装与调整方法

1）在单动冲床上安装与调整冲模

拉深模的安装和调整，基本上与弯曲模相似。拉深模的安装调整要点主要是压边力调整。压边力过大，制件易被拉裂；压边力过小，制件易起皱，因此，应边试边调整，直到合适为止。

如果冲压筒形零件，则在安装调整模具时，可先将上模紧固在冲床滑块上，下模放在冲床的工作台上，先不必紧固。先在凹模侧壁放置几个与制件厚度相同的垫片（注意要放置均匀，最好放置样件），再使上、下模吻合，调好间隙。在调好闭合位置后，再把下模紧固在工作台面上，即可试冲。

2）在双动冲床上安装与调整冲模

双动冲床主要适于大型双动拉深模及覆盖件拉深模，其模具在双动冲床上安装和调整的方法与步骤如下。

（1）模具安装前的准备工作

根据所用拉深模的闭合高度，确定双动冲床内、外滑块是否需要过渡垫板和所需要过渡垫板的形式与规格。

过渡垫板的作用是：

① 用来连接拉深模和冲床,即外滑块的过渡垫板与外滑块和压边圈连接在一起,此外还有连接内滑块与凸模的过渡垫板,工作台与下模连接的过渡垫板;

② 用来调节内、外滑块不同的闭合高度,因此,过渡垫板有不同的高度。

（2）安装凸模

首先预装:先将压边圈和过渡垫板、凸模和过渡垫板分别用螺栓紧固在一起,然后安装凸模。

① 操纵冲床内滑块,使它降到最低位置。

② 操纵内滑块的连杆调节机构,使内滑块上升到一定位置,并使其下平面比凸、凹模闭合时的凸模过渡垫板的上平面高出 10～15mm。

③ 操纵内、外滑块使它们上升到最上位置。

④ 将模具安放到冲床工作台上,凸、凹模呈闭合状态。

⑤ 再使内滑块下降到最低位置。

⑥ 操纵内滑块连杆长度调节机构,使内滑块继续下降到与凸模过渡垫板的上平面相接触。

⑦ 用螺栓将凸模及其过渡垫板紧固在内滑块上。

（3）装配压边圈

压边圈内装在外滑块上,其安装程序与安装凸模类似,最后将压边圈及过渡垫板用螺栓紧固在外滑块上。

（4）安装下模

操纵冲床内、外滑块下降,使凸模、压边圈与下模闭合,由导向件决定下模的正确位置,然后用紧固零件将下模及过渡垫板紧固在工作台上。

（5）空车检查

通过内、外滑块的连续几次行程,检查其模具安装的正确性。

（6）试冲与修整

由于制件一般形状比较复杂,所以要经过多次试模、调整、修整后,才能试出合格的制件及确定毛坯尺寸和形状。试冲合格后,可转入正常生产。

**2. 拉深模调试要点**

（1）进料阻力的调整

在拉深过程中,若拉深模进料阻力较大,则易使制件拉裂;进料阻力小,则又会使制件起皱。因此,在试模时,关键是调整进料阻力的大小。拉深阻力的调整方法如下:

① 调节压力机滑块的压力,使之处于正常压力下工作;

② 调节拉深模的压边圈的压边面,使之与坯料有良好的配合;

③ 修整凹模的圆角半径,使之适合成形要求;

④ 采用良好的润滑剂及增加或减少润滑次数。

（2）拉深深度及间隙的调整

① 在调整时,可把拉深深度分成 2～3 段来进行调整。即先将较浅的一段调整后,再往下调深一段,一直调到所需的拉深深度为止。

② 在调整时,先将上模固紧在压力机滑块上,下模放在工作台上先不固紧,然后在凹模内放入样件,再使上、下模吻合对中,调整各方向间隙,使之均匀一致后,再将模具处于闭合位置,拧紧螺栓,将下模固紧在工作台上,取出样件,即可试模。

# 复习思考题

10-1 简述冲裁凸模和凹模的技术要求。

10-2 简述非圆形弯曲凸模、凹模的常用加工方法。

10-3 在制造拉深模时,主要有哪些特点?

10-4 冲裁模装配应遵循哪些原则?

# 第11章　压铸模具制造工艺

## 11.1　压铸模具零件的加工

压力铸造(简称压铸)是在高压作用下,将熔融金属合金以极高的速度充填金属铸型(压铸模)型腔,并在压力作用下凝固而获得铸件的方法。虽然压铸工艺与注塑成形有很多相似之处,但是,高温、高压、高速是压铸工艺区别于注塑成形的主要特点,因此压铸模具的设计与制造与注塑模具的设计与制造既有类似之处又有区别。

### 11.1.1　压铸模具制造工艺要点

**1. 压铸模具成形零件的工作条件**

压铸过程中,成形零件在工作时,经受机械磨损、化学侵蚀和热疲劳的反复作用。

① 压铸操作循环周期的时间根据压铸件填充的合金体积、形状的复杂程度、尺寸的大小和精度及模具的结构而有所不同,一般在几秒到几十秒之间。模具的成形零件在这样短的周期内经受剧烈的温度变化,填充型腔的熔融合金的温度较高(铝合金在 620℃ 以上,铜合金在 900℃ 以上,锌合金在 400℃ 以上,镁合金在 650℃ 以上),而成形零件表面温度通常在 200～300℃,这样周期性的温度变化,使成形零件的表面产生温度应力,对于压铸铝、铜、镁合金,这种应力可以使钢材达到屈服极限,钢材呈韧性状态时,便产生塑性变形,而呈脆性状态时,将产生开裂。

② 含有氧、氢等活性气体的熔融合金,可以引起成形零件工作表面的氧化、氢化和气体腐蚀,成形零件表面便产生腐蚀疲劳或腐蚀裂纹。

③ 熔融合金在高压、高速的条件下与成形零件表面接触,成形零件表面经受摩擦和液体动力冲击,产生融蚀磨损。

④ 在高压下,由于合金成分引起饱和的扩散过程,从而使合金向型壁黏附或焊合,加剧其表面层的应力状态。

⑤ 当熔融合金形成铸件后,推出铸件时,成形零件还受到大的机械载荷。

综上所述,成形零件的工作条件是极其恶劣的,而热疲劳导致的热裂纹则是成形零件最先达到破坏的最常见的原因。

**2. 压铸模具制造工艺要点**

基于压铸模具成形零件的工作条件的考虑,压铸模具成形零件及压铸模具的制造特点主要有以下几点。

① 压铸模具的工作温度较高,因此在模具制造时,要考虑材料的热膨胀问题,滑动配合部位的间隙不可做得太小,以防模具在工作过程中动作不顺畅。

② 模具成形部件的材料热处理硬度比较高,因此,在热处理前,在材料变形范围内尽量减小热处理后的加工余量。其中,螺纹孔、紧固螺钉过孔、推杆过孔、型芯孔的空刀部分、冷却水孔等要在热处理前加工到位,另外,$\phi 6mm$ 以上的配合孔要先加工底孔,以提高工作效率。

③ 由于压铸模具的工作环境比较恶劣,这就要求在模具加工的过程中尽可能地减小应力集中现象。在许可的位置加大圆角和倒角。模具成形部件在抛光时一定要彻底消除放电痕迹,以消除表面放电产生的微裂纹。在第一次试模前要对型腔进行去应力处理,消除应力集中,避免型腔的早期龟裂现象。

④ 在模板的加工过程中,型腔安装槽、导柱孔或导套孔、分流锥孔或浇口套孔要在一次装夹内完成,且位置公差要在±0.02mm的范围内。否则模具动定模型腔容易错腔。

⑤ 模具导套安装好后,要在其安装板(定模板或动模板)后开排气道。

⑥ 模具分型面的操作者侧和对侧及模具上方要安装防溅板,要避开导柱导套、复位杆,防溅板固定在定模侧。

⑦ 排气槽的出口方向要在模具的上、下两侧,绝对不可以直对操作者侧和对侧,以避免高温金属液溢出伤人。

⑧ $\phi$12mm以下的型芯尽量采用简易更换方式。

⑨ 动模侧抽下面要设置排渣孔。

⑩ 在加工冷却水道孔时,水道孔距分型面的深度不小于20mm,且水道孔的前端要做成球形,以避免产生应力集中点。

## 11.1.2 压铸模具成形零件的加工

压铸模具也属于型腔模,压铸模具的制造与注塑模具制造有许多相近之处,也有其自身的特点,现结合实例加以介绍。

### 1. 型腔板的加工

以一定模型腔板为例(见图11-1,材料为H13),介绍压铸模具型腔的加工过程及方法,为表达清楚起见,图样中有些尺寸未标注。其加工工艺过程见表11-1。

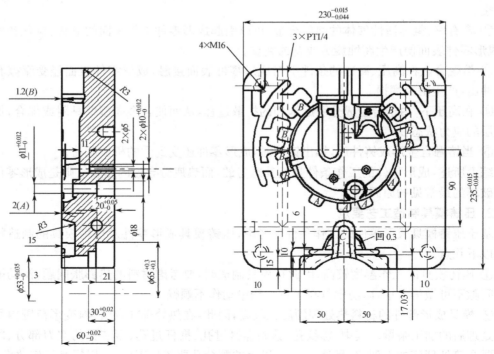

图 11-1 型腔板

与注塑模具不同的是,压铸模具的型腔、型芯必须进行淬火处理。对于体积较大的零件或结构复杂的零件,则在加工结束后要安排一次去应力退火。

压铸模结构零件的表面粗糙度直接影响各机构的正常工作和压铸模使用寿命。成形零件的表面粗糙度,以及加工后遗留的加工痕迹及方向,直接影响压铸件的表面质量、脱模的难易程度,甚至导致成形零件表面产生裂纹。表面粗糙也是产生合金黏附的原因之一。型腔型芯表面抛光不必达到镜面,镜面反而不易挂住涂料,一般在 $R_a 0.4 \sim 0.1 \mu m$ 之间即可,可参见表 11-2。

表 11-1　型腔板加工工艺过程

| 序　号 | 工　序 | 工　艺　要　求 |
|---|---|---|
| 1 | 下料 | >240×250×65,单边 5mm 的加工余量 |
| 2 | 铣 | 至 231×236×61,且各面间保持垂直、平行;分型面 30mm 以下四周做空刀 |
| 3 | 钳 | 钻、铰模具固定螺纹孔 4×M16 |
| 4 | 加工中心 | 钻 $\phi 11^{+0.012}$ 型芯孔的底孔 $\phi 10$,单边留量 0.5mm;加工成形部分,单边留量 0.5mm,溢流槽(集渣包)与横浇道尺寸加工到位($A,B,C$ 所示位置) |
| 5 | 钳 | 钻、铰 PT/4 的冷却水孔;钻 $\phi 5$ 孔,$\phi 18$ 孔深度方向尺寸做到 18mm,留 2mm 余量 |
| 6 | 热 | 真空炉淬火,硬度达到 45~47HRC |
| 7 | 磨 | 磨上下两平面,尺寸为 60,尺寸公差控制在 +0.02~+0.08 |
| 8 | 加工中心 | 精加工型腔四周,尺寸 230,235 至尺寸要求。精加工型芯孔轴向定位尺寸为 $20^{+0.05}$,配合孔尺寸为 $\phi 11^{+0.012}$ 和 $2 \times \phi 10^{+0.012} \times 11$,浇口套的配合尺寸为 $\phi 53$ 和其定位尺寸为 30;高速精加工成形部分(刀具能加工的部位) |
| 9 | 电 | 放电加工文字及其他刀具无法加工的部位 |
| 10 | 钳 | 修形,抛光型腔面 |
| 11 | 热 | 消除应力 |

表 11-2　压铸模的表面粗糙度

| 分　　类 | | 工　作　部　位 | 表面粗糙度 $R_a$($\mu m$) |
|---|---|---|---|
| 成形表面 | | 型腔和型芯 | 0.40/0.20/0.10 |
| 受金属液冲刷的表面 | | 内浇口附近的型腔、型芯,内浇口及溢流槽流入口 | 0.20/0.10 |
| 浇注系统表面 | | 直浇道、横浇道、溢流槽 | 0.40/0.20 |
| 安装面 | | 动模和定模座板,模脚与压铸机的安装面 | 0.80 |
| 受压力较大的摩擦表面 | | 分型面,滑块楔紧面 | 0.80/0.40 |
| 导向部位表面 | 轴 | 导柱、导套和斜销的导滑面 | 0.40 |
| | 孔 | | 0.80 |
| 与金属液不接触的滑动件表面 | 轴 | 复位杆与孔的配合面,滑块、斜滑块传动机构的滑动表面 | 0.80 |
| | 孔 | | 1.6 |
| 与金属液接触的滑动件表面 | 轴 | 推杆与孔的表面,卸料板镶块及型芯滑动面,滑块的密封面等 | 0.80*/0.40 |
| | 孔 | | 1.6*/0.80 |
| 固定配合表面 | 轴 | 导柱和导套,型芯和镶块,斜销和弯销,楔紧块和模套等固定部位 | 0.80 |
| | 孔 | | 1.6 |
| 组合镶块拼合面 | | 成形镶块的拼合面,精度要求较高的固定组合面 | 0.80 |
| 加工基准面 | | 划线的基准面,加工和测量基准面 | 1.6 |
| 受压紧力的台阶表面 | | 型芯,镶块的台阶表面 | 1.6 |
| 不受压紧力的台阶表面 | | 导柱、导套、推杆和复位杆台阶表面 | 3.2/1.6 |
| 排气槽表面 | | 排气槽 | 1.6/0.80 |
| 非配合表面 | | 其他 | 6.3/3.2 |

注:有 * 号的为异形零件允许选用的表面粗糙度。

## 2. 镶块的加工

根据镶块的形状,镶块的加工方法大致可分为 3 种。

① 对于形状简单的镶块,如图 11-2 所示,材料为 H13,可用加工中心精加工全部尺寸。其工艺过程见表 11-3。

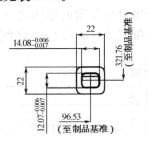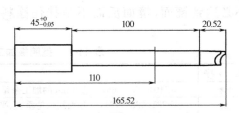

图 11-2　镶块 1

**表 11-3　镶块 1 加工工艺过程**

| 序　号 | 工　序 | 工 艺 要 求 |
|---|---|---|
| 1 | 下料 | 30×30×175 |
| 2 | 铣 | 至 24×24×167.5,且各面间保持垂直、平行;单边留量 0.5mm |
| 3 | 热 | 真空炉淬火,硬度达到 45～47HRC |
| 4 | 加工中心 | 半精加工、精加工定位尺寸为 45₋₀.₀₅、配合尺寸为 12.066×14.077 及成形部位的尺寸 |
| 5 | 钳 | 局部修形,抛光型腔面 |

② 对于仅成形部分复杂的镶块,如图 11-3 所示,材料为 H13,需局部放电加工。其工艺过程见表 11-4。

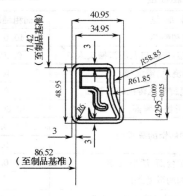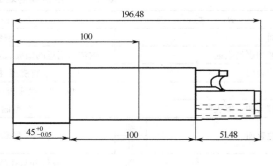

图 11-3　镶块 2

**表 11-4　镶块 2 加工工艺过程**

| 序　号 | 工　序 | 工 艺 要 求 |
|---|---|---|
| 1 | 下料 | 60×50×205 |
| 2 | 铣 | 至 50×42×197.5,且各面间保持垂直、平行;单边留量 0.5mm |
| 3 | 热 | 真空炉淬火,硬度达到 45～47HRC |
| 4 | 加工中心 | 底座外轮廓及定位尺寸 45₋₀.₀₅;尺寸 100 以下的空刀;配合部分的轮廓,尺寸 42.95×34.95×196.48 达到尺寸要求 |
| 5 | 电 | 成形部分 |
| 6 | 钳 | 局部修形,抛光型腔面 |

③ 对于形状复杂的镶块成形部分和配合部分需放电加工,其定位台需要线切割加工的镶块,材料为 H13,如图 11-4 所示。其工艺过程见表 11-5。

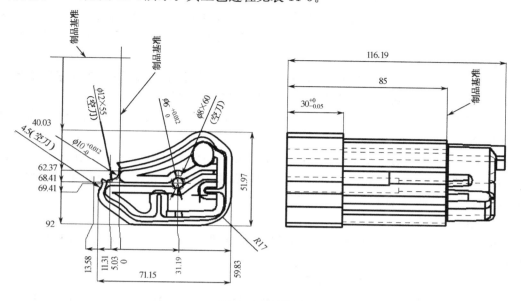

图 11-4    镶块 3

**表 11-5    镶块 3 加工工艺过程**

| 序　号 | 工　序 | 工　艺　要　求 |
|:---:|:---:|:---|
| 1 | 下料 | 下料尺寸要留出线切割的装夹位置,尺寸大小为 60×120×125 |
| 2 | 铣 | 铣 6 面,单边留 1mm 加工余量,加工成台阶形,定位部分尺寸做到 54×73×31,配合部分尺寸加工到 54×73,总高度为 117;各面间保持垂直、平行 |
| 3 | 热 | 真空炉淬火,硬度达到 45～47HRC |
| 4 | 磨 | 磨 6 面,尺寸加工到 53×72×116 |
| 5 | 加工中心 | 在(68.41,31.19)的位置钻 $\phi$6 推杆孔的穿丝孔及其过孔 $\phi$8×60,在(62.37,5.03)的位置钻 $\phi$10 推杆孔的过孔 $\phi$12×55 |
| 6 | 电 | 成形部分和配合部分 |
| 7 | 线 | $\phi$6 和 $\phi$10 两处推杆孔;定位部分的外轮廓 |
| 8 | 钳 | 局部修形,抛光型腔面 |

# 11.2    压铸模具的装配

## 11.2.1    压铸模零件的公差与配合

压铸模是在高温下进行工作的,因此在选择压铸模零件的配合公差时,不仅要求在室温下达到一定的装配精度,而且要求在工作温度下保证各部分结构尺寸稳定、动作可靠。尤其是与合金液直接接触的零件部位,在填充过程中受到高压、高速和热交变应力,与其他零件配合间隙容易发生变化,影响压铸的正常进行。

配合间隙的变化除了与温度有关以外,还与模具零件的材料、形状、体积、工作部位受热程度及加工装配后实际的配合性质有关。因此,压铸模零件在工作时的配合状态十分复杂。通常应使配合间隙满足以下两点要求:

① 对于装配后固定的零件,在合金液冲击下不产生位置上的偏差;受热膨胀后变形不能使配合过紧,以防模具镶块和套板局部严重过载而导致模具开裂;

② 对于工作时活动的零件,受热后应维持间隙配合的性质,保证在填充过程中,合金液不致窜入配合间隙。

根据国家标准(GB/T1800.1—2009,GB/T1800.2—2009,GB/T1801—2009,GB/T1803—2003,GB/T1804—2000),结合国内外压铸模制造和使用的实际情况,现将压铸模各主要零件的公差与配合精度推荐如下。

(1) 成形尺寸的公差

一般公差等级规定为 IT9 级,孔用 H,轴用 h,长度用 GB/T1800.1—2009 中的 F。个别特殊尺寸在必要时可取 IT6~IT8 级。

(2) 成形零件配合部位的公差与配合

① 与合金液接触受热量较大零件的固定部分,主要指套板、型芯、浇口套、镶块和分流锥等。

● 整体式配合类型和精度为 H7/h6 或 H8/h7。

● 镶拼式的孔取 H8;轴中尺寸最大的一件取 h7,其余各件取 js7,并应使装配累计公差为 h7。

② 活动零件活动部分的配合类型和精度:活动零件包括型芯、推杆、推管、成形推板、滑块、滑块槽等,孔取 H7;轴取 e7、e8 或 d8。

③ 镶块、镶件和固定型芯的高度尺寸公差取 F8。

④ 基面尺寸的公差取 js8。

(3) 模板尺寸的公差与配合

① 基面尺寸的公差取 js8。

② 型芯为圆柱或对称形状,从基面到模板上固定型芯的固定孔中心线的尺寸公差取 js8。

③ 型芯为非圆柱或对称形状,从基面到模板上固定型芯的边缘的尺寸公差取 js8。

④ 组合式套板的厚度尺寸公差取 h10。

⑤ 整体式套板的镶块孔的深度尺寸公差取 h10。

⑥ 滑块槽的尺寸公差如下:

● 滑块槽到基面的尺寸公差取 f7;

● 对组合式套板,从滑块槽到套板底面的尺寸公差取 js8;

● 对整体式套板,从滑块槽到镶块孔底面的尺寸公差取 js8。

(4) 导柱导套的公差与配合

① 导柱导套固定处,孔取 H7,轴取 m6、r6 或 k6。

② 导柱导套间隙配合处,若孔取 H7,则轴取 f7;若孔取 H8,则轴取 e7。

(5) 导柱导套与基面之间的尺寸

① 从基面到导柱导套中心线的尺寸公差取 js7。

② 导柱导套中心线之间距离的尺寸公差取 js7,或者配合加工。

（6）推板导柱、推杆固定板与推板之间的公差与配合

孔取 H8，轴取 f8 或 f9。

（7）型芯台、推杆台与相应尺寸的公差

相关的尺寸公差如图 11-5 和图 11-6 所示。

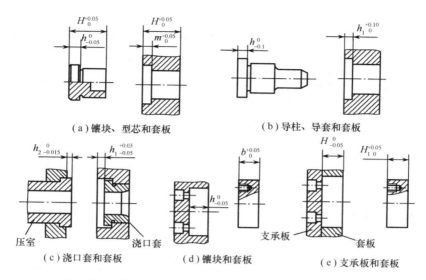

（a）镶块、型芯和套板　　　　（b）导柱、导套和套板

（c）浇口套和套板　　　（d）镶块和套板　　　（e）支承板和套板

图 11-5　镶块、型芯、导柱、导套、浇口套、支承板与套板的轴向偏差值

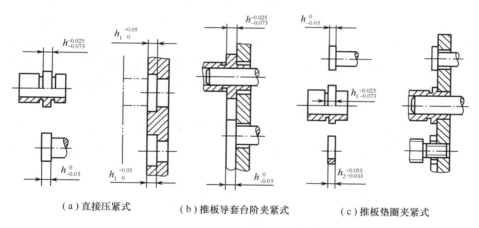

（a）直接压紧式　　　（b）推板导套台阶夹紧式　　　（c）推板垫圈夹紧式

图 11-6　推板导套、推杆、复位杆、推杆垫圈和推杆固定板的轴向偏差值

（8）各种零件未注公差尺寸的公差等级

此类均为 IT14 级，孔用 H，轴用 h，长度（高度）及距离尺寸按 js14 级精度选取。

## 11.2.2　压铸模零件的形位公差

形位公差是零件表面形状和位置的偏差。成形工作零件的成形部件和其他所有结构的基准部件形位公差的偏差范围，一般均要求在尺寸的公差范围内，在图样上不再另加标注。压铸模零件其他表面的形位公差按表 11-6 选取，图 11-7 为部分图例。

表 11-6 压铸模零件的形位公差选用精度等级

| 有关要素的形位公差 | 选用精度 |
|---|---|
| 导柱固定部位的轴线与导滑部分轴线的同轴度 | 5～6 级 |
| 圆形镶块各成形台阶表面对安装表面的同轴度 | 5～6 级 |
| 导套内径与外径轴线的同轴度 | 6～7 级 |
| 套板内镶块固定孔轴线与其他套板上的孔的公共轴线同轴度 | 圆孔 6 级,非圆孔 7～8 级 |
| 导柱或导套安装孔的轴线与套板分型面的垂直度 | 5～6 级 |
| 套板的相邻两侧面与工艺基准面的垂直度 | 5～6 级 |
| 镶块相邻两侧面和分型面对其他侧面的垂直度 | 6～7 级 |
| 套板内镶块孔的表面与其分型面的垂直度 | 7～8 级 |
| 镶块上型芯固定孔的轴线对分型面的垂直度 | 7～8 级 |
| 套板两平面的平行度 | 5 级 |
| 镶块相对两侧面和分型面对其底面的平行度 | 5 级 |
| 套板内镶块孔的轴线与分型面的端面圆跳动 | 6～7 级 |
| 圆形镶块的轴线对其端面的径向圆跳动 | 6～7 级 |
| 镶块的分型面、滑块的密封面、组合拼块的组合面等的平行度 | ≤0.05mm |

图 11-7(a)为导柱或导套安装孔的轴线与套板分型面的垂直度公差,选 5～6 级;图 11-7(b)为套板上型芯固定孔的轴线与其他各板上孔的公共轴线的同轴度,圆形芯孔选 6级,非圆形芯孔选 7～8 级;图 11-7(c)为通孔套板上镶块圆孔的轴线与分型面的端面圆跳动(以镶块孔外缘为测量基准),选 6～7 级;图 11-7(d)为通孔套板上镶块圆孔的表面与其分型面的垂直度,选 7～8 级;图 11-7(e)为不通孔套板上镶块圆孔的轴线与分型面的端面圆跳动(以镶块圆孔外缘为测量基准),选 6～7 级;图 11-7(f)为不通孔套板上镶块圆孔的表面与其分型面的垂直度,选 7～8 级;图 11-7(g)为镶块上型芯固定孔的轴线对其分型面的垂直度,选 7～8级;图 11-7(h)中镶块相邻两侧面的垂直度 $t_1$ 取 6～7 级,镶块相对两侧面的平行度 $t_2$ 取 5 级,镶块分型面对其侧面的垂直度 $t_3$ 取 6～7 级,镶块分型面对其底面的平行度 $t_4$ 取 5 级;图 11-7(i)为圆形镶块的轴心线对其端面圆跳动,选 6～7 级;图 11-7(j)为圆形镶块各成形台阶表面对其安装表面的同轴度,选 5～6 级。

## 11.2.3 压铸模具外形和安装部位的技术要求

压铸模具的外形和安装部位有如下几点技术要求。

① 各模板的边缘均应倒角 2×45°,安装面应光滑平整,不应有凸起的螺钉头、销钉、毛刺和击伤等痕迹。

② 在模具非工作面上醒目的地方打上明显的标记,包括产品代号、模具编号、制造日期、模具制造厂家名称或代号、压室直径、模具重量等。

③ 在模具动定模上分别设有吊装用螺钉孔,重量较大的零件(≥25kg)也应设起吊螺孔。螺孔有效深度不小于螺孔直径的 1.5 倍。

④ 模具安装部位的有关尺寸应符合所选用的压铸机相关对应的尺寸,且装拆方便,压室安装位置、孔径和深度必须严格检查。

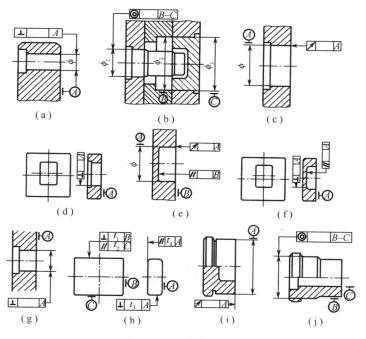

图 11-7　套板、镶块和有关固定结构部位的形位公差和参数

⑤ 分型面上除导套孔、斜导柱孔外,所有模具制造过程的工艺孔、螺钉孔都应堵塞,并且与分型面平齐。

⑥ 冷却水的集中冷却要装在模具的上方,进水侧要有开关控制,且进出水要有明确标识。安装完成后要进行通水试验,确保不漏水。

⑦ 当抽芯在操作者对侧时,要避免自动取件时铸件与限位装置干涉;当抽芯在模具上方时,要避免自动喷涂装置与限位装置干涉;当抽芯在操作者侧时,要避免压铸机安全门与限位装置和抽芯装置干涉。限位装置尽量不要设置在分型面侧,限位开关的接线口尽量朝下。油缸的进出油口也尽量不要设在分型面侧。

### 11.2.4　模具总体装配精度的技术要求

压铸模总体装配精度有如下几点技术要求。

① 模具分型面对定、动模座板安装平面的平行度见表 11-7 的规定。

② 导柱、导套对定、动模座板安装平面的垂直度见表 11-8 的规定。

表 11-7　模具分型面对座板安装平面的平行度规定　　　　　单位:mm

| 被测面最大直线长度 | ≤160 | >160~250 | >250~400 | >400~630 | >630~1000 | >1000~1600 |
|---|---|---|---|---|---|---|
| 公差值 | 0.06 | 0.08 | 0.10 | 0.12 | 0.16 | 0.20 |

表 11-8　导柱、导套对座板安装平面的垂直度规定　　　　　单位:mm

| 导柱、导套有效导滑长度 | ≤40 | >40~63 | >63~100 | >100~160 | >160~200 |
|---|---|---|---|---|---|
| 公差值 | 0.015 | 0.020 | 0.025 | 0.030 | 0.040 |

③ 在分型面上,定模、动模镶件平面应分别与定模套板、动模套板平齐或允许略高,但高出量在 0.05~0.10mm 范围内。

④ 推杆、复位杆应分别与分型面平齐,推杆允许凸出分型面,但不大于 0.1mm;复位杆允

许低于分型面,但不大于 0.05mm。推杆在推杆固定板中应能灵活转动,但轴向间隙不大于 0.10mm。

⑤ 模具所有活动部位,应保证位置准确,动作可靠,不得有歪斜和阻滞现象。相对固定的零件之间不允许蹿动。

⑥ 滑块在开模后应定位准确可靠。抽芯动作结束时,所抽出的型芯端面,与铸件上相对应型位或孔的端面距离不应小于 2mm。滑动机构应导滑灵活,运动平稳,配合间隙适当。合模后滑块与楔紧块应压紧,接触面积不小于 80%,且具有一定的预应力。

⑦ 浇道表面粗糙度 $R_a$ 不大于 0.4μm,转接处应光滑连接,镶拼处应密合,拔模斜度不小于 5°。

⑧ 合模时镶块分型面应紧密贴合,如局部有间隙,也应不大于 0.05mm(排气槽除外)。

⑨ 冷却水道和温控油道应畅通,不应有渗漏现象,进口和出口处应有明显标记。

⑩ 所有成形表面粗糙度 $R_a$ 不大于 0.4μm,所有表面都不允许有击伤、擦伤或微裂纹。

# 11.3　压铸模具的试模

模具装配完成后,经试模合格后才能交付使用。试模的过程,就是发现模具设计和制造中的问题,对模具加以改进和修整,同时调整压铸工艺参数,初步确定成形工艺条件。

### 1. 模具的检查

压铸模与注塑模同属型腔类模具,有关模具的检查项目可参照注塑模具的有关条目。确认试模用压铸机型号、压射位置、压室直径等与模具的要求一致。

### 2. 设备的准备

① 对所有用来控制电、液阀的行程开关,应根据压铸工艺的需要调整到适当的位置。

② 根据压铸合金材料、压射冲头材料和直径的大小,同时考虑操作循环时间对热量的影响,按机床说明书选择适当的冲头与压室的配合间隙。

③ 按工艺规程初步调整压射速度(冲头速度)和回程速度。

④ 按工艺规程初步调整压射力,并合上模具,在压室内垫入直径比压室内径略小的厚度大于 20mm 的木块或干净棉纱等软物品,进行压射动作,检查压射机构是否正常。

⑤ 按工艺要求调整开模和合模速度。

### 3. 涂料的准备

压铸过程中,为了避免铸件与压铸模黏合,使压铸模受摩擦部分的滑块、推出元件、冲头和压室在高温下具有润滑性能,减小自型腔中推出铸件的阻力,所用的润滑材料和稀释剂的混合物,统称为压铸用涂料。

大多数压铸模应每压一次都上一次涂料,上涂料的时间要尽可能短。一般对糊状或膏状涂料可用棉丝或硬毛刷涂刷到铸型表面。有压缩气源的地方可用喷枪喷涂,这种方式适合油脂类涂料。

### 4. 加热压铸合金和预热模具

按工艺要求加热压铸合金至浇注温度和均匀预热模具。

可采用电热器、煤气或喷灯对模具预热。预热时,对不宜烘烤的部位应加以遮挡,避免机床、模具的滑动部分和液压抽芯机构过度受热。用火焰加热时,火焰不能直接喷射在模具型腔表面上,以免型腔表面与基体温差太大导致产生裂纹,只有压铸模的外部和非工作部分才能用火焰直接加热,开始时火力不要太猛,以后再逐渐加大。开始加热时应在合模状态下,这样动、定模的膨胀量比较接近。

**5. 料勺涂涂料**

对冷室压铸机来说,将浇注用的勺子清洗干净,预热至 150～200℃,然后均匀地涂上一层涂料,烘干后备用。使用时,在接触金属液之前,继续加热至 200℃。

**6. 预热压室和冲头**

用喷灯或熔融的压铸合金液预热压室和压射冲头至 150～200℃。

**7. 开机试模**

试模前,将装好模具的机床空运转数次,检查机床与模具运动情况是否正常。然后清理干净模具,利用压缩空气均匀涂上涂料。首次使用涂料时,定模型腔可多涂一些,以防第一模铸件粘附在定模上。然后合模,从坩埚中舀取适量合金液倒入压室内,即可进行压射,按工艺规程要求保压后,开模取出铸件,并清理型腔。

**8. 调整压铸工艺参数**

实践经验表明,对铸件品质有重要影响且可调整的主要参数有以下 7 组:①金属液的浇注温度及浇注量(余料饼厚度);②模具温度;③慢压射速度;④快压射速度及压射压力(快压射蓄能器充油压力);⑤快压射转换位置(快压射行程);⑥增压触发压力及增压比压;⑦保压和冷却时间。

在试模过程中,调整参数时一般每次只调整一个参数,以便区分单一参数变化对铸件品质的影响。

在试模中做出第一模铸件后,要进行以下检查:①余料饼厚度;②增压比压;③充模速度;④铸件推出长度;⑤铸件、浇口及渣包的质量。

上述检查的目的是为了防止成品充不满、收缩、飞边、粘模甚至损伤模具。根据检查结果,再对工艺参数做出进一步的调整,以达到最佳的压铸工艺条件。

**9. 试模样件的现场检查**

在试模过程中,工艺参数稳定后生产的试模件,需要工艺人员根据客户的要求进行现场检查,主要检查内容有:①主要部位的加工余量测量;②铸件的毛刺飞边分布,特别是有滑块的铸件,滑块分型面处的溢料虽然对产品件尺寸影响不大,但对后续的模具生产会带来严重的事故隐患,如滑块卡死、斜导柱断裂等;③解剖铸件检查内部气孔、缩孔等;④铸件外观拉伤、拉裂等。现场可以直观判断的模具问题需要处理后再继续试制,尽可能提供给客户良好的试模件。

现场工艺人员根据试模件的检查情况,对后续的模具修理给出修改建议。试模件的详细检查需由检验人员做全尺寸检验以及铸件的试加工来完成。

# 复习思考题

11-1　简述压铸模具制造工艺要点。

11-2　简述压铸模具的外形和安装部位的技术要求。

11-3　压铸模具配合间隙应满足哪些要求?

# 第 12 章　模具修复工艺

## 12.1　模具修复手段

模具修复在模具使用过程中占有十分重要的地位。模具作为成形制品的工具，在使用中必然存在正常磨损而降低精度，也存在偶发事故而造成损坏。与一般设备不同的是，模具对精度状态十分敏感，一旦精度超差，就不能提供合格的制品。因此，在生产中必须仔细监督和检查模具的使用精度及寿命。制品生产企业应配备专职的模具维修工，负责模具的维护、修复和管理工作，这是由模具的特点所决定的。

模具在使用时，出现故障的情况和原因是多种多样的，应根据不同的情况，采取不同的修复手段。常用的模具修复手段有堆焊、电阻焊、电刷镀、镶拼、挤胀、扩孔和更换新件等。

### 12.1.1　堆焊与电阻焊

#### 1. 堆焊

堆焊是焊接的一个分支，是金属晶内结合的一种熔化焊接方法。但它与一般焊接不同，不是为了连接零件，而是用焊接的方法，在零件的表面堆敷一层或数层具有一定性能材料的工艺过程。其目的在于修复零件或增加其耐磨、耐热、耐蚀等方面的性能。堆焊通常用来修补模具内如局部缺陷、开裂或裂纹等修正量不大的损伤。目前用得较为广泛的是氩气保护焊接，即氩弧焊。

氩弧焊具有氩气保护性良好、堆焊层质量高、热量集中、热影响区小、堆焊层表面洁净、成形良好和适应性强等优点。但需要操作者具有丰富的经验，熟知模具材料及热处理性能，这样才能保证模具在焊接过程中不开裂、无气孔。为此，氩弧焊在使用中必须遵循以下基本原则。

① 焊丝材料必须与所焊的模具材料相同或至少相近，硬度值相同或相近，以使模具的硬度和结构均匀一致。

② 电流强度应控制得很小，这样可防止模具局部硬化及产生粗糙结构。

③ 所焊零件一般需要预热，特别是较大型零件，以减小局部过热造成的应力集中。预热温度必须达到马氏体形成温度之上，具体数值可从有关金属的相态图中获取。但加热温度不能太高（一般在 500℃ 以下），否则将增大熔焊深度。模具在整个焊接过程中，必须保持预热温度。

④ 焊后的零件根据具体情况，需要进行退火、回火或正火等热处理，以改善应力状态和增强焊接的结合力。

#### 2. 电阻焊

目前应用较普遍的便携式工模具修补机，其原理可归于电阻焊之列。它可输出一种高能电脉冲，这种电脉冲以单次或序列方式输出，在经过清洁的待修复的零件表面覆以片状、丝状或粉状修补材料；在高能电脉冲作用下，修补材料与零件结合部的细微局部产生高温，并通过电极的碾压，使金属熔接在一起。这种方法具有熔接强度高、修补精度高、适用范围大、零件不发热、零件损伤小和修复层硬度可选等优点,主要用于尺寸超差、棱角损伤、氩弧焊不足、局部磨损、锈蚀斑和龟裂纹等的修补,但不适于滑动部位的修补。如图 12-1 和图 12-2 所示分别是应用片材和粉末材料修补零件的示意图。

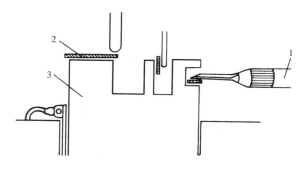

1—电极;2—片材;3—工件

图 12-1　片材的应用

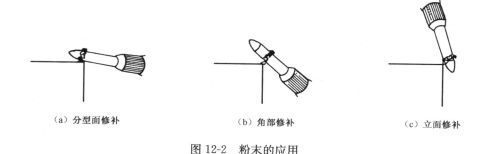

（a）分型面修补　　　　　　　　（b）角部修补　　　　　　　　（c）立面修补

图 12-2　粉末的应用

## 12.1.2　电刷镀

电刷镀是电镀的一种特殊方式,即不用镀槽,只需要在不断供给电解液的条件下,用一支镀笔在工件表面上进行擦拭,从而获得电镀层。所以,电刷镀有时又称做无槽电镀或涂镀。

电刷镀技术可用于模具的表面强化处理及修复工作,如模具型腔表面的局部划伤、拉毛、蚀斑、磨损等缺陷。修复后,模具表面的耐磨性、硬度、粗糙度等都能达到原来的性能指标。

电刷镀是在金属工件表面局部快速电化学沉积金属的技术,其原理如图 12-3 所示。转动的工件 1 接直流电源 3 的负极,电源的正极与镀笔 4 相接,镀笔端部的不溶性石墨电极用脱脂棉 5 包住,浸满金属电镀溶液,在操作过程中不停地旋转,使镀笔与工件保持着相对运动,多余的镀液流回容器 6。镀液中的金属正离子在电场作用下,在阴极表面获得电子而沉积刷镀在阴极表面,可达到 0.01～0.5mm 的厚度。

由此可见,电刷镀技术有如下特点。

① 不需要镀槽,可以对局部表面刷镀。设备、操作简单,机动灵活性强,可在现场就地施工,不受工件大小、形状的限制,甚至不必拆下零件即可对其进行局部刷镀。

② 可刷镀的金属比槽镀多,选用更换方便,易于实现复合镀层,一套设备可镀金、银、铜、铁、锡、镍、钨、铟等多种金属。

③ 镀层与基体金属的结合力比槽镀牢固,电刷镀速度比槽镀快 10～15 倍(镀液中离子浓

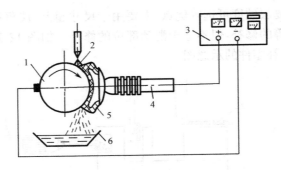

1—工件；2—镀液；3—电源；4—镀笔；5—脱脂棉；6—容器

图 12-3　电刷镀加工原理图

度高)，镀层厚薄可控性强，电刷镀耗电量是槽镀的几十分之一。

④ 因工件与镀笔之间有相对运动，故一般都需要人工操作，很难实现高效率的大批量、自动化生产。

### 12.1.3　加工修复

**1. 镶拼**

用镶拼法修复模具有以下几种情况。

（1）镶件法

镶件法是利用铣床或线切割等加工方法，将需修理的部位加工成凹坑或通孔，然后制造新的镶件，嵌入凹坑或通孔里，达到修复的目的。尽量做到该镶件正好在型腔、型芯的造型区间分界线上，如图 12-4 所示，这样可以遮盖修补的痕迹，否则镶件拼缝处会在制品上留有痕迹。

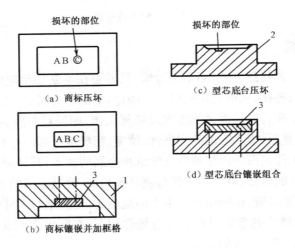

1—型腔；2—型芯；3—修补用镶嵌件

图 12-4　镶件法修补模具

（2）加垫法

加垫法是将大面积平面严重磨损的零件，加垫一定高度后，再加工至原来尺寸，如图 12-5 所示。$A$ 面发生磨损，可将 $A$ 面磨去 $\delta$ 厚，在 $B$ 面加垫 $\delta$ 厚以补偿，相应的型芯止口处也要磨去 $\delta$ 厚。该法简便，适用性强，在模具的修复工作中经常会用到。

（3）镶金牙法

镶金牙法是把压坏了的型腔、型芯等部件，在压坑处用凿子凿一个不规则的小坑，如图 12-6（b）所示；并用凿子把小坑周边向外稍翻卷，然后把一根纯铜烧红，退火后取一小段塞在小坑内，用碾子将纯铜踩碾实，并把小坑四周翻边踩平盖上，将纯铜嵌住，如图 12-6（c）所示。然后钳工用小锉修平，用油石、砂纸打磨光滑即可。

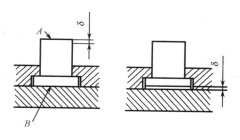

图 12-5　加垫法修复模具

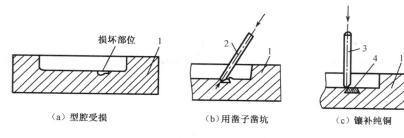

（a）型腔受损　　　　　（b）用凿子凿坑　　　　　（c）镶补纯铜

1—型腔；2—凿子；3—碾子；4—纯铜块

图 12-6　镶金牙法修复模具

（4）镶外框法

当成形零部件在长期的交变热及应力作用下，出现裂缝时，可先制成一个钢带夹套，其内尺寸比零件外尺寸稍小，呈过盈配合形式，然后将夹套加热烧红后，再把被修的零件放在夹套内，冷却后零件即被夹紧，这样就可以使裂纹不再扩大。

2. 挤胀

利用金属的延展性，对模具局部小而浅的伤痕，用小锤或小碾子敲打四周或背面来弥补伤痕的修理方法。在图 12-7（a）中，分型面沿口处出现一个小缺口，此时可在缺口处附近（2～3mm）钻一个 10mm 深的 $\phi$8mm 小孔，用小碾子从小孔向缺口处冲击碾挤，当被碰撞的缺口经碾挤后，向型腔内侧凸起时，如图 12-7（b）所示，观察其凸起的量够修复的量时，就停止碾挤，把小孔用钻头扩大成正圆，并把孔底扩平，然后用圆销将孔堵平填好，再把被碾凸的型腔侧壁修复好即可，如图 12-7（c）所示。

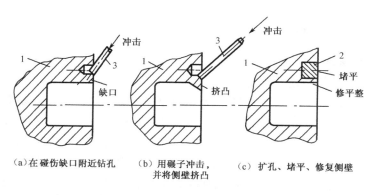

（a）在碰伤缺口附近钻孔　　（b）用碾子冲击，　　（c）扩孔、堵平、修复侧壁
　　　　　　　　　　　　　　并将侧壁挤凸

1—型腔；2—圆销；3—碾子

图 12-7　用挤胀法修复局部碰伤

若损坏的部位在型腔底部,可用同样方法进行修复。如图12-8(a)所示为被压坏的型腔,可在其背面钻一个大于压坏部位一倍的深孔,距离型腔部分 $h$ 为孔径的1/2～2/3。然后用碾子冲击深孔底部,使型腔表面隆起,如图12-8(b)所示。接着用圆销堵好焊死,最后把型腔底部隆起部分修平修光,恢复原状即可,如图12-8(c)所示。

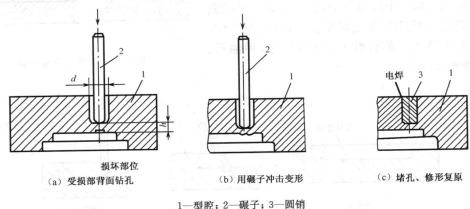

（a）受损部面背面钻孔 损坏部位    （b）用碾子冲击变形    （c）堵孔、修形复原

1—型腔；2—碾子；3—圆销

图12-8　用挤胀法修补型腔

### 3. 扩孔

当各种杆的配合孔因滑动磨损而变形时,采用扩大孔径,将配用杆的直径也相应加大的方法来修复,称扩孔法。当模具上的螺纹孔或销钉孔由于磨损或振动而损坏时,一般也采用此法进行修理,方法简单,可靠性很强。

### 4. 更换新件

这种方法主要应用于杆、套类活动件折断或严重磨损情况下的修复。对于其他部件,当采用现有的修复手段均不可行时,也需要更换新件来使模具能够正常使用。

## 12.2　模具修复方法

前面介绍了几种不同的模具修复手段。当模具出现问题后,采取何种方法进行修复,主要取决于损坏的类型及模具结构,模具维修人员应根据具体情况,制定出具体可行的修复方法并实施,以保证模具的正常运行。

### 12.2.1　注塑模具修复方法

#### 1. 模具磨损及修复

（1）导向及定位件的磨损及修复

导柱、导套是注塑模具最常用的导向及定位零件,在使用过程中较容易磨损,一般均为标准件。出现磨损后,间隙过大,定位精度超差,会影响制品的尺寸。若磨损拉伤不严重,可及时用油石、砂纸打磨即可使用;若严重拉伤或啃坏,则需要更换新件,重新寻找定位精度。

如果导柱、导套之间经常发生单面磨损或拉伤折断,则不能总是更换新件,应分析具体损坏原因才能从根本上解决问题。一般来说有以下几种情况,如4根导柱配合松紧不一致,会使受力不平衡而引起拉伤、啃坏;导柱孔与分型面不垂直,使开模时导柱轴线与开模运动方向不平行等。只有找到具体损坏原因,才能彻底解决问题。

对于大、中型模具,主要用定位块起定位作用,这种定位装置配合面积大、定位精度高,在长期使用过程中,也会由于磨损而降低定位精度,这时可通过以下方法进行修复。如图 12-9 所示,定位块 1 在长期使用中磨损,$L$ 尺寸变小,定位精度超差。这时可在其下端面垫上 $\delta$ 厚垫片,使 $L$ 尺寸复原,对 $E$,$F$ 两面进行适当的修整,即可达到修复的目的。另一种方法是将磨损面电刷镀修复后,再用磨床磨削到原始尺寸。

（2）分型面的磨损及修复

模具使用一段时间后,原本很清晰光亮的分型面,会出现凹坑或麻面,尤其是型腔边缘尖角变成了钝口,使制品产生飞边、毛刺等缺陷,制品质量达不到设计标准,需人工进行二次修边。

分型面损坏的原因是多方面的,如注射量过大,注射压力过大,引起分型面反复胀开而磨损;分型面上有残余料没有清理干净即合模引起变形;取制品时操作不慎,磕碰型腔沿口处;模具长期反复闭合、开启而引起的正常磨损等。若磨损的量不大,可将分型面用平面磨床磨去 $\delta$ 厚(0.1~0.3mm),如图 12-10 所示。但此时制品在开模方向上的尺寸将变小,需同时修改型腔深度,用电极将型腔 1 的底部 $A$ 面往深打 $\delta$ 量补偿即可。对分型面上的局部磨损,可视具体情况采用前述的挤胀、镶拼等方法进行修复;对于小缺口,也可采用焊接的方法修复。当损坏严重无法修复时,就需要更换型腔件。

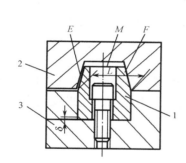

1—定位块；2—定模板；3—动模板

图 12-9　定位块修复

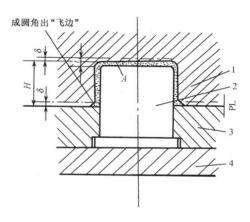

1—型腔；2—型芯；3—型芯固定板；4—支承板

图 12-10　分型面出现"飞边"的处理

（3）侧抽机构的磨损及修复

在模具开合过程中产生移位而实现脱模的机构称为侧抽机构。其中的滑动件一般采用中碳钢进行淬火或调质来达到硬度要求,也有采用合金工具钢制成的。因此,与滑动件相对应的承压件必然磨损严重,致使滑动件不能精确复位。这时可通过对滑动部位加油、对磨损部位修补调节进行修复,如图 12-11 所示。机构中件 1 在使用一段时间后产生凹槽,件 2 不能及时复位。一种修复方法为:将件 1 磨损部位焊补后再磨削至原始尺寸;另一种修复方法为:将 $F$ 面磨去 $\delta$ 厚,将 $E$ 面用加垫法提高 $\delta$ 厚,以补偿磨损量。磨损严重者可更换新件,按实际尺寸加工配件。

侧抽机构损坏的另一个原因是侧抽机构动作失灵造成的,维修人员应设法查找和消除隐患,从根本上解决问题。

（4）型腔表面损坏及修复

模具在使用过程中,型腔表面不断受到高温、高压及腐蚀的作用,这是由塑料的流动及受

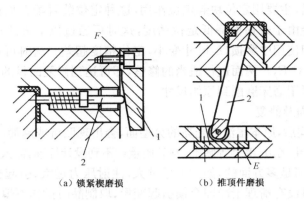

(a) 锁紧楔磨损　　　　　　(b) 推顶件磨损

1—耐磨件；2—工作件

图 12-11　滑动件修复

热的化学反应引起的,致使在型腔表面硬度低的部位,磨损很快,以致制品尺寸变大。这是影响模具使用寿命的主要原因,一般需通过正确选择模具材料和合理的表面硬化处理及合适的热处理来保证。但磨损是不可避免的。若整体磨损严重,可采用将型腔和型芯刷镀的方法进行修复,镀层厚度可达 0.5mm。对于型腔表面局部的严重磨损可采用焊接的方法来修复。

（5）镶块松动及修复

在设计模具时经常使用镶块来简化模具结构和便于加工制造。镶块通常是以过盈配合方式镶入模体内,使用一段时间后,接合缝产生间隙以致松动,使制品产生飞边。要从根本上解决问题,需要更换新的镶块,进行重新研配,以达到尺寸如初的效果。

（6）研合面磨损及修复

成形通孔的模具零部件通常有研合面,长期使用可产生端面磨损而使通孔不通,在制品上造成飞边。这时可采用加垫法将型芯上提,重新研合或重新加工端面。如果仅是由于型芯倒边而使通孔出现飞边,可将磨损部位焊接补平,然后磨平研合即可。

**2. 意外损坏及修复**

（1）推杆折断

模具在使用过程中经常会出现推杆折断的现象。其原因有以下几种:多根推杆配合松紧不一致,会引起推出力不平衡,产生偏载以致折断;推杆孔与分型面不垂直,推出时与推出运动方向不平行引起的折断;推杆数量较多时,推杆固定板与推板太薄,刚性不够,使推出时产生弹性或塑性变形引起的推杆折断;推板和推杆固定板无导向驱动,在卧式注射机上因自重下垂产生偏载力矩引起推杆折断等。推杆折断后若脱出型腔,可重新更换新的推杆,同时重新研配推杆孔来进行修复。若留在型腔中没有及时清除,则在合模时会损坏型腔,轻者可采用镶拼、刷镀、焊接、挤胀的方法进行修复,重者可能会使模具报废,需重新制造型腔或更换整体式型腔板才能使模具继续使用。

这就要求注射工在模具使用过程中细心观察、认真操作、定期维修,对易损件及时更换,对某些零件在使用中发现质量有问题、结构不可靠、动作不灵活等,都应及时更换、修理和改进。只要经常查看模具动作,突发事件是可以减少和避免的。

（2）异物掉入型腔

异物掉入型腔内未被发现就合模,会造成型腔和型芯被挤压损坏。如果掉入的异物是残余料,损坏程度稍轻一些;如果掉入的是金属件,则会严重损坏型腔。特别是抛光面型腔和仿真纹面型腔,会给修复带来很大困难。若型腔轻微损伤,可采用前述挤胀法予以修复;若型腔损坏严重则主要靠镶拼、焊接、刷镀、更换新件的方法来修复。但要想完全恢复原状是非常困难的,这就要求注射工和模具维修工严格按照前面模具维修和保养的项目来做,小心谨慎,防患于未然。

（3）模具开裂

当模具刚性不足时,由于成形时反复变形产生疲劳,往往在箱形制品型腔拐角处产生裂纹,造成模具开裂。这时可采用前述从模具外侧镶框的办法来增强刚性,以免裂纹继续扩展,这样,在制品表面上留下的裂纹痕迹就不会十分明显。

## 12.2.2　冲压模具修复方法

冲模在使用过程中,会出现各种故障,如模具工作零件表面磨损、工作零件裂损等,这就需要冲模维修工和冲压操作工配合,一起经常检查所冲的制件质量和冲模的使用情况。一旦发现制件的尺寸超出所规定的公差范围、制件表面有沟槽毛刺和缺陷或冲模工作有异常现象发生,应立即停机检查,分析查找原因,对其进行妥善的检查和修理,以使冲模能尽快恢复使用。

**1. 冲模的随机故障修理**

当冲模出现一些小毛病时,可不必将冲模从压力机上卸下,直接在压力机上进行检修,直到恢复到原来的工作状态为止,这样既节省工时,又节约了修理时间和避免了不必要的拆卸及搬运。冲模的随机故障修理包括以下内容。

（1）更换易损备件

当出现定位零件磨损后定位不准、级进模的导料板和挡料块磨损、精度降低及复合模中推杆弯曲等问题时,可通过更换新定位件、挡料块、推杆或将导料板调整到合适位置等来解决。

（2）刃磨凸、凹模刃口

冲裁模中,由于凸、凹模刃口磨钝不锋利致使制件有明显的毛刺及撕裂,这时可用油石在刃口上轻轻地磨,或者卸下凸、凹模在平面磨床上刃磨后再继续使用。

（3）调整卸料距离

凸、凹模经一定的刃磨次数后,应在凸模底部加垫板,以保持原来的位置及高度。

（4）修磨与抛光

拉伸模及弯曲模因长期使用而产生表面磨损、质量降低或划痕等缺陷,可以用油石或细砂纸,在其表面轻轻打光,然后用氧化铬研磨膏抛光。

（5）模具紧固

模具在使用一段时间后,由于振动及冲击,使螺钉松动失去紧固作用,此时应及时紧固一下。

（6）调整定位器

由于长期使用及冲击振动,定位器位置会发生变化,所以应随时检查,将其调整到合适位置。

冲模的临时修理是一项细致而又复杂的工作。因此,无论做何种项目的修理,都要首先切断机床电源,仔细寻找问题所在并及时修理,使模具能很快恢复正常使用。

**2. 冲模拆卸后的修理**

在工作中,若发现冲模的主要部位有严重的损坏,或者冲压件有较大的质量问题,随机修理不能解决时,就应拆下模具进行修理。

(1) 冲模修理的基本原则

冲模零件的换取及部分更新，一定要满足原图样设计要求；冲模的各部分配合精度要达到原设计要求，并重新进行研配和修整；冲模在修理完毕后，要进行试冲，无误后才能进行生产；冲模检修的时间一定要适应生产的要求，尽量能利用二次生产的间隔期。

(2) 冲模修理的方法及步骤

根据冲模损坏部位的不同，可以采用前述的镶拼、焊接、更换新件等方法来进行修复。具体步骤如下：

① 修理前，应擦净冲模上的油污，使之清洁；

② 全面检查冲模各部位尺寸、精度，填写修理卡片；

③ 确定修理方案及修理部位；

④ 拆卸冲模。在一般情况下，尽量做到不需要拆卸的部位就不进行拆卸；

⑤ 更换部件或进行局部修配；

⑥ 进行装配、试冲及调整；

⑦ 记录修配档案和使用效果。

(3) 冲模修理时应注意的问题

冲模在修理过程中，应注意以下几点。

① 拆卸冲模时，应按其结构的不同，预先考虑好操作程序。拆卸时，要用木锤或铜锤轻轻敲击冲模底座，使上、下模分开，切忌猛击猛打，造成零件的破损和变形。

② 辨别好零件的装配方向后再拆卸。拆卸的顺序应与冲模的装配顺序相反，本着先外后内、先上后下的顺序拆卸。容易产生移位而又无定位的零件，在拆卸时要做好标记，以便于装配。

③ 拆卸时严禁敲击零件的工作表面。

④ 拆卸后的零件，特别是凸、凹模工作零件，要妥善保管，最好放在盛油的器皿中，以防生锈。

⑤ 根据损坏程度的大小，将需修理的零件，精心修配或更换。

⑥ 零件更换或修配后，经装配、试冲、调整，尽量达到原来的精度及质量效果。

**3. 冲模典型零件的修复**

(1) 定位零件的修复

冲模的定位零件，对于冲裁质量有很大的影响。定位零件的定位正确，则制件的质量及精度就高。定位钉及导正销磨损后，需更换新件，重新调整后再使用。定位板由于紧固螺钉或销钉松动使定位不准确时，可调整紧固螺钉及销钉，使其定位准确；若定位销孔因磨损逐渐变大或变形，要用扩孔法，用直径大点的钻头扩孔后，再修整其定位位置。而对于级进模中的导料板及侧刃挡块，长期磨损或受到条料的冲击，使位置发生变化，影响冲裁质量时，可将其从冲模上卸下进行检查。如发现挡块松动，可以重新调整紧固；如导料板磨损，应在磨床上磨平并调整位置后继续使用；如局部磨损，则可补焊后磨平继续使用。

(2) 导向零件的修复

冲模的导向零件主要是导柱、导套。这类零件经长期使用后会造成磨损，使导向间隙变大，在受到冲击和振动后松动也会导致导向精度降低，失去导向作用，致使在冲模继续使用时，凸、凹模啃刃或崩裂，造成冲模的损坏。其修配的方法是：

① 将导柱、导套从冲模上卸下，磨光表面和内孔，使粗糙度降低；

② 对导柱镀铬；

③ 镀铬后的导柱与研磨后的导套相配合，并进行研磨，使之恢复到原来的配合精度；

④ 将研磨后的导柱、导套抹一层薄机油，使导柱插入导套孔中，这时用手转动或上下移动，不觉得发涩或过松即为合适；

⑤ 将导柱压入下模板，压入时需将上、下模板合在一起，使导柱通过上模板再压入下模板中，并用角度尺测量以保证垂直于模板，不得歪斜；

⑥ 用角度尺检查后，将上、下模板合拢，用手感检查配合质量。

若导柱、导套磨损太厉害而无法镀铬修复，应更换新的备件重新装配。

（3）工作零件的修复

冲模的凸、凹模经长期使用、多次刃磨后，会使刃口部位硬度降低、间隙变大，并且刃口的高度也逐渐降低。其修复的方法应根据生产数量、制件的精度要求及凸、凹模的结构特点来确定。

① 挤胀法修整刃口。对于生产量较小、制件厚度又较薄的薄料凹模，由于刃口长期使用及刃磨，其间隙变大。这时可采用挤胀的方法使刃口附近的金属向刃口边缘移动，从而减小凹模孔的尺寸，达到减小间隙的目的，如图 12-12 所示。采用挤胀法修理冲模刃口，一般先加热后敲击，这样才可使金属的变形层较宽较深，冲模修理后的耐用度才能更高些。

② 镶拼法修复刃口。当冲模的凸、凹模损坏而无法使用时，可以用与凸、凹模相同的材料，在损伤部位镶以镶块，然后再修整到原来的刃口形状或间隙值，如图 12-13 所示。

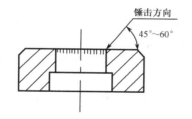

图 12-12　挤胀法修复间隙变大了的刃口

图 12-13　镶拼法修复凸、凹模刃口

③ 焊接法修复刃口。对于大中型冲模，在工作中刃口可能由于某种原因被损坏、崩刃，甚至局部裂开，假如损伤不大，可以利用平面磨床磨去后继续使用。当损坏较严重时，应采用焊补法修复。首先将损坏部位切掉，用和其材料相同的焊条在破损部位进行焊补，然后进行表面退火，再按图样要求加工成形以达到尺寸精度要求。

④ 镶外框法修复凹模。对于凹模孔形状较为复杂且体积较小的凹模，当发现凹模孔边缘有裂纹时，可按图 12-14 所示的镶外框套箍法对其加固、紧箍后继续使用。

⑤ 细小凸模的更换。在冲模中，直径很细的凸模在冲压时很容易被折断。凸模折断后，一般都用新凸模进行更换。

（4）紧固零件的修复

冲模中螺纹孔和销孔可采用以下几种方法进行修复。

① 扩孔法：将损坏的螺纹孔或销孔改成直径较大的螺纹孔或销孔，然后重新选用相应的螺钉或销钉，如图 12-15 所示。

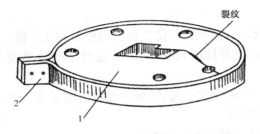

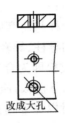

1—凹模；2—套箍

图 12-14　套箍法修复有裂纹的凹模　　　　图 12-15　扩孔法修理螺纹孔

② 镶拼法：将损坏的螺纹孔或销孔扩大成圆柱孔，镶嵌入柱塞，然后再重新按原位置、原大小加工螺纹孔或销孔，如图 12-16 所示。

（5）备件的配作方法

冲模零件由于磨损或裂损不可修复时，更换备件可以有效地节省时间。精密模具可以按照设计图样制备备件；对于精度要求不高、结构简单的模具，其备件一般都采用配作的方法使其在尺寸精度、几何形状和力学性能方面同原来的完全一样。配作方法有以下几种。

① 压印配作法：先把备件坯料的各部分尺寸按图样进行粗加工，并磨光上、下表面；按照模具底座、固定板或原来的冲模零件把螺钉孔和销孔一次加工到尺寸；把备料坯件紧固在冲模上后，可用铜锤锤击或用手扳压力机进行压印；压印后卸下坯料，按刀痕进行锉修加工；把坯料装入冲模中，进行第二次压印及锉修；反复压印锉修，直到合适为止。

② 划印配作法：可以用原来的冲模零件划印，即利用废损的工件与坯件夹紧在一起，沿其刃口在坯件上划出一个带有加工余量的刃口轮廓线，然后按这条轮廓线加工，最后用压印法来修整成形；也可以用压制的合格制件划印，即用原冲制的零件，在毛坯上划印，然后锉修、压印成形。

③ 芯棒定位加工：加工带有圆孔的冲模备件，可以用芯棒来加工定位，使其与原模保持同心，再加工其他部位，如图 12-17 所示。

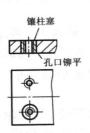

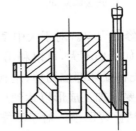

图 12-16　镶拼法修理螺纹孔　　　　图 12-17　芯棒定位制造备件

④ 定位销定位加工：在加工非圆形孔时，可以用定位销定位后按原模配作加工。

⑤ 线切割加工：销孔、工作孔可以用线切割的方法加工。

## 12.2.3　压铸模具修复方法

压铸模具在结构上与注塑模具类似，因而在模具的修复方法上可采用相似的方法，参见12.2.1 节。但由于压铸模具的工作环境所决定，压铸模具在使用一段时间后需对其型腔、浇口系统的开裂和缺损部分采用焊接的方法进行修复。

在焊接前,应先了解被焊模具的材质,并用机械加工或磨削的方法去除表面缺陷,做到焊接表面干净并进行烘干处理,并保证所用焊条同模具钢成分一致,对焊条也要求是干净和烘干的。

由于压铸模焊接的基本原则是不能冷焊,因此,焊接前,模具和焊条一起预热,当表面和心部温度一致后,在保护气体(常用氩气)下进行焊接修复。焊接过程中,当温度低于 260℃时,需重新加热。焊接后,当模具冷却至手可接触时,再加热至 475℃,按 25℃/h 降温。最后于静止空气中完全冷却,再进行型腔的修整和精加工。在模具焊接后进行加热回火处理,是焊接修复中重要的一环,这样可消除焊接应力,保证模具质量。

## 复习思考题

12-1 常用的模具修复手段有哪些?氩弧焊有哪些优点?

12-2 简述加工修复的几种方法。

12-3 推杆折断的原因有哪些?一般如何修复?

12-4 简述凹模刃口修复的几种方法。

# 第13章　模具材料及热处理

制造模具的材料包括钢、铸铁、硬质合金和有色合金等金属材料，以及陶瓷、石膏、环氧树脂和木材等非金属材料。其中，金属材料由于具有力学性能方面的优势而占据主导地位，而金属材料中又以钢为模具制造的最主要材料。金属材料的特点是可以在不改变化学成分的情况下，能够通过不同的加热过程和冷却条件改变其内部结构和组织状态，从而改变材料的力学性能。人们可以按照实际需要，通过合理选择模具用钢及其热处理工艺来获得高质量的模具。

## 13.1　热处理的基本概念

热处理是指将固态金属材料采用适当的方式进行加热、保温和冷却以获得需要的组织结构与性能的工艺。热处理工艺方法虽有多种，但其基本过程都是由加热、保温和冷却 3 个阶段构成的，工艺曲线的一般形式如图 13-1 所示。钢材通过加热和保温获得均匀一致的奥氏体，然后以不同的冷却速度冷却下来，获得不同的组织，从而使钢材具有不同的性能，以满足不同的使用要求，这就是热处理的原理。

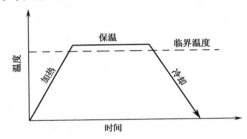

图 13-1　热处理工艺曲线

如图 13-2 所示是碳钢在加热和冷却时的临界点位置。该图是在极其缓慢的冷却条件下制得的。图中的 $A_1$，$A_3$，$A_{cm}$ 线表示钢在极其缓慢的加热和冷却速度时，发生组织转变的临界温度，亦称临界点。但实际生产中，都是在一定的冷却和加热速度下进行的，冷却时有过冷度，加热时有过热度，因此，实际的临界温度与相图有所不同。为了区别，冷却时的临界点标为 $Ar_1$，$Ar_3$，$Ar_{cm}$；加热时的临界点标为 $Ac_1$，$Ac_3$，$Ac_{cm}$。

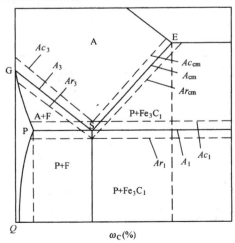

图 13-2　碳钢在加热和冷却时的临界点位置

金属材料的热处理可分为普通热处理、表面热处理和特殊热处理。普通热处理包括退火、正火、淬火和回火;表面热处理包括表面淬火和化学热处理,感应加热与火焰加热属于表面淬火,渗碳、渗氮、渗金属等属于化学热处理;特殊热处理则包括可控气氛热处理、真空热处理、形变热处理和激光热处理等。

只要掌握钢在加热和冷却过程中组织变化的规律,就能比较容易地理解各种热处理方法的作用和目的。

### 13.1.1 普通热处理

普通热处理主要包括退火、正火、淬火和回火。机械零件加工的一般工艺路线是:铸造、锻造(生产毛坯)—退火或正火—切削加工—淬火及回火—精加工。其中,退火和正火工序是为了细化铸件、锻件的晶粒粗大组织,调整工件的硬度使之适于切削加工,并为以后的热处理做好组织准备,所以常把退火与回火称为预备热处理;一般情况下,经过淬火及回火处理以后,工件的性能能够满足使用要求,因此淬火与回火被称为最终热处理。

1. 退火

退火是指将金属材料加热到适当温度,保持一定时间,然后缓慢冷却的热处理工艺。其目的可归纳为:降低钢的硬度,提高塑性,以便于切削加工;消除内应力,防止工件变形和开裂;细化晶粒,改善组织,提高力学性能,为最终热处理做组织准备。

退火的种类有完全退火、球化退火、等温退火、再结晶退火和去应力退火等。

(1) 完全退火

完全退火又称重结晶退火,它是将亚共析钢完全奥氏体化,然后缓慢冷却,以期获得接近平衡态组织的退火工艺。目的在于细化组织,降低硬度,改善切削加工性能,消除内应力。它的工艺过程是:将亚共析钢加热至较 $Ac_3$ 高 30~50℃,保温一定时间后随炉缓慢冷却,以获得接近珠光体和铁素体的组织。它主要用于中碳钢的铸件、锻件、焊接件和热轧件。

(2) 球化退火

球化退火是使过共析钢中的碳化物球状化而进行的退火工艺。目的是降低硬度,改善钢的切削加工性能,为淬火做好组织准备。

球化退火的工艺过程是将钢材加热至较 $Ac_1$ 高 30~50℃,保温一定时间后随炉缓冷至室温。生产上常采用等温球化退火,即加热至较 $Ac_1$ 高 30~50℃,保温一定时间,然后迅速冷却到略低于 $Ar_1$ 的温度进行等温转变,再出炉空冷。球化退火主要适用于共析钢和过共析钢,如碳素工具钢、合金工具钢、轴承钢等。

(3) 等温退火

等温退火是将钢材加热至 $Ac_3$(对于亚共析钢)或 $Ac_1$(对于共析钢与过共析钢)温度以上,保温一段时间后以较快的速度冷却到 $Ar_1$ 以下某一温度进行等温转变,使奥氏体转变为珠光体型组织,然后在空气中冷却的退火工艺。等温退火不仅可大大缩短退火时间,而且由于组织转变时工件内外处于同一温度,故能得到均匀的组织和性能。等温退火主要用于处理高碳钢和高合金钢。

(4) 再结晶退火

再结晶退火是将经过冷加工的钢材加热到再结晶温度以上、$A_1$ 以下的某一温度,保温一段时间后缓慢冷却的退火工艺。目的是使冷加工变形的金属发生再结晶,从而消除加工硬化,提高钢的塑性,以利于进一步加工。

从某一温度开始、随着温度升高而在原来经过冷变形的金属组织上产生一些新的内部缺陷较少的小等轴晶粒,这些小晶粒不断长大直至完全代替了原来的冷变形组织,这一转变过程称为金属的再结晶。由于再结晶完全消除了冷变形时形成的各种组织缺陷,因此,金属的性能完全恢复到冷变形前的状态,即强度和硬度显著下降,塑性和韧性大大提高,内应力完全消除。再结晶退火适用于各种钢材。

(5) 去应力退火

去应力退火又称低温退火,是将钢材加热至 $Ac_1$ 以下适当温度,保温一段时间后缓慢冷却的退火工艺。主要用来消除铸件、锻件、焊接件、热轧件及冷拉件等的内应力。

去应力退火的加热温度要低于再结晶退火的加热温度。钢在去应力退火过程中也不发生组织变化,但去应力退火是利用金属材料的回复现象,使变形金属在消除内应力的同时又保持较高的强度和硬度。在加热温度不太高时,金属原子扩散能力较低,因此,显微组织无明显变化,但由于原子可以做短距离的扩散,使晶格畸变程度减轻,如异号位错互相抵消、空位与其他晶体缺陷相结合等,这些变化使金属的强度和硬度稍有下降,塑性略有提高,而内应力则大大降低。

2. 正火

正火是把钢加热至 $Ac_3$(对于亚共析钢)或 $Ac_{cm}$(对于共析钢和过共析钢)以上 30～50℃,保温适当时间后在空气中冷却的热处理工艺。正火的目的与退火基本相同,即细化晶粒、均匀组织和减少内应力。正火和退火属同一类型的热处理(正火实质上是退火的一种特殊工艺),区别是正火冷却速度快些,得到的珠光体组织细小些,故同一工件正火后的强度和硬度高于退火。

对于低、中碳钢来说,经正火后,晶粒细化、碳化物分布更加均匀,切削性能良好;如改用退火,不但费时间,而且退火后的硬度偏低,切削加工时容易黏刀,切屑不易断开,切削性能不好。所以低、中碳钢常用正火取代完全退火,只有对含碳量大于 0.5％以上的碳钢才采用完全退火。

高碳钢因正火后硬度高,故需采用球化退火来改善切削性能并为最终热处理做好组织准备。不过为便于球化退火,先以正火来消除网状渗碳体。由于正火的加热温度高,能够使二次渗碳体完全消除,而且冷却速度较快,故过共析钢在球化退火前,往往先进行一次正火。

3. 淬火

淬火是最重要的模具热处理工艺之一,是将钢材加热到 $Ac_3$(对亚共析钢)或 $Ac_1$(对过共析钢)以上 30～50℃,经适当保温后在冷却介质中快速冷却,使奥氏体转变为马氏体或下贝氏体,以获得力学性能良好的高硬度组织。

选择淬火加热温度的主要原则为获得均匀细小的奥氏体组织。温度选择在临界点以上是为了向奥氏体的转变充分完成,但温度不宜过高,过高会使奥氏体晶粒长大,淬火后获得粗针状马氏体,不仅使淬火钢的脆性加大,而且容易造成变形和开裂。

钢材的淬火质量还与加热时所产生的氧化和脱碳现象有关。加热介质中存在 $O_2$、$CO_2$ 和水蒸气的情况下容易出现表面氧化、脱碳现象。表面氧化会影响钢材淬火质量,增加了清洗、去氧化皮等工作;表面脱碳则会使钢材的表面硬度和耐磨性降低。在箱式电炉中加热比在盐浴炉中加热容易氧化和脱碳,因此,用电炉加热时应在钢材表面涂上保护剂,在盐浴炉中加热则应经常加入脱氧剂(如硼砂、工业硅粉)。

合理地选择淬火冷却介质是淬火工艺的重要问题。淬火冷却应达到既能使钢材获得高硬度的马氏体,又不使钢材发生明显的变形和开裂的要求。理想的淬火冷却介质能够实现当钢材高温的时候冷却速度快,而在发生马氏体转变的低温区则冷却速度慢,这样在得到马氏体的前提下,减少了淬火内应力和变形、开裂的倾向。工业上常用的冷却剂有水、油、盐水、碱浴、硝盐浴等,最大量应用的还是水和油。水的冷却能力很强,常会引起钢材的淬火内应力增大,造成变形和开裂。油的冷却速度较慢,难以使奥氏体获得较大的过冷度以得到晶粒细化的马氏体。目前,还找不到一种完全符合要求的理想冷却剂,因而在实际生产中采用不同的淬火方法,来弥补这种不足。

常用的淬火方法有单液淬火、双液淬火、分级淬火、等温淬火等。

（1）单液淬火

单液淬火是将加热保温后的钢材投入到一种淬火冷却介质中连续冷却至室温。这种方法操作简便,但只适合于形状简单的碳钢与合金钢零件。碳钢的淬透性较差,油淬难以淬透,因此在水中淬火;合金钢在油中淬火。

（2）双液淬火

双液淬火是将已经奥氏体化的钢材先浸入一种冷却能力强的介质中冷却至 300℃ 左右,取出并马上浸入另一种冷却能力弱的介质中冷却,如先水后油、先水后空气等。碳素工具钢就常采用水淬油冷的操作方法,这样产生的工件应力小、变形小,缺点是从水中取出的时机难以掌握,过早会淬不上火,过晚又失去了双液淬火的意义。此法广泛应用在大截面钢材的淬火。

（3）分级淬火

分级淬火是将加热好的钢材浸入温度稍高于 $M_s$ 点（马氏体转变开始点）的液态介质中冷却（盐浴或碱浴）,待钢材的内、外层都达到介质温度后取出空冷,使奥氏体转变为马氏体。这种方法同样能减少淬火内应力和变形、开裂的倾向,而且克服了双液淬火时,时间不好掌握的缺点。但由于分级淬火是在盐浴或碱浴槽中冷却的,因此,只适用于小尺寸的钢材。

（4）等温淬火

等温淬火是将已经加热好的钢材浸入温度在下贝氏体转变温度区间的液态介质冷却槽（盐浴或碱浴）中并等温保持,使奥氏体转变为下贝氏体,待钢材的内、外层都达到介质温度后取出空冷。所获得的下贝氏体不仅硬度高且韧性也好,综合性能高于马氏体,适用于形状复杂而且要求具有较高硬度和冲击韧性的零件。由于和分级淬火同样的原因,故也只能应用于尺寸较小的零件。

4. 回火

回火是将淬硬后的钢材再加热到 $A_1$ 点以下的某一温度,保温一定时间后,在空气中冷却到室温的热处理工艺。淬火钢均需经回火后使用。回火可以降低或消除淬火内应力,稳定钢材的尺寸,并获得一定的强度和韧性的良好配合,达到所要求的综合性能。

回火按加热温度所在范围的不同,分为低温回火、中温回火和高温回火。随回火温度的升高,钢材的强度、硬度降低,而塑性、韧性提高。

低温回火的加热温度一般在 250℃ 以下,得到具有高硬度、高耐磨性的回火马氏体。低温回火的目的是在减小淬火内应力的同时能够保持钢在淬火后所得到的高硬度和高耐磨性,如各种刀具、量具、轴承及渗碳后的零件等都采用低温回火。低温回火后的硬度为 56～64HRC。

中温回火的加热温度一般为 350～500℃,得到具有高强度、高弹性极限的回火屈氏体。中温回火的目的是在消除淬火内应力的同时获得一定的弹性和韧性,主要用于各种弹簧处理。中温回火后的硬度为 40～48HRC。

高温回火的加热温度一般为500～650℃,得到既有一定强度,又有较高塑性和冲击韧性的回火索氏体。高温回火的目的是在消除淬火内应力的同时使钢获得强度、韧性都较好的综合力学性能。高温回火后的硬度为25～35HRC。淬火加高温回火的处理叫做调质处理,主要用于要求综合力学性能优良的零件,如齿轮、连杆、曲轴等。调质用钢通常是含碳量在0.25%～0.50%的中碳钢,因为碳量过低则不易淬硬,高温回火后达不到所需的强度;碳量过高则调质后又达不到所需的韧性。

### 13.1.2　表面热处理

表面热处理的目的是达到"表硬内韧"。有些零件如齿轮、曲轴等,一方面要求其表层具有高硬度和高耐磨性,另一方面又要求心部具有足够的塑性和韧性来承受冲击载荷,此时只有采用表面热处理才能够满足要求。表面热处理有两种方法:表面淬火和化学热处理。

#### 1. 表面淬火

表面淬火即仅对工件表层进行淬火,是利用快速加热使工件表层很快达到淬火温度,而不等热量传到工件中心就迅速予以冷却,这样钢的表面淬硬了,中心则仍保持原来的塑性与韧性。表面淬火适用的钢材为中碳钢和中碳低合金钢。高速加热的方法有火焰加热和感应加热两种方法。

火焰加热是应用氧-乙炔(或其他可燃气)火焰对零件表面进行加热,这种方法的优点是设备简单、使用灵活,缺点是温度不好控制,表面容易过热。它主要用于大型工件的表面淬火。

感应加热是将工件置于通有高频(或中频、工频)交流电的线圈内,使工件表面感应产生相同频率的交流电流而迅速加热。频率越高,感应电流透入工件表面的深度越浅,则淬硬层越薄。高频淬火后的工件,再经180～250℃低温回火以降低淬火应力,并保持高硬度及高耐磨性。由于这种方法淬硬层的深度容易控制,便于实现机械化和自动化,因此,在生产上获得广泛应用。

#### 2. 化学热处理

化学热处理是将钢材放在具有一定活性的化学介质中加热,使介质中的某种或某几种元素的活性原子渗入钢材表面并扩散,从而改变表面层化学成分、组织和性能的一种热处理过程。化学热处理的特点是既改变表层的化学成分,又改变其组织,显然能更好地提高表层性能,且可获得一些特殊性能。

常用的化学热处理有渗碳、渗氮和渗金属(铬、钒、锌、铝或多元素共渗)等。

（1）渗碳

渗碳是把工件放入渗碳介质中,在900～950℃加热、保温,使钢材表面层增碳,目的是使工件在热处理(渗碳后的热处理采用淬火加低温回火)以后表层具有高硬度和耐磨性,而心部仍保持一定强度和较高的韧性,因此,渗碳用钢是含碳量为0.15%～0.25%的低碳钢和低碳合金钢。按照渗碳剂的不同,分为气体渗碳、固体渗碳和液体渗碳,在大量生产中多使用气体渗碳法。

（2）渗氮

渗氮是在低于$Ac_1$的温度(一般为500～600℃),使活性氮原子渗入工件表面层,目的是提高工件表面层的硬度、耐磨性、疲劳强度和耐蚀性。常用的渗氮方法有气体渗氮、离子渗氮和液体渗氮等。

由于加热温度低,钢材的热处理变形小,渗氮处理往往是零件加工路线中的最后一道工序。为了保证渗氮零件心部具有良好的综合力学性能，在渗氮前应进行调质处理；为了减少渗氮时的变形、保证零件的形状尺寸精度，在精加工后、渗氮前应进行去应力退火。渗氮用钢通常是含有铝、铬、钼等易形成氮化物和提高淬透性的合金元素的合金钢。

（3）渗金属

渗金属是在高温下向碳钢或低合金钢所制成的零件表面渗入铬、铝等各种合金元素，使表面合金化，目的是获得某些特殊性能，代替某些高合金钢（如不锈钢、耐热钢等）。与渗碳、渗氮相比，渗金属是金属原子间的互扩散，碳、氮等非金属原子的半径较小，较易于融入铁中形成间隙式固溶体，而金属元素渗入时则形成替代式固溶体，金属原子在晶格中的迁移比较困难，为了使金属原子获得足够的能量，就需要更高的温度和更长的时间。

### 13.1.3　特殊热处理

#### 1. 可控气氛热处理

可控气氛热处理是工件在炉气成分可以控制的炉内进行热处理，其目的是减少和防止工件在加热时的氧化和脱碳；控制渗碳时渗碳层的碳浓度，而且可以使脱碳的工件重新复碳。它主要用于渗碳、碳氮共渗、保护气氛淬火和退火等。

#### 2. 真空热处理

真空热处理是将工件放在低于一个大气压的环境中进行热处理，包括真空退火、真空淬火和真空化学热处理等。真空热处理的特点是：工件在热处理过程中不氧化、不脱碳，表面光洁；减少氢脆，提高韧性；工件升温缓慢，截面温差小，热处理后变形小。

#### 3. 形变热处理

形变热处理是将塑性变形和热处理有机结合在一起以提高材料力学性能的复合工艺。这种方法能同时收到形变强化与相变强化的综合效果，除可提高钢的强度外，还能在一定程度上提高钢的塑性和韧性。

形变热处理包括低温形变热处理与高温形变热处理。低温形变热处理是将钢材加热至奥氏体状态，保持一定时间后急速冷却至 $Ar_1$ 以下、$M_s$ 以上某温度进行塑性变形，并随即进行淬火和回火。高温形变热处理是将钢材加热至奥氏体状态，保持一定时间后进行塑性变形，并随即进行淬火和回火，锻热淬火、轧热淬火均属于高温形变热处理，钢材经高温形变热处理后，塑性和韧性、抗拉强度和疲劳强度均有显著提高。

#### 4. 激光热处理

激光热处理是利用高能量密度的激光束（主要由二氧化碳激光器供给）对工件表面扫描照射，使其极快被加热到相变温度以上，停止扫描照射后靠零件本身的热传导来冷却，即自行淬火。激光热处理的特点是加热速度快，加热区域小，不需要淬火冷却介质，变形极小，表面光洁。

## 13.2　模具材料的基本性能要求

模具材料的选择，是模具设计与制造中极其重要的一步，也是保证模具质量、提高模具寿命的关键。一副好的模具必须具有高的机械强度、高温硬度、足够的韧性、良好的耐磨性和抗黏附能力。选用模具材料要综合考虑模具的工作条件、性能要求、尺寸形状和结构特点。例如，既要求有较高的硬度以提高耐磨性，又要求较高的韧性以保证较大的抗冲击能力，这时就要从实际出发反复对比,适当取舍,协调平衡,找出一个较好的解决办法。模具材料的基本性能包括使用性能和工艺性能。

**1. 使用性能**

使用性能是指模具材料在工作条件下表现出来的性能,包括机械负荷方面、热负荷方面和表面负荷方面。

(1) 机械负荷方面

机械负荷方面包括硬度、强度和韧性。硬度是表征材料在一个小的体积范围内抵抗弹性变形、塑性变形及破坏的能力;强度是表征材料在外力作用下抵抗塑性变形和断裂破坏的能力;韧性是表征材料承受冲击载荷的作用而不被破坏的能力。

(2) 热负荷方面

热负荷方面包括高温强度、耐热疲劳性和热稳定性。金属的高温强度是指其在再结晶温度以上时的强度;耐热疲劳性是表征材料承受频繁变化的热交变应力而不被破坏的能力;热稳定性是表征材料在受热过程中保持金相组织稳定的能力。

(3) 表面负荷方面

表面负荷方面包括耐磨性、抗氧化性和耐蚀性。耐磨性是表征材料抗磨损(机械磨损、热磨损、腐蚀磨损及疲劳磨损)的能力;抗氧化性是表征材料在常温或高温时抵抗氧化作用的能力;耐蚀性是表征材料在常温或高温时抵抗腐蚀性介质作用的能力。

**2. 工艺性能**

工艺性能是指采用某种工艺方法加工金属材料的难易程度,包括铸造性能、锻造性能、焊接性能、切削加工性能、化学蚀刻性能及热处理性能。

(1) 铸造性能

铸造性能是金属材料在铸造过程中所表现出来的工艺性能,包括流动性、收缩性、吸气性和偏析性等。

(2) 锻造性能

锻造性能是金属材料经受锻压加工时成形的难易程度。

(3) 焊接性能

焊接性能是金属材料对焊接加工的适应性,即在一定的焊接工艺条件下获得优质焊接接头的难易程度。

(4) 切削加工性能

切削加工性能是对金属材料进行切削加工的难易程度。

(5) 化学蚀刻性能

有些塑料制品要求有装饰图案、文字花样或皮纹,因此,对模具一般要采用化学蚀刻工艺,要求此类模具材料必须具备适应化学蚀刻工艺的性能。

(6) 热处理性能

热处理性能包括淬透性、淬硬性、氧化脱碳敏感性、热处理变形倾向和回火稳定性等。

模具的性能是由模具材料的化学成分和热处理后的组织状态决定的。模具钢应该具有满足在特定的工作条件下完成额定工作量所需具备的性能。因各种模具的用途不同,要完成的额定工作量不同,所以对模具的性能要求也不尽相同。在选择模具用钢时,不仅要考虑其使用性能和工艺性能,还要考虑经济方面的因素,包括资源条件、市场供应情况和价格等。

# 13.3　模具常用钢材及性能

## 13.3.1　模具常用钢材种类

### 1. 注塑模具常用钢材种类

注塑模具形状复杂,尺寸精度和表面粗糙度值要求很高,因而对模具材料的机械加工性、镜面抛光性、图案蚀刻性、热处理变形和尺寸稳定性都有很高的要求。此外,当注塑原料中含有玻璃纤维填料时,对成形零件的磨损会加剧,部分含有氟、氯的塑料在受热时还会析出腐蚀性气体,对模具型腔有一定的腐蚀作用。为此,注塑模具钢还需具有一定的强度、韧性、耐磨性、耐蚀性和较好的焊补性能。

在《塑料注射模技术条件 GB/T12554—2006》中对模具成形零件和浇注系统零件推荐了常用零件和热处理要求,见表 13-1,允许采用质量和性能高于该表推荐的材料。

表 13-1　注射模成形零件和浇注系统零件推荐材料

| 零件名称 | 材　料 | 硬度（HRC） |
|---|---|---|
| 型芯、定模镶块、动模镶块、活动镶块、分流锥、推杆、浇口套 | 45、40Cr | 40～45 |
| | CrWMn、9Mn2V | 48～52 |
| | Cr12、Cr12MoV | 52～58 |
| | 3Cr2Mo | 预硬态 35～45 |
| | 4Cr5MoSiV1 | 45～55 |
| | 30Cr13（即 3Cr13） | 45～55 |

### 2. 冲压模具常用钢材种类

冲压模具在工作时,成形表面与坯料之间会产生许多次摩擦,模具必须在这种情况下仍能保持较低的表面粗糙度值和较高的尺寸精度,以防早期失效,这就要求模具材料具有耐磨性。

模具材料的韧性,要根据模具工作条件来决定。对于受强烈冲击载荷的模具,如凸模,需要高的韧性。模具强度指标是冲压模具设计和材料选择的重要依据;为了获得高的强度,在模具制造中应选择合适的模具材料,并通过适当的热处理工艺来达到其要求。

冲压模具通常是在交变载荷的作用下发生疲劳破坏的,因此为了提高模具的使用寿命,需要有较高的抗疲劳性能。

模具材料应具有一定的抗咬合性。当坯料与模具表面接触时,在高压摩擦下润滑油膜被破坏,此时被冲压件金属"冷焊"在模具型腔表面形成金属瘤,从而在成形工件表面划出道痕。咬合抗力就是对发生"冷焊"的抵抗力。

在《冲模技术条件 GB/T14662—2006》中对冲压模具工作零件和一般零件推荐了常用零件和热处理要求,见表 13-2 和表 13-3。

表 13-2　冲压模具工作零件常用材料及硬度

| 模具类型 | | 冲件与冲压工艺情况 | 材 料 | 硬 度 | |
| --- | --- | --- | --- | --- | --- |
| | | | | 凸模 | 凹模 |
| 冲裁模 | I | 形状简单,精度较低,材料厚度小于或等于3mm,中小批量 | T10A,9Mn2V | 56～60HRC | 58～62HRC |
| | II | 材料厚度小于或等于3mm,形状复杂;材料厚度大于3mm | 9CrSi、CrWMn Cr12、Cr12MoV W6Mo5Cr4V2 | 58～62HRC | 60～64HRC |
| | III | 大批量 | Cr12MoV、Cr4W2MoV | 58～62HRC | 60～64HRC |
| | | | YG15、YG20 | ≥86HRA | ≥84HRA |
| | | | 超细硬质合金 | — | |
| 弯曲模 | I | 形状简单,中小批量 | T10A | 56～62HRC | |
| | II | 形状复杂 | CrWMn、Cr12、Cr12MoV | 60～64HRC | |
| | III | 大批量 | YG15、YG20 | ≥86HRA | ≥84HRA |
| | IV | 加热弯曲 | 5CrNiMo、5CrNiTi、5CrMnMo | 52～56HRC | |
| | | | 4Cr5MoSiV1 | 40～45HRC,表面渗氮≥900HV | |
| 拉深模 | I | 一般拉深 | T10A | 56～60HRC | 58～62HRC |
| | II | 形状复杂 | Cr12、Cr12MoV | 58～62HRC | 60～64HRC |
| | III | 大批量 | Cr12MoV、Cr4W2MoV | 58～62HRC | 60～64HRC |
| | | | YG10、YG15 | ≥86HRA | ≥84HRA |
| | | | 超细硬质合金 | — | |
| | IV | 变薄拉深 | Cr12MoV | 58～62HRC | — |
| | | | W18Cr4V、W6Mo5Cr4V2、Cr12MoV | — | 60～64HRC |
| | | | YG10、YG15 | ≥86HRA | ≥84HRA |
| | V | 加热拉深 | 5CrNiTi、5CrNiMo | 52～56HRC | |
| | | | 4Cr5MoSiV1 | 40～45HRC,表面渗氮≥900HV | |
| 大型拉深模 | I | 中小批量 | HT250、HT300 | 170～260HB | |
| | | | QT600-20 | 197～269HB | |
| | II | 大批量 | 镍铬铸铁 | 火焰淬硬 40～45HRC | |
| | | | 钼铬铸铁、钼钒铸铁 | 火焰淬硬 50～55HRC | |

表 13-3　冲压模具一般零件常用材料及硬度

| 零件名称 | 材 料 | 硬 度 |
| --- | --- | --- |
| 上、下模座 | HT200 | 170～220HB |
| | 45 | 24～28HRC |
| 导柱 | 20Cr | 60～64HRC(渗碳) |
| | GCr15 | 60～64HRC |
| 导套 | 20Cr | 58～62HRC(渗碳) |
| | GCr15 | 58～62HRC |

| 零件名称 | 材料 | 硬度 |
|---|---|---|
| 凸模固定板、凹模固定板、螺母、垫圈、螺塞 | 45 | 28～32HRC |
| 模柄、承料板 | Q235A | — |
| 卸料板、导料板 | 45<br>Q235A | 28～32HRC<br>— |
| 导正销 | T10A<br>9Mn2V | 50～54HRC<br>56～60HRC |
| 垫板 | 45<br>T10A | 43～48HRC<br>50～54HRC |
| 螺钉 | 45 | 头部 43～48HRC |
| 销钉 | T10A、GCr15 | 56～60HRC |
| 挡料销、抬料销、推杆、顶杆 | 65Mn、GCr15 | 52～56HRC |
| 推板 | 45 | 43～48HRC |
| 压边圈 | T10A<br>45 | 54～58HRC<br>43～48HRC |
| 定距侧刃、废料切断刀 | T10A | 58～62HRC |
| 侧刃挡块 | T10A | 56～60HRC |
| 斜楔与滑块 | T10A | 54～58HRC |
| 弹簧 | 50CrVA、55CrSi、65Mn | 44～48HRC |

**3. 压铸模具常用钢材种类**

在压铸成形过程中,模具要经受周期性的加热和冷却,经受高速高压注入的灼热金属液的冲刷和侵蚀,因此,要求模具钢具有良好的高温力学性能、导热性能、抗热疲劳性能、耐磨性能和耐熔蚀性能。

在《压铸模技术条件 GB/T8844—2003》中对模具成形零件和浇注系统零件推荐了常用零件和热处理要求,见表 13-4。

**表 13-4　压铸模成形零件和浇注系统零件推荐材料**

| 模具零件名称 | 模具材料 | 硬度(HRC) | |
|---|---|---|---|
| | | 用于压铸锌合金、镁合金、铝合金 | 用于压铸铜合金 |
| 型芯、定模镶块、动模镶块、活动镶块、分流锥、推杆、浇口套、导流块 | 4Cr5MoSiV1 | 44～48 | — |
| | 3Cr2W8V | 44～48 | 38～42 |

## 13.3.2　模具常用钢材性能

**1. 预硬钢 3Cr2Mo(P20)**

P20 钢是我国引进的美国塑料模具常用钢,这种钢在国际上得到了广泛的应用,同类型的有瑞典的 618、德国的 40CrMnMo7、1.2311 和日本的 HPM2、PDS5 钢等。P20 钢综合力学性能好、淬透性高,可以使截面尺寸较大的钢材获得较均匀的硬度。P20 钢具有很好的抛光性能,制成模具的表面粗糙度值低。用该钢制造模具时一般先进行调质处理,硬度为 28～35HRC(预硬化),在此状态下完成模具的终加工,这样既保证了模具的使用性能,又避免了热处理引起模具的变形。因此该钢种适于制造大、中型和精密注塑模具,以及低熔点合金(如锡、锌、铅合金)压铸模具等。

目前市场上常见的预硬钢有多种,如日本大同的 NAK55、NAK80 镜面塑料模具钢,这两种钢均可预硬化至 37～43HRC,NAK55 的切削加工性好,NAK80 具有优良的镜面抛光性,用于高精度镜面模具。瑞典一胜百的 718 镜面塑料模具钢,也可预硬化交货,该钢具有高淬透性,良好的抛光性能、电火花加工性能和皮纹加工性能。其他的还有奥地利百禄的 M238、韩国的 HAM-10 等。

### 2. 耐蚀钢 30Cr13

30Cr13 属马氏体型不锈钢,该钢机械加工性能较好,经热处理后具有优良的耐腐蚀性能,因其含碳量较 12Cr13 和 20Cr13 钢都高,因此其强度、硬度、淬透性和热强度都较高,适宜制造承受高机械载荷并在腐蚀介质作用下的塑料模具和透明塑料制品模具等。

目前市场上与 30Cr13 钢相近的牌号有日本大同的 S-STAR、瑞典一胜百的 S-136 和韩国的 HEMS-1A 等。

美国的 420SS、奥地利百禄的 M310、德国的 1.2316、瑞典一胜百的 STAVAX 与 4Cr13 钢相近。

### 3. 40Cr

40Cr 钢是机械制造业使用最广泛的钢种之一。调质处理后具有良好的综合力学性能、良好的低温冲击韧性和低的缺口敏感性。其淬透性良好,水淬时可淬透到 $\phi28～\phi60mm$;油淬时可淬透到 $\phi15～\phi40mm$。这种钢除调质处理外还适于渗氮和高频淬火处理。切削性能较好,当 174～229HBS 时,相对切削加工性为 60%。该钢适于制作中型塑料模具。

### 4. CrWMn

CrWMn 钢具有较好的淬透性,淬火后保留较多的残余奥氏体,因而淬火变形很小。钨形成的碳化物硬度很高,耐磨性好,钨还能细化晶粒,提高韧性。此钢适于制作形状复杂的冲裁、弯曲类中小型模具。

### 5. Cr12 型钢

Cr12 型钢通常包括 Cr12 和 Cr12MoV 钢,是高碳高合金工具钢,属于莱氏体钢。由于含有大量碳化物形成元素,该钢的淬火硬度极高,具有高耐磨性,热处理变形小,淬透性高,也称低变形钢,常用来制造截面较大、形状复杂、经受较大冲击负荷、在冷态下使用的冲裁模、冷挤模、拉丝模和滚丝模等,也可用于要求较高寿命的精密复杂注塑模具制造。这类钢锻造工艺要求较高。

Cr12 钢的碳含量较 Cr12MoV 钢高,碳化物数量多,分布不均匀性较严重,强度和韧性较 Cr12MoV 钢低,耐磨性则较高。

目前市场上与 Cr12 型钢相近的牌号有美国的 D3(Cr12)和 D2(Cr12Mo1V1)、日本的 SKD11(Cr12Mo1V1)、瑞典一胜百的 XW-42(Cr12Mo1V1)、奥地利百禄的 K100(Cr12)和 K460(Cr12Mo1V1)等。

### 6. 4Cr5MoSiV1(H13)

4Cr5MoSiV1(H13,美国牌号)是一种空冷硬化的热作模具钢,也是所有热作模具钢中应用最广泛的钢号之一。与 4Cr5MoSiV(H11)相比,该钢具有较高的热强度和硬度,在中温条件下具有很好的韧性、热疲劳性能和一定的耐磨性,在较低的奥氏体化温度下空淬,热处理变形小,空淬时产生的氧化皮倾向小,而且可以抵抗熔融铝的冲蚀作用。该钢广泛用于制造热挤压模具与芯棒、模锻锤的锻模、锻造压力机模具、精锻机用模具镶块,以及铝、铜及其合金的压铸模;也可用于要求较高寿命的精密复杂注塑模具制造。

目前市场上与 H13 钢相近的牌号有日本的 SKD61、瑞典一胜百的 8407、奥地利百禄的 W302、韩国的 STD61、德国的 1.2344 等。

### 7. 3Cr2W8V

3Cr2W8V 属钨系低碳高合金钢,具有较小的热膨胀系数,较好的耐蚀性和红硬性,良好的导热性,热处理变形也比较小,但高温韧性较差。近来的研究表明,提高 3Cr2W8V 钢的淬火温度和回火温度,可增加断裂韧度和高温热疲劳性。3Cr2W8V 适于制造表面需要高硬度、高耐磨性的有色金属压铸模、精锻模和热挤模等,其使用温度一般低于 600℃。

目前市场上与 3Cr2W8V 钢相近的牌号有美国的 H21、日本的 SKD5、瑞典的 2730、奥地利百禄的 W100 等。

### 8. 高速钢 W6Mo5Cr4V2

W6Mo5Cr4V2 为钨钼系通用高速钢的代表钢号。高速钢有很高的淬透性,空冷即可淬硬,在高温下(600℃左右)仍保持高硬度、高强度、高韧性和高耐磨性。高速钢含有大量粗大碳化物,且分布不均,不能用热处理的方法消除,必须反复十字镦拔,用锻造方法打碎,促其均匀分布。高速钢淬火后有大量残余奥氏体,需经多次回火,使其大部分转变为马氏体,并使淬火马氏体析出弥散碳化物,提高硬度,减少变形。回火时应注意避开 300℃ 左右的回火脆性区。

高速钢适于制造冷挤压模、热挤压模、锻模中的重要镶块及大批量生产的重要模具零件,其耐用性比碳素工具钢和合金工具钢成倍增加。但高速钢的材料费、锻造费、热处理费综合比价为碳素工具钢的 4~6 倍,选用时应注意其经济性。

目前市场上与 W6Mo5Cr4V2 钢相近的牌号有美国的 M2、日本的 SKH51、瑞典一胜百的 HSP-41、德国的 1.3343 等。

### 9. 硬质合金(YG)

制造模具主要采用钨钴(YG)类硬质合金,如 YG10、YG15、YG20 等。随着含钴量的增加,硬质合金承受冲击载荷的能力提高,但硬度和耐磨性下降。因此,应根据模具的使用条件合理选用。

硬质合金作为模具材料具有很大的优越性:其硬度远高于各种模具钢,有很高的耐磨性;耐高温,热稳定性强;抗氧化性和耐蚀性都优于钢;强度高,其抗拉强度为钢的 5~10 倍;刚性大,弹性模量为工具钢的 2~3 倍;热膨胀系数小,电导率、热导率都比较大,与铁及铁合金相近;不需热处理,故不会产生淬火和时效变形;不经轧制或锻造成形,组织一般不存在方向性。

硬质合金的缺点是韧性差,加工困难,模具成本高,但其使用寿命长,故特别适于大批量生产和自动线生产。

硬质合金可用于制造高速冲模、多工位级进模、冷挤压模、热挤压模、冷镦模等。

## 13.4  模具常用钢材化学成分及热处理

### 1. 预硬钢 3Cr2Mo(P20)

3Cr2Mo 钢化学成分见表 13-5。相变点温度:$Ac_1$ 为 770℃,$Ac_3$ 为 825℃,$Ar_1$ 为 640℃,$Ar_3$ 为 755℃,$M_s$ 为 335℃,$M_f$ 为 180℃。

钢坯锻造工艺:钢坯锻造加热温度为1120～1160℃,始锻温度为1070～1100℃,终锻温度大于或等于850℃,锻后缓冷。

热处理工艺规范如下。

① 预备热处理:锻后进行等温退火。加热温度为840～860℃,保温时间为2～4h,等温温度为710～730℃,等温时间为4～6h,炉冷至500℃,出炉后空冷。

② 最终热处理:淬火、高温回火(调质处理)。淬火温度为840～860℃,油冷,硬度为50～54HRC;回火温度为600～650℃,空冷,硬度为28～36HRC。

表 13-5  3Cr2Mo 化学成分(%)(GB/T1299—2000)

| C | Si | Mn | Cr | Mo | P | S |
|---|---|---|---|---|---|---|
| 0.28～0.40 | 0.20～0.80 | 0.60～1.0 | 1.40～2.00 | 0.3～0.55 | ≤0.03 | ≤0.03 |

### 2. 耐蚀钢 30Cr13

30Cr13 钢化学成分见表 13-6。

钢坯锻造工艺:钢坯锻造加热温度为800℃,始锻温度为1100～1150℃,终锻温度大于或等于850℃,锻后炉冷。

热处理工艺规范如下。

① 预备热处理:软化退火,加热温度为750～800℃,炉冷,硬度≤207HBS;完全退火,加热温度为860～900℃,炉冷,硬度≤207HBS。

② 最终热处理:淬火温度为1020～1050℃,油冷或空冷,硬度为52～54HRC;回火温度为200～300℃,硬度为50～52HRC。

表 13-6  30Cr13 化学成分(%)(GB/T1220—2007)

| C | Si | Mn | Cr | P | S |
|---|---|---|---|---|---|
| 0.26～0.35 | ≤1.00 | ≤1.00 | 12.0～14.0 | ≤0.035 | ≤0.03 |

### 3. 40Cr

40Cr 钢化学成分见表 13-7。相变点温度:$Ac_1$ 为 770℃,$Ac_3$ 为 805℃。

钢坯锻造工艺:钢坯锻造加热温度为1150～1200℃,始锻温度为1100～1150℃,终锻温度大于800℃,锻后缓冷。

热处理工艺规范如下。

① 预备热处理如下。

● 退火:加热温度为825～845℃,保温 2h,炉冷,硬度≤207HBS。

● 正火:加热温度为850～880℃,保温一定时间,空冷,硬度≤250HBS。

● 高温回火:加热温度为680～700℃,炉冷至600℃出炉空冷,硬度≤207HBS。

② 最终热处理:淬火温度为830～860℃,油冷,硬度≥50HRC;回火温度为140～200℃,空冷,硬度≥48HRC。

回火温度为400～600℃(按需要),空冷,硬度为43～25HRC。

表 13-7  40Cr 化学成分(%)(GB/T3007—1999)

| C | Si | Mn | Cr | S | P | Ni | Cu |
|---|---|---|---|---|---|---|---|
| 0.37～0.44 | 0.17～0.37 | 0.50～0.80 | 0.80～1.10 | ≤0.025 | ≤0.025 | ≤0.3 | ≤0.25 |

### 4. CrWMn

CrWMn 钢化学成分见表 13-8。相变点温度:$Ac_1$ 为 750℃,$Ac_{cm}$ 为 940℃,$Ar_1$ 为 710℃,$M_s$ 为 155℃。

钢坯锻造工艺:钢坯锻造加热温度为1100～1150℃,始锻温度为1050～1100℃,终锻温度800～850℃,锻后先空冷然后缓冷。

热处理工艺规范如下。

① 预备热处理如下。

● 锻后退火:加热温度为770～790℃,保温1～2h,炉冷至550℃以下出炉空冷,硬度207～255HBS。

● 锻后等温退火:加热温度为770～790℃,保温1～2h;等温温度为680～700℃,保温1～2h,炉冷至550℃以下出炉空冷,硬度207～255HBS。

● 高温回火:加热温度为600～700℃,炉冷或空冷,硬度207～255HBS。

● 正火:加热温度为970～990℃,空冷,硬度388～514HBS。

② 最终热处理:淬火温度为820～840℃,油冷,硬度63～65HRC;回火温度为170～200℃,油冷,硬度60～62HRC。

回火温度为150～600℃(按需要),油冷,硬度为62～39HRC。

表 13-8　CrWMn 化学成分(%)(GB/T1299—2000)

| C | Si | Mn | Cr | W | S | P |
|---|---|---|---|---|---|---|
| 0.90～1.05 | ≤0.40 | 0.80～1.10 | 0.90～1.20 | 1.20～1.60 | ≤0.03 | ≤0.03 |

### 5. Cr12 型钢

(1) Cr12

Cr12 钢化学成分见表 13-9。相变点温度:$Ac_1$ 为 810℃,$Ac_{cm}$ 为 835℃,$Ar_1$ 为 755℃,$Ar_3$ 为 770℃,$M_s$ 为 180℃。

钢坯锻造工艺:钢坯锻造加热温度为1120～1140℃,始锻温度为1080～1100℃,终锻温度880～920℃,缓冷。

热处理工艺规范如下。

① 预备热处理如下。

● 锻后退火:加热温度为850～870℃,保温4～5h,炉冷至500℃以下出炉空冷,硬度≤229HBS。

● 锻后等温退火:加热温度为830～850℃,保温2～3h;炉冷至720～740℃,保温3～4h,炉冷至550℃以下出炉空冷,硬度≤269HBS。

② 最终热处理:淬火温度为950～980℃,油冷,硬度62～64HRC;回火温度为180～200℃,油冷,硬度60～62HRC。

回火温度为200～650℃(按需要),油冷,硬度为63～44HRC。

表 13-9　Cr12 化学成分(%)(GB/T1299—2000)

| C | Si | Mn | Cr | S | P |
|---|---|---|---|---|---|
| 2.00～2.30 | ≤0.40 | ≤0.40 | 11.50～13.00 | ≤0.03 | ≤0.03 |

(2)Cr12MoV

Cr12MoV 钢化学成分见表 13-10。相变点温度:$Ac_1$ 为 810℃,$Ac_3$ 为 1200℃,$Ac_{cm}$ 为 982℃,$Ar_1$ 为 760℃,$M_s$ 为 230℃。

钢坯锻造工艺:钢坯锻造加热温度为1050～1100℃,始锻温度为1000～1050℃,终锻温度850～900℃,缓冷。

热处理工艺规范如下。

① 预备热处理如下。

● 锻后退火:加热温度为 850～870℃,保温 1～2h,炉冷至 500℃以下出炉空冷,硬度 207～255HBS。

● 锻后等温退火:加热温度为 850～870℃,保温 1～2h;炉冷至 720～750℃,保温 3～4h,炉冷至 500℃以下出炉空冷,硬度 207～255HBS。

② 最终热处理:淬火温度为 1020～1040℃,油冷,硬度 60～65HRC;回火温度为 150～170℃,油冷,硬度 60～63HRC。

回火温度为 200～700℃(按需要),油冷,硬度为 60～37HRC。

表 13-10　Cr12MoV 化学成分(%)(GB/T1299—2000)

| C | Si | Mn | Cr | V | Mo | S | P |
|---|---|---|---|---|---|---|---|
| 1.45～1.70 | ≤0.40 | ≤0.40 | 11.00～12.50 | 0.15～0.30 | 0.40～0.60 | ≤0.03 | ≤0.03 |

### 6. 4Cr5MoSiV1

4Cr5MoSiV1 钢化学成分见表 13-11。相变点温度:$Ac_1$ 为 860℃,$Ac_3$ 为 915℃,$Ar_1$ 为 775℃,$Ar_3$ 为 815℃,$M_s$ 为 340℃,$M_f$ 为 215℃。

钢坯锻造工艺:钢坯锻造加热温度为 1120～1150℃,始锻温度为 1050～1100℃,终锻温度 850～900℃,缓冷。

热处理工艺规范如下。

① 预备热处理如下。

● 锻后退火:加热温度为 860～890℃,保温 3～4h,炉冷至 500℃以下出炉空冷,硬度≤229HBS。

● 去应力退火:加热温度为 730～760℃,保温 3～4h;炉冷。

② 最终热处理:淬火温度为 1020～1050℃,油冷或空冷,硬度 56～58HRC;回火温度为 560～580℃,油冷,硬度 47～49HRC。

表 13-11　4Cr5MoSiV1 化学成分(%)(GB/T1299—2000)

| C | Si | Mn | Cr | V | Mo | S | P |
|---|---|---|---|---|---|---|---|
| 0.32～0.45 | 0.80～1.20 | 0.20～0.50 | 4.75～5.50 | 0.80～1.20 | 1.10～1.75 | ≤0.03 | ≤0.03 |

### 7. 3Cr2W8V

3Cr2W8V 钢化学成分见表 13-12。相变点温度:$Ac_1$ 为 830℃,$Ac_3$ 为 920℃,$Ac_{cm}$ 为 1100℃,$Ar_1$ 为 773℃,$Ar_3$ 为 838℃,$M_s$ 为 230℃。

钢坯锻造工艺:钢坯锻造加热温度为 1130～1160℃,始锻温度为 1080～1120℃,终锻温度 850～900℃,先空冷,后坑冷或砂冷。

热处理工艺规范如下。

① 预备热处理如下。

● 退火:加热温度为 800～820℃,保温 2～4h,炉冷至 600℃以下出炉空冷,硬度 207～255HBS。

● 等温退火:加热温度为 840～880℃,保温 2～4h;等温温度 720～740℃,保温 2～4h,炉冷至 550℃以下出炉空冷,硬度≤241HBS。

② 最终热处理:淬火温度为 1050～1100℃,油冷,硬度 49～52HRC;回火温度为 600～

620℃,油冷,硬度 40～47HRC。

表 13-12　3Cr2W8V 化学成分(%)(GB/T1299—2000)

| C | Si | Mn | Cr | V | W | S | P |
|---|---|---|---|---|---|---|---|
| 0.30～0.40 | ≤0.40 | ≤0.40 | 2.20～2.70 | 0.20～0.50 | 7.50～9.00 | ≤0.03 | ≤0.03 |

**8. 高速钢 W6Mo5Cr4V2**

W6Mo5Cr4V2 钢化学成分见表 13-13。相变点温度:$Ac_1$ 为 880℃,$Ar_1$ 为 790℃,$M_s$ 为 180℃。

钢坯锻造工艺:钢坯锻造加热温度为 1140～1150℃,始锻温度为 1040～1080℃,终锻温度≥900℃,砂冷或堆冷。

热处理工艺规范如下。

① 预备热处理如下。

● 锻后退火:加热温度为 840～860℃,保温 2～4h,缓慢炉冷至 500℃以下出炉空冷,硬度≤285HBS。

● 锻后等温退火:加热温度为 840～860℃,保温 2～4h;炉冷至 740～760℃,保温 4～6h,炉冷至 500℃以下出炉空冷,硬度≤255HBS。

② 最终热处理:淬火温度为 1150～1200℃,油冷,硬度 62～64HRC;回火温度为 560℃,回火 3 次,硬度 62～66HRC。

表 13-13　W6Mo5Cr4V2 化学成分(%)(GB/T 9943—2008)

| C | Si | Mn | W | Mo | Cr | V | S | P |
|---|---|---|---|---|---|---|---|---|
| 0.80～0.90 | 0.20～0.45 | 0.15～0.40 | 5.50～6.75 | 4.50～5.50 | 3.80～4.40 | 1.75～2.20 | ≤0.03 | ≤0.03 |

# 复习思考题

13-1　金属材料的热处理有哪些类型?

13-2　什么叫预备热处理?什么叫最终热处理?

13-3　模具材料的基本性能要求有哪些?

13-4　注塑模具、冲压模具和压铸模具在模具材料和热处理方法的选择上各有何特点?

# 参 考 文 献

[1] 宋满仓,王敏杰,赵丹阳. 面向先进制造技术的模具设计与制造新理念. 航空制造技术, 2003,(10):30～32.

[2] 孙大涌. 先进制造技术. 北京:机械工业出版社,2000.

[3] 阮雪榆,李志刚,武兵书,等. 中国模具工业和技术的发展. 模具技术,2001,2:72～74.

[4] 陈德忠. 我国模具先进制造技术的发展. 航空制造技术,2000,3:24～26.

[5] 吴丽萍,施法中,许鹤峰. 有关模具先进制造技术集成的探讨. 锻压技术,2000,6:54～56.

[6] 刘志坚,李建军,肖祥芷. 基于 ASP 的模具企业动态联盟结构模型. 塑性工程学报,2001,8 (2):80～82.

[7] 高佩福. 实用模具制造技术. 北京:中国轻工业出版社,1999.

[8] 王启平. 机械制造工艺学. 5 版. 哈尔滨:哈尔滨工业大学出版社,1999.

[9] 冯丙尧,韩泰荣,蒋文森. 模具设计与制造简明手册. 第 2 版. 上海:上海科学技术出版 社,1998.

[10] 孙以安,鞠鲁粤. 金工实习. 上海:上海交通大学出版社,1999.

[11] 邓文英. 金属工艺学. 4 版. 北京:高等教育出版社,2000.

[12] 孔德音. 模具制造学. 北京:机械工业出版社,1996.

[13] 模具实用技术丛书编委会. 模具制造工艺装备及应用. 北京:机械工业出版社,2000.

[14] 郭铁良. 模具制造工艺学. 北京:高等教育出版社,2002.

[15] 宋满仓,黄银国,赵丹阳. 注塑模具设计与制造实战. 北京:机械工业出版社,2003.

[16] 李发致. 模具先进制造技术. 北京:机械工业出版社,2003.

[17] 李佳. 数控机床及应用. 北京:清华大学出版社,2001.

[18] 罗学科,张超英. 数控机床编程与操作实例. 北京:化学工业出版社,2001.

[19] 李郝林,方键. 机床数控技术. 北京:机械工业出版社,2000.

[20] 李爱平,朱志浩. 现代机床的控制技术. 上海:同济大学出版社,1999.

[21] 廖卫献. 数控车床加工自动编程. 北京:国防工业出版社,2002.

[22] 廖卫献. 数控铣床及加工中心自动编程. 北京:国防工业出版社,2002.

[23] 廖卫献. 数控线切割加工自动编程. 北京:国防工业出版社,2002.

[24] 赵万生,刘晋春,等. 实用电加工技术. 北京:机械工业出版社,2002.

[25] 王爱玲,王彪,蓝海根,等. 现代数控机床实用操作技术. 北京:国防工业出版社,2002.

[26] 王爱玲,沈兴全,吴淑琴,等. 现代数控编程技术及应用. 北京:国防工业出版社,2002.

[27] 许鹤峰,闫光荣. 数字化模具制造技术. 北京:化学工业出版社,2001.

[28] 许发樾. 实用模具设计与制造手册. 北京:机械工业出版社,2001.

[29] 武友德,陈洪涛. 模具数控加工. 北京:机械工业出版社,2002.

[30] 金涤尘,宋放之. 现代模具制造技术. 北京:机械工业出版社,2001.

[31] 颜永年,张人佶,单忠德,等. 快速模具技术的最新进展及其发展趋势. 航空制造技术, 2002,4:17～21.

[32] 王广春,赵国群. 快速成型与快速模具制造技术及其应用. 北京:机械工业出版社,2004.

[33] 王学让,杨占尧. 快速成形与快速模具制造技术. 北京:清华大学出版社,2006.

[34] 莫健华. 快速成形及快速制模. 北京:电子工业出版社,2006.

[35] 彭建声,秦晓刚. 模具技术问答. 2版. 北京:机械工业出版社,2003.

[36] 陈锡栋,周小玉. 实用模具技术手册. 北京:机械工业出版社,2002.

[37] 彭建声,吴成明. 简明模具工实用技术手册. 2版. 北京:机械工业出版社,2003.

[38] 杨世春. 表面质量与光整技术. 北京:机械工业出版社,2001.

[39] 模具实用技术丛书编委会. 模具精饰加工及表面强化技术. 北京:机械工业出版社,1999.

[40] 庞滔,郭大春,庞南. 超精密加工技术. 北京:国防工业出版社,2000.

[41] 张辽远. 现代加工技术. 北京:机械工业出版社,2002.

[42] 董允,张廷林,林晓娉. 现代表面工程技术. 北京:机械工业出版社,2000.

[43] 谭昌瑶,王钧石. 实用表面工程技术. 北京:新时代出版社,1998.

[44] 曾晓雁,吴懿平. 表面工程学. 北京:机械工业出版社,2001.

[45] 陈孝康,陈炎嗣,周兴隆. 实用模具技术手册. 北京:中国轻工业出版社,2001.

[46] 钱苗根,姚寿山,张少宗. 现代表面技术. 北京:机械工业出版社,1999.

[47] 模具制造手册编写组. 模具制造手册. 北京:机械工业出版社,2002.

[48] 模具设计与制造技术教育丛书编委会. 模具制造工艺与装备. 北京:机械工业出版社,2003.

[49] 张铮. 模具制造技术. 北京:电子工业出版社,2002.

[50] 瑞斯 H. 模具工程. 朱元吉,等译. 北京:化学工业出版社,1999.

[51] Stoeckhert K,Mennig G. 模具制造手册. 任冬云,等译. 北京:化学工业出版社,2003.

[52] Georg Menges,Walter Michaeli,Paul Mohren. 注射模制造工程. 闫光荣,许鹤峰,等译. 北京:化学工业出版社,2003.

[53] 唐志玉. 塑料模具设计师指南. 北京:国防工业出版社,1999.

[54] 彭建生,秦晓刚. 冷冲模制造与修理. 北京:机械工业出版社,2000.

[55] 李云程,胡占军. 模具制造技术. 北京:机械工业出版社,2002.

[56] 张锋,朱正,殷敏. 模具制造技术. 北京:电子工业出版社,2002.

[57] 王家庆,王华昌,等. 模具制造手册. 2版. 北京:机械工业出版社,2000.

[58] 姚开彬,单根全,陈传伟. 工模具制造工艺学. 西安:西安电子科技大学出版社,1995.

[59] 黄毅宏,李明辉. 模具制造工艺. 北京:机械工业出版社,1999.

[60] 伍建国,屈华昌. 压铸模设计. 北京:机械工业出版社,1995.

[61] 李仁杰. 压力铸造技术. 北京:国防工业出版社,1996.

[62] 潘宪曾. 压铸模设计手册. 2版. 北京:机械工业出版社,1998.

[63] 王益志. 新一代粉剂及颗粒状压铸涂料的开发及应用. 特种铸造及有色金属,2001,S1:14~16.

[64] 徐进,陈再枝,等. 模具材料应用手册. 北京:机械工业出版社,2001.

[65] 模具实用技术丛书编委会. 模具材料与使用寿命. 北京:机械工业出版社,2000.

[66] 蔡美良,丁惠麟,孟沪龙. 新编工模具钢金相热处理. 北京:机械工业出版社,1998.

[67] 任福东. 热加工工艺基础. 北京:机械工业出版社,1997.

[68] 机械电子工业部. 模具材料与热处理. 北京:机械工业出版社,1993.

[69] 许德珠. 机械工程材料(金属工艺学Ⅰ). 北京:高等教育出版社,1992.

[70] 孟繁杰,彭其凤. 模具材料. 北京:机械工业出版社,1989.

[71] 冯晓曾,李士玮,武维扬,等. 模具用钢和热处理. 北京:机械工业出版社,1983.

[72] 麻启承. 金属材料及热处理. 北京:机械工业出版社,1980.

[73] 黄锐. 塑料工程手册(下册). 北京:机械工业出版社,2000.

[74] 江昌勇. 模具的失效分析. 模具工业,1996,12:8～11.

[75] 赵文轸,刘琦云. 机械零件修复新技术. 北京:中国轻工业出版社,2000.

[76] 林春华,葛祥荣. 电刷镀技术便览. 北京:机械工业出版社,1991.

[77] 徐建,黄海,史小强,等. 电刷镀技术在氧化锌电阻片成形模具修复中的应用. 电磁避雷器,1996,2:40～43.

[78] 王德文. 新编模具实用技术 300 例. 北京:科学出版社,1996.

[79] 曼格斯 G,默兰 P. 塑料注射成形模具的设计与制造. 李玉泉,译. 北京:中国轻工业出版社,1993.

[80] 徐慧民. 模具制造工艺学. 北京:北京理工大学出版社,2007.

[81] 涂序斌. 模具制造技术. 北京:北京理工大学出版社,2007.

[82] 滕宏春. 模具制造工艺学. 大连:大连理工大学出版社,2007.

[83] 杨江河,魏永良. 现代模具制造技术. 北京:机械工业出版社,2006.

[84] 韩建海. 数控技术及装备. 武汉:华中科技大学出版社,2007.

[85] 许洪斌,文珌. 模具制造技术. 北京:化学工业出版社,2007.

[86] 梁庆,丘立庆,李博. 模具数控电火花成型加工工艺分析与操作案例. 北京:化学工业出版社,2008.

[87] 徐长寿. 现代模具制造. 北京:化学工业出版社,2007.

[88] 宋满仓,杨军,艾秀兰. 压铸模具设计. 北京:电子工业出版社,2010.

[89] 宋满仓,运新兵,贾铁钢,朱宇. 冲压模具设计. 北京:电子工业出版社,2010.

[90] 李奇. 模具材料及热处理. 北京:北京理工大学出版社,2007.

[91] 徐进,陈再枝,等. 模具材料应用手册. 北京:机械工业出版社,2001.

[92] 张应龙. 模具制造技术. 北京:化学工业出版社,2008.

[93] 崔爱军,闫树强. 压铸模具的试模. 特种铸造及有色合金,2011,31(3):239～241.